U0393080

蕾切尔·卡森

1960年在缅因州的海边寓所

Erich Hartmann 摄

寂静的春天

〔美〕蕾切尔·卡森 著
张白桦 译

北京大学出版社
PEKING UNIVERSITY PRESS

图书在版编目 (CIP) 数据

寂静的春天/（美）卡森（Carson,R.）著；张白桦译. —北京：北京大学出版社，2015.11

（沙发图书馆）

ISBN 978-7-301-25966-5

Ⅰ. ①寂…　Ⅱ. ①卡…②张…　Ⅲ. ①环境保护－普及读物　Ⅳ. ① X-49

中国版本图书馆 CIP 数据核字（2015）第 132517 号

书　　名　寂静的春天

著作责任者　〔美〕蕾切尔·卡森 著　张白桦 译

责 任 编 辑　王立刚

标 准 书 号　ISBN 978-7-301-25966-5

出 版 发 行　北京大学出版社

地　　址　北京市海淀区成府路 205 号　100871

网　　址　http://www.pup.cn　　新浪微博：@ 北京大学出版社

电 子 信 箱　sofabook@163.com

电　　话　邮购部 62752015　发行部 62750672　编辑部 62765217

印 刷 者　北京华联印刷有限公司

经 销 者　新华书店

880 毫米 ×1230 毫米　A5　8 印张　彩插 24 页　198 千字

2015 年 11 月第 1 版　2017 年 7 月第 4 次印刷

定　　价　45.00 元

有多少乡村　再也听不到蛙鸣

让春天不再寂静（序一）

在人类进化历史上，环境污染成为“事件”是近100年来的事。确切地讲，工业革命使得人类有了挑战大自然的资本，从生态平衡被大规模打乱的那天起，环境污染就开始出现了。然而，300多年前从英国策源的工业革命，毕竟局限在少数发达国家，对地球生态系统的影响是局部的，相对较轻的。然而，随着资本主义的全球扩张，人类无限制地向大自然索取，并不断向自然界排放大量有害物质。农药就是这些有害物质之一，它不仅杀死了人类以外的生命，还直接影响了人类本身。对于农药第一个大声说不的，当属美国海洋女生物学家蕾切尔·卡森。

她的名著《寂静的春天》描述的是，环境恶化使人类将面临一个没有鸟、蜜蜂和蝴蝶的世界，一个死寂的春天。造成这种局面的元凶是农药DDT。但具讽刺意味的是，DDT竟然是一个获得诺贝尔奖的成果。DDT有很高的毒效，尤其适用于灭杀传播疟疾的蚊子。但是，它消灭了蚊子和其他“害虫”的同时，也杀灭了益虫。而且由于DDT会积累于昆虫体内，当这些昆虫成为其他动物的食物后，那些动物，尤其是鱼类、鸟类，则会中毒死亡。

20世纪30—60年代是资本主义工业化高速发展的时期，也是环境污染最为严重的时期。美国洛杉矶光化学烟雾、英国伦敦烟雾、比利时列日市光化学烟雾、日本“痛痛病”“水俣病”等严重污染事件都发生在这段时期。虽然不断有人因环境污染而失去了健康和生命，但活着的人们却很少将生命健康与环境恶化联系起来。

翻阅上世纪60年代以前的报纸或书刊，几乎找不到“环境保护”这个词。当时主流的的口号，是“向大自然宣战”“征服大自然”，在卡森之前，几乎没有人怀疑它的正确性。卡森用大量的事实，向人们讲述这样的道理，生态环境容量是有限的，自然物种的消失也将会给人类带来灾难。如今，地球面临第六次物种大灭绝，全球变暖、臭氧层消失，无不证明了卡森做出的悲剧预言的正确性。卡森的呐喊，唤醒了公众，环境保护从此深入人心。1972年，美国禁止使用DDT；同年，联合国在斯德哥尔摩召开了“人类环境大会”，并由各国签署了《人类环境宣言》；近些年来，《生物多样性保护公约》《臭氧层保护公约》《气候变化框架条约》等国际公约不断出现，各国政府都积极开展了环境保护的具体行动。

笔者当年读研究生的时候，所在的研究组叫“环保组”，是国内最早成立的环境保护的课题组之一。那时候，我们几乎没有听说什么环境污染问题，环保教材几乎都是翻译西方的。遗憾的是，过去几十年来我们盲目学西方，尤其是忽视了经济高速发展带来的负面作用，从而酿成了环境污染的诸多悲剧。当前的乡村生态系统，尤其农田，无不充满杀机；水、土壤污染了，城市里雾霾出现了；医院了挤满了病人；连最基本的食物和饮水也出了问题。

先以农药为例，说明我们的生态环境的恶化进程。人类与“害虫”抗争了近一个世纪，但是人类并没有控制住“害虫”的危害。一百多年后，人类并没有放弃灭杀“害虫”这条错误路线，而是越走越远了，当年西方犯的这个错误现在在中国重演。让我们看看下面的一份农药清单：

溴酸钾、硝基呋喃代谢物、敌敌畏、百菌清、倍硫磷、苯丁锡、草甘膦、除虫脲、代森锰锌、滴滴涕、敌百虫、毒死蜱、对硫磷、多菌灵、二嗪磷、氟氰戊菊酯、甲拌磷、甲萘威、甲霜灵、抗蚜威、克菌丹、乐果、氟氯氢菊酯、氯菊酯、氰戊菊酯、炔螨特、噻螨酮、三唑锡、杀螟硫磷……

上面所列的仅仅是我们的食物中可能接触的农药种类的“冰山一角”，如果不是专业人士，相信很多人对它们是非常陌生的。很多化学名词是吃出来的，是媒体曝光了食物污染后，我们才知道身边人造化学物质的存在。倒退四十年，中国人接触的农药种类只有六六六、敌敌畏区区几种，且很少在食物链中使用。现在国家明文规定的，食物中不能超标使用的农药就高达3650项！其中鲜食农产品高达2495项。如果我没有理解错的话，这2495项就是我们食物中可能会遇到的。如果打印出这个清单来，需要几十页A4纸。目前人类到底使用了多少种农药？没有人能够说得清，因为化学合成的新农药越来越多，光中国农业部每年登记的新农药就达到千种以上。

目前，我国每年农药使用面积达1.8亿公顷次。半个世纪以来，使用的六六六农药就达400万吨、DDT 50多万吨，受污染的农田1330万公顷。农田耕作层中六六六、DDT的含量分别为0.72 ppm和 0.42 ppm；土壤中累积的DDT总量约为8万吨。我国每年农药用量337万吨，分摊到13亿人身上，就是每个人2.59公斤！这些农药到哪里去？除了非常小的一部分（＜10%）发挥了杀虫的作用外，大部分进入了生态环境。

更糟糕的是，农药不仅仅在农田里使用，森林、草原、荒漠、湿地也在用，就是人口密集的城市居民小区里，也逃不开农药的阴影。如果卡森活到今天，她看到人类如此大范围内使用如此众多的农药，那么，她的《寂静的春天》的书名恐怕要换成《死亡的春天》。

农药对人体的伤害，以中国农民最重。若按年龄说，则以妇女和老人最重。发达国家喷施农药用飞机或大型拖拉机，而中国采取的是原始的肩背式喷雾器，喷雾器喷出来的就是毒。农药有机溶剂和部分农药漂浮在空气中，污染大气，吸入人体有可能致病或致癌；农田被雨水冲刷，农药则进入江河，进而污染海洋。这样，农药就由气流和水流带到世界各地，残留土壤中的农药则可通过渗透作用到达地层深处，从而污染地下水。

大范围、高浓度、高强度使用杀虫剂，虽暂时控制了虫害，却也误伤了许多“害虫”的天敌，破坏了自然生态平衡，使过去未构成严重危害的病虫害大量发生，如红蜘蛛、介壳虫、叶蝉及各种土传病害。此外，农药也可以直接造成“害虫”迅速繁殖。上世纪80年代后期，南方农田使用甲胺磷、三唑磷治稻飞虱，结果刺激稻飞虱产卵量增加50%以上，用药7～10天即引起稻飞虱再度猖獗。农药造成的恶性循环，不仅使害虫防治成本增高，更严重的是造成人畜中毒事故增加。

“人虫大战”并没有挫伤“害虫”的锐气，“害虫”在人类发明的各种农药磨练下，反而越战越勇。在农村，农民最切身的体会就是，他们打了那么多的农药，虫子照样泛滥。药越用越毒，虫越治越多。虫子多了必然要再花钱买农药，这就给农药生产和销售企业带来了滚滚利润。

针对“害虫”，我们换个思路治理会怎样？即不采取对抗的办法，不用农药，而是恢复生态平衡，“害虫”数量会增加吗？自2007年起，笔者带领自己的研究团队，租用40亩耕地，在山东平邑建立了弘毅生态农场，开展生态农业试验示范研究。我们全面停止使用农药、除草剂、化肥、农膜、添加剂，不使用转基因技术，验证生态学在维持农业产量、提高经济效益中的作用。短短3个年头，生态学的强大威力就显现了出来。由于采取严格的农田生态保护措施，农场的生物多样性大幅度提高：燕子、蜻蜓、青蛙、蚯蚓等小动物都回来了；那里的蔬菜、水果再不用担心受到昆虫危害；黄瓜、西红柿、芹菜、茄子、大葱等蔬菜接近常规产量；过去严重影响玉米成苗的地老虎成虫已被脉冲诱虫灯制服了，以前最多的时候，每只灯每晚可捕获各种“害虫”达9斤，目前每晚捕获不到30克。一滴农药不用，“害虫”反而不产生危害了。目前该农场已发展到500亩，在全国推广10万亩。

昆虫有时间上的生态位差，被抓的多为夜间活动的“害虫”，而益虫、尤其鸟类晚上很少活动，所以没有被伤害。“害虫”还在，这个物种并没有消灭，它们还有吃的喝的，但是想形成大种群还面临着下面一道道关。生态平衡建立起来后，益虫益鸟多了，它们想成灾都没有了机会；没有农药、除草剂，燕子、麻雀、蜻蜓、青蛙、蟾蜍、蛇、刺猬都回来了，它们也要吃东西啊，“害虫”就是它们的美味佳肴。多样性的作物混种增加了抗虫害等风险的能力，多样性的生物群落是稳定的。在生态农场，除了种植小麦、玉米、蔬菜，还有莲藕、大豆、花生、芝麻，如此多的作物种在一起，虫子都不知道去吃哪一种，加上它们自投罗网，各种天敌守候，在真正的有机农场里，虫害是比较容易控制的。

有人说，将杀虫的基因转到庄稼里让庄稼自己生产“农药”不是更好吗？这恰恰又打乱了生态平衡，是按了葫芦起了瓢。虫子不吃你转抗虫基因的庄稼会吃别的，并没有除根。而且那么多种虫子，基因又具有特异性，也就是一种基因防一种害虫，那你得转多少种基因啊？为什么不利用现成的物种呢，自然界为我们准备了现成的成千上万种害虫的天敌，这些物种会携带多少亿个基因呢？转基因除虫技术，正如持薪救火，是错将汽油当成了水泼向了燃烧的火焰中。事实上，转基因后不但要继续打农药，还要用专用农药，专用化肥，专用除草剂，这“三专”再加上转基因专利这“一专”，四座大山压榨之下，农民还能指望过好日子吗？农田里没有了“害虫”，“四专”吃什么？

农药贩子不希望看到我们这样的成果。当我将我们的做法跟一个农药贩子讲时，他非常烦躁，并反复讲，他们的农药如何如何有效，并如何如何没有毒副作用。在这个问题上，转基因鼓吹者们，同样不希望看到用生态平衡的办法解决他们认为是大问题的问题，因为他们将收不到专利费，卖不动他们的专用除草剂和专用农药。无独有偶，当年卡森的呼吁，也引起了利益集团（主要是农药商）及其收买的无良专家、媒体的恶毒攻击，她在人们的咒骂声中离开人世。所幸的是，她留给了人类丰厚的环保遗产。

再来看“杂草”。在农田生态系统中，“杂草”几乎是农民最头疼的。除草几乎占据了农田管理的一大半时间，也是农活中最辛苦的。“锄禾日当午，汗滴禾下土”，就是农活劳累最生动的写照。“杂草”顽强的生命力，让农民防不胜防，年年锄草，年年长草。人类与“杂草”斗争的几千年，至今没有太好的办法，直到发明了除草剂，人类暂时占了上风。然而，人类发明的草甘膦除草剂以及抗草甘膦转基因作物的使用，在暂时终结了“杂草”连年危害后，却因草甘膦在食物中残留，最终可能会危及人类。

农田里有多少“杂草”呢？南方与北方明显不同。以我们熟悉的北方为例，春季小麦田里播娘蒿、王不留行、荠菜、独行菜、小蓟比较常见。由于小麦是头年秋天播种的，越冬返青后小麦成了优势种群，“杂草”暂时竞争不过小麦。但一旦不加管理，播娘蒿等就迅速增长，可以覆盖整个小麦田。但是，毕竟春天雨水少，温度低，“杂草”还不是最凶的。而夏季就不同了，北方农田雨季温度高、光照强、水分好，这样就给了那些机会主义者的“杂草”提供了爆发的空间。即使像玉米那样高秆的作物，其下还常见十几种“杂草”，如马唐、旱稗、马齿苋、牛筋草、碎米莎草、铁苋菜、醴肠、鸭跖草和青葙等。

“杂草”获得今天这样的恶名，估计是现代科学以后的事情。在古代农书上，人们对“杂草”并不像今天的人这样深恶痛绝。如对“杂草”的防治，古人竟然用“锄禾”这样的说法，禾是庄稼，怎么锄掉呢？原来，锄草的“锄”与除草的“除”不同，前者是给庄稼地松土，兼切断“杂草”地上部与地下部的联系，同时切断了土壤毛细管，起到控制“杂草”兼保墒的作用，这样的农活农民一年要干好多次。过去农民一旦锄头拿上了手，就一直到收获，而今天农活则是喷雾器一旦背上了肩膀，就一直到收获才停下来。除草剂除草只管灭杀“杂草”，不管土地的感觉，也不会关心除草剂对于人类食物的污染。其实，喷洒除草剂这个农活本身就是很有健康风险的。除草剂的毒性很强，从空气中几十米飘过来的除草剂对那些敏感植物还有伤害作用，难道人会安然无恙么？打除草剂那几天，农民都是不敢开窗户的。

传统的人工锄草方式，随着大量农民工进城，劳动力短缺，而衰落了。在美国这种古老的技术恐怕彻底消失了。在中国只有五十岁以上的老农民还会锄草。现在使用的是什么技术呢？就是除草剂。大量使用除草剂，且不论环境效益，“杂草”并没有被控制住，相反，“杂草”年年用药，年年发生，甚至在美国使用了抗除草剂的转基因技术后，农田里出现了“超级杂草”。

为什么农田里“杂草”难以防治，甚至除草剂“培育出了超级杂草”呢？这是与“杂草”的生态习性有关的。农田“杂草”大都是一年生植物，它们属于机会主义者，一有空间就去占领，它们对养分要求不高也不挑地段，无论是贫瘠的荒地还是肥沃的耕地，即便是人类不断踩踏的田埂上，只要有机会就繁殖，就会结大量的种子，并通过多种方式进入到土壤里。那些埋葬在土壤里的种子，一般很难除掉，除草剂对它们毫无办法，即使用火烧，地上部烧光了，但种子在地下还能保留。这就是古人为什么说“野火烧不尽，春风吹又生”的道理。

生态除草怎么做呢？一是要控制种源，不使其结种子，在成熟前后治理，可以用中耕机将刚萌发的“杂草”幼苗翻到地里，也可以用传统的人工锄草；二是以草治草，如人工播种有肥效左右的一年生豆科草本植物占据“杂草”的生态位，或者种植匍匐生长、且密度很大的蛇莓，这在苹果园、梨园、葡萄园里非常有效；三是秸秆覆盖，即将上茬作物的秸秆粉碎还田，利用秸秆中的生化物质对“杂草”实施抑制；四是作物轮作，不让“杂草”适应人类的种植规律，如在北方，小麦季后不是规律性地种植玉米，而改种大豆、花生等，同样玉米季后也不是单一地种植越冬的小麦，也可种植能够越冬的大蒜，我们观察过，当合理轮作后，杂草的种类可由8—10种减少到2—3种；五是人工拔草喂牛羊，但前提是农田里不能有农药，不能有除草剂。没有农药和除草剂的鲜草，那些食草动物们如牛、羊、驴、兔、鹅、甚至猪是非常喜欢的。小时候，山东农田里“杂草”很少，那些“杂草”哪里去了？竟然是被我们这些孩子加上部分妇女控制住了。可见，今后对付“杂草”，也正如应对“害虫”一样，采取生态平衡的办法，而不是粗暴灭杀的办法，同样会取得事半功倍的效果。

卡森的冒死呐喊，激发了波澜壮阔的全球环境保护运动，最终促进了重大的环境法律变革，这对于经济快速发展的我国有很大借鉴意义。春天是生命活力最旺盛的季节，不应成为寂静的代名词。作为地球村的一员，中国人民同样有权呼吸新鲜空气，喝上清洁的水，吃放心的食品。对于日益加剧的环境污染，对于日益泛滥的农药、化肥、除草剂、地膜污染，是到了果断治理的时候了。

蒋高明

中国科学院植物研究所研究员

中国环境文化促进会理事

曾任中国人与生物圈国家委员会副秘书长

卡森与《寂静的春天》（序二）

此时，我怀着深深的钦敬，为蕾切尔·卡森的《寂静的春天》，这一里程碑式的著作作序，虽然我是一个民选的官员，但卡森女士已经证明，一种思想的力量远远比政治家的更强大。

当《寂静的春天》于一九六二年刚问世的时候，美国的公众政策中还不存在"环境"这一项目。《寂静的春天》如平地惊雷，用深切的感受、系统深入的研究和深刻有力的论点改变了历史。当该书在《纽约客》连载时，反对者立刻群起而攻之。在论战中，卡森在真理方面的严谨和她超凡的勇气起到了决定性作用。这些年来的科学研究已经证明她书中的种种警告都是正确的，甚至比她预想的还可怕。

在她写《寂静的春天》时，已经罹患乳腺癌，并且正在接受放射性治疗。此书出版后两年，她因乳腺癌而离世。令人深思的是，最新的研究指出，这种疾病和有毒化学品的接触有关。因此，从某种意义上来讲，卡森的这本书，是在为自己的生命而写。

自从《寂静的春天》出版以来，仅仅是用在农场中，农药的使用量就已快速增长到每年11亿吨，而这些极其危险的化学药品的生产量也增长了4倍。在美国，我们是禁止使用了一些农药，但是我们并没有间断过其生产，只是出口到其他国家。全美在1992年一年里，使用的杀虫剂高达22亿磅，使用数量仍然多的惊人。环保署在1988年的一份报告中说：74种不同的农业化学药品已经污染了32个州的地下水。每年，密西西比河流域的玉米田里会施用7000万磅的阿特拉津，一种致癌的农药，其中150万磅通过地下水流入2000万人的饮用水之中。……在美国，过去20年中，由于使用雌激素农药，睾丸癌的发病率大约增长了50%。另外有证据指出，世界范围内，男性的精子数量减少了50%，其原因虽然尚未水落石出，但有相关确凿可靠的证据证明：此类化学物质可以对野生生物的繁殖能力产生干扰。

大部分农药生产商的强硬派成功地阻击了《寂静的春天》中所呼吁的保护性措施，这些年来，国会依然对这类产业提供庇护，这是更令人吃惊的。

管制杀虫剂、杀菌剂和灭鼠剂而设立的法规标准，远比管制食品和医药的法规宽松，，而且在国会的庇佑下难以实施。……如今的体制如同浮士德式的交易，即为了换取短期利益不惜以明天的悲剧作为代价。从卡森的时代起，我们一直把儿童体内的杀虫剂残留的底线，设定得比危险值高几百倍，谁能够证明其在利益上的合理性吗?

《寂静的春天》里提到了“用昆虫控制取代化学药物的一系列方法”，如今不断增多，然而官员们却毫不关心，同时生产商也在极力抵制。我们为什么就不能对大力推广无毒的替代品呢?

克林顿-戈尔政府一上台就力图改变积弊，决心扭转杀虫剂滥用的严峻形势。这个政策包括三项原则：更严格的标准，更少的使用，更多的替代性生物药剂。

我们必须作为一种中间力量，平衡农药生产商、产业机构和大众的健康。双方背景不同，观点更是针锋相对。如果他们相互猜忌、忌恨，相互敌视，那我们就很难改变这个产业系统，而不改变它，就无法改变当前的农药污染。

蕾切尔·卡森的影响力已经远远超出了《寂静的春天》中所涉及的范畴。她让我们重新看清楚现代文明的一个令人震惊的遗忘：人类与大自然要和谐相处。

她的行动和发现，她激发的领域，不仅有力证明了限制杀虫剂的必要性，还力证了不管一个人多普通，都可以改变世界。

阿尔·戈尔（美国前副总统）

此处对原文进行了删节

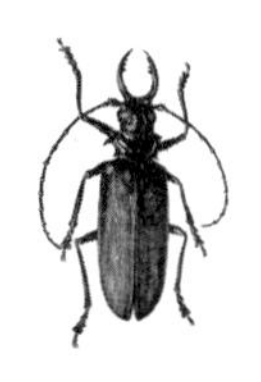

目　录

1. 明日的预言

从前，在美国的中部有一个小城，一眼望去，小城里的所有生物与周遭的环境都显得和谐无比：小城位于繁茂的农场中间，农场排列得整整齐齐，宛若棋盘。到处是庄稼，小山脚下的果园里果木成林。春天里，绿色的原野上繁花点点，摇曳生姿，好似朵朵白云在飘荡；秋天里，透过屏风般的松林（pine）、橡树（oak）、枫树（maple）和桦树（birch）放射出的七彩光芒，宛若熊熊的火焰。还有狐狸在山丘上嗥叫，成群结队的鹿在秋日晨雾笼罩的原野上悄无声息地穿行。

小径两旁长着月桂树（laurel）、荚蒾树（viburnum）和赤杨树（alder），还有野花和巨大的羊齿类植物，它们在大半年的时光里都会让过客赏心悦目。即便到了万物凋零的冬日，小径两旁依然是一个美丽的所在，因为会有数不清的小鸟飞来飞去，啄食那些从白雪上露出来的浆果和干草的草穗。事实上，小城的城郊正是闻名遐迩的百鸟聚集地。整个春秋两季，迁徙的候鸟铺天盖地，蜂拥而至，人们从千里之外赶来观赏。也会有人到小溪边垂钓，凉丝丝的溪水清澈见底，从山中潺潺流出，形成了绿荫掩映的池塘，池塘里还有鳟鱼（trout）时隐时现。野外的景色一直如此，直到很多很多年前的某一天，第一批居民在这里造房垒屋，掘井筑仓。

从此，一切都开始变了。

也就是从那个时候开始，一个古怪的阴影笼罩了这个地区，一切都开始发生变化。一些不祥的预兆在村子里出现：死亡的阴影无处不在，莫名其妙的疾病不期而至，成群的鸡、羊、牛倒地而亡。乡下的农民叙说着家人的疾病，城里的医生面对病人的新病症手足无措。不仅成人会猝死，就连孩子都会在玩耍时突然倒在地上，在几个小时之内莫名其妙地夭折。

这个地方被一种古怪的寂静笼罩了。很多人谈论着小鸟，内心忐忑，百思不得其解。小鸟都飞到哪里去了？园后面曾经是小鸟觅食的地方，现在却是冷冷清清的。有些地方倒还能看见几只屈指可数的小鸟，却都已经奄奄一息，颤栗不已，再也飞不起来了。这是个寂静的春天。这里的清晨曾经回荡着知更鸟（robin）、嘲鸫（catbird）、鸽子（dove）、松鸦（jay）、鹪鹩（wren）的合唱，以及其他鸟鸣的声音；而现在，所有的小鸟都已经无声无息了，田野、树林和沼泽里只剩下无边的寂静。

农场里的母鸡在做窝孵蛋，可是却看不到小鸡破壳而出。农民们怨声载道，说这猪再也没法儿养了，因为刚生下的猪崽也太小了，猪崽一旦生病就会在几天之内死掉。苹果树虽然繁花满枝，却没有蜜蜂嗡嗡飞来，穿梭花丛，而得不到授粉的苹果花，也结不出苹果来。

曾经多么迷人的小径两旁，现在却像一场火灾摧残过的焦干的残枝败叶。被生命遗弃的地方空余寂静，就连小溪也没了生气，鱼儿都已死亡，垂钓的人也不再造访。

在屋檐下的雨水管里，在屋顶的瓦片上，还能显露出一种白色颗粒的痕迹。就在几个星期以前，这些白色的颗粒曾经像雪花一样，飘洒在屋顶、草坪、田地和小溪上。

这不是在施魔法，也不是敌人导致这个被损害的世界的生命难以复生，而是人类在自作自受，自食其果。

上面这个城镇虽是假想的，然而，在美国和世界其他地方都能够轻而易举地找到成千上万这样城镇的翻版。我知道，倒是没有哪个村庄遭受过我所描述的全部灾祸，但是事实上，某些地方确实发生过其中的某种灾难，确实有许多村庄已经经受了很多的不幸。由于人们视而不见，一个面目狰狞的幽灵已经向我们扑来，这一想象中的悲剧很可能会转眼之间变成一个活生生的、人所共知的现实。

是什么原因让美国成千上万小城的春之声戛然而止，寂静无声了呢？本书所力图解答的正是这个问题。

2. 忍受的义务

地球上生命的历史，一直是生物与周围环境相互作用的历史。可以说，在很大程度上，地球上植物和动物的自然形态和习性都是由环境塑造而成的。就地球时间的整个长度而言，生命改造环境的反作用的力量其实一直是相对来说是微不足道的。只是在出现了生命的新品种——人类之后，20世纪生命才具有了改造周围大自然的超凡脱俗的能力。

人类是地球上诞生的对自然影响最巨大的物种，而这种影响主要是负面的，尤其是各种污染。

在过去的25年里，这种力量在增长，但还没有发展到令人不安的程度，却已经带来了些许变化。就人对环境的侵袭而言，以对空气、土地、河流，以及给大海带来的危险万状、甚至致命的物质污染，最令人瞠目结舌。在很大程度上，这种污染是无法补救的，因为它不仅进入了生命赖以生存的世界，还进入了生物组织体内，在很大程度上这一罪恶的环链是不可改变的。在当前普遍受到污染的环境里，在改变大自然及其生命本性的过程中，化学药物的作用及其危害，最起码能够与放射性危害相提并论。在核爆炸中所释放出的锶90（Strontium，Sr-90），会随着雨水和漂尘降落到地面，在土壤里安家落户，进入土壤中生长出来的草、谷物或小麦里，不失时机地进入到人类的骨髓，从此在那里安居乐业，直到人彻底死亡。同样，被洒向农田、森林、花园里的化学药物，也长期存留在土壤里，同时进入体生物组织里，形成中毒和死亡的环链，在环链上不断传递转移。有时，它们神出鬼没地随着地下水流转移，等到它们再度出现时，它们会在空气和太阳光的魔力作用下结合成新的物质，这种新物质对于植物和家畜具有杀伤力，使那些曾经长期饮用井水（曾经是纯净的水）的人们在不知不觉间受到伤害。正如阿伯特·斯韦策（Albert Schweitzer）所说的那样：“人们自己制造出的魔鬼，反而最难识别。”

经过数亿年，才出现居住在地球上的生命，在此期间里，不断发展、进化和演变的生命与其周遭的环境达成了一个协调平衡的状态。生命环境严格地塑造和引导着生命，对生命有害和有益的元素兼收并蓄。某些岩石放射出有害的射线，甚至在供给所有生命能量的太阳光里，也同样包含着具有伤害能力的短波射线。生命要与环境达成平衡，需要的时间单位不是年而是千年。时间是决定性的因素，然而现今的世界变化的速度太快了，已经来不及平衡。

人类快速改变自然界，而生活于自然界中的生物却来不及与快速改变的自然平衡。

人们非但没有追随这大自然从容淡定的脚步，反而迈着轻率鲁莽和漫不经心的步伐，于是出现了这种迅雷不及掩耳的突变。早在地球上的生命还没有出现之前，放射性仅仅存在于岩石之中、宇宙射线爆发和太阳紫外线中。而人们认为现在的放射性是干涉原子时的反常后果。以往，生命在自身平衡过程中所遭遇的化学物质仅仅是从岩石里冲刷出来的和由江河带到大海去的钙（calcium）、硅（silicon）、铜（copper）等无机物，现在遭遇的是高度发达的人脑在实验室里创造出的人工合成物，而这些东西，在自然界是没有制衡之物的。

人工合成物破坏了自然界的平衡。

在大自然的天平上，平衡这些化学物质需要大量时间：一个人毕生的时间不够，还需要很多代毕生的时间。尽管如此，即便出现奇迹，出现了平衡的可能性，依然于事无补，因为还会有新的化学物质如同涓涓溪流一般源源不断地从我们实验室里涌出。仅仅是在美国，每年差不多就有500多种化学合成物投入实际应用。这些化学物品的形状千变万化，数量之大令人惊诧，影响也很难掌控。从某种程度而言，人和动物的身体每年都要竭尽全力地去适应如此之多的新型化学物质，而这些化学物质完全都是生物未曾经历的。

这还只是20世纪五十年代的情况，今天变得更严重了。

这些化学物质中有许多应用于人与自然之间的战争中，从19世纪40年代中期以来，制造出200多种基本的化学物品，用于杀死昆虫、野草、啮齿动物和其他一些被现代俗语称为“害虫”的生物。这些化学物品被标上了几千种不同的商品名称，用于销售。

这些喷雾器、药粉和喷洒药水现在几乎已普遍地应用于农场、果园、森林和家庭，他们别无选择。这些化学药物的药效如下：不分“好”“坏”，对昆虫格杀勿论，让鸟儿不再歌唱，鱼儿在河水里不再欢腾跳跃，让树叶披上一层致命的薄膜，在土壤里长期积淀，最后造成这样的恶果，而原来的预期目标可能只是除去一点点杂草和昆虫罢了。谁能相信，在地球表面上喷洒大量的毒雾，却不会给所有生命带来危害呢？这些化学药物根本就不应该叫做“杀虫剂”，而应该叫做“杀生剂”才对啊。

杀虫剂，还是杀生剂？

药物使用的全过程看来好似一个无止境的螺旋形的漩涡。自从创造了滴滴涕并且投入民用以来，随着更多的有毒物质的不断发明，一轮又一轮不断升级的循环就开始了。之所以会出现这种情况，是由于根据达尔文适者生存原理这一伟大发现，昆虫可以向高级进化，从而产生对它所接受的特定杀虫剂的抗药性。后来，人们不得不再发明一种致命药物，而昆虫会重新去适应；于是，再发明一种新的毒药。之所以会发生这种情况，还有一个原因，这在后文也会提到，那就是害虫常常进行“报复”，或者经过“回光返照”之后复活，喷洒药粉之后，数目非但没有减少反而增加了。就这样，化学药物之战从来都没有高奏过凯歌，而在这场残暴战争强大的交叉火力中，所有生物都纷纷中枪。

使用农药是场无休止的恶性循环，只会培养出抗药性极强的超级昆虫。

与人类被核战争毁灭的可能性同时存在的另一个中心问题，就是人类的环境已经被惊人的潜在有害物质全部污染了，这些有害物质残留在植物和动物的组织里，甚至穿透胚胎细胞，破坏或者改变了原来所特有的遗传物质。然而，正是这些遗传物质决定了未来种植物的形态。

一些自称是我们人类未来设计师的人们，总是兴致勃勃地期待将来有一天可以随心所欲地通过设计，去改变人类细胞原生质，但是现在我们由于疏忽大意，就可以轻易做到这一点，因为许多化学药物和放射性，可以导致基因突变。类似这些表面看来微不足道的小事，比如选择某种杀虫剂，竟然能够决定人们的未来。想到这一点，真是荒谬可笑，对于人类来说是莫大的讽刺。

我们冒着风险这样无所不为的目的何在呢？未来的历史学家一定会对我们得不偿失的扭曲观念而惊诧。智慧的人类在寻求控制少量不想要的物种的同时，怎么可以采取这种既污染整个环境，又给自身造成疾病和死亡威胁的方法呢？然而我们以往正是这么做的。此外，之所以这样做，是因为我们即便找出原因也无济于事。我们听说，广泛而大量地使用杀虫剂是维持农场生产所必需的。可是，“生产过剩”不正是我们真正的问题所在吗？虽然我们的农场采取措施来改变亩产量，给停产休耕农民以金钱补贴，却依然生产出大量过剩的农作物，致使美国的纳税人仅在1962年一年就支付了10亿多美元，作为整个过剩粮食仓库的管理费用。农业部的一个分局试图减少产量的时候，其他州的做法却与1958年的所作所为没有区别：“人们通常都会相信，土地银行如果进行土地休耕补贴的话，减少耕地的亩数会唤起人们对使用化学药物的兴趣，从而促使保留下来的耕地获得最高产量。”若是这样，对我们所担忧的情况又有什么补益呢？

这一切并不说明害虫问题不存在，也没有必要去控制了，我是说，对害虫的控制工作一定要符合实际，而不要建筑在虚无缥缈的设想的基础上。此外，所采用的方法一定不要导致我们自己与害虫同归于尽。

人类本来是要试图解决这个问题，谁知却带来了一系列灾难，这是我们文明生活方式的伴随之物。在人类尚未出现的很久以前，昆虫就在地球上地球繁衍生息了——这是一群种类繁多，适应能力非常强的生物。自人类出现以后，在50多万种昆虫中占很小比例的那部分主要以两种的方式与人类的幸福发生了冲突：一是跟人类争夺食物，一是给人类带来了疾病。

当出现自然灾害，爆发战争，遇到灾荒或者贫困的情况下，在人口密度大，特别是居住拥挤、卫生条件差的地方，携带疾病的昆虫就成为一个突出的问题，于是，就非常有必要对一些昆虫实施控制。我们在不久的将来就会发现这一严峻的现实：使用大量的化学药物所起的作用是有限的，而由此对我们形成的威胁，对我们意欲改善的环境形成的威胁却更大。

在原始农业时期，农民很少遇到昆虫问题。随着农业的逐渐发展，这些问题也就随之而来，因为在一块土地只种植一种农作物。这样的种植方法为某些昆虫数量的剧增提供了有利条件。种植单一品种农作物的耕地并不符合大自然的发展规律，这种农业可能是工程师想象中的农业。大自然赋予大地以多种多样的景色，可是人们却热衷于把它简化。大自然需要对每个生物种类的数量进行限制，而人们却破坏了自然界的格局和平衡。大自然有一种重要的限制，就是对每一种类生物栖息地的面积进行限制，做到大小适宜。显而易见，一种食麦昆虫在专种麦子的农田里繁殖起来要快许多，若在麦子和不适合它生长的其他农作物混种的农田里它就不会爆发。

人类的农业简化了丰富的大自然，拥挤的城市产生了更多的肮脏，这就造成了“有害”昆虫的问题。

无独有偶。在12年，或者更早以前，在美国的城镇的街道两旁都种植着一排排高大的榆树（elm tree）。而今天，他们满怀希望所创造的美丽景色面临着被彻底毁灭的威胁，一种甲虫带来的疾病横扫了榆树林。假如进行多样化混种的话，甲虫快速繁殖和蔓延的可能性就会大大减少。

造成现代昆虫问题的另一个因素是，我们必须以地质历史和人类历史为背景进行考量：成千上万千个不同种类的生物从原来的生长地向新的区域蔓延入侵。英国的生态学家查理·埃尔顿（Charles Elton）

在他近期出版的专著《侵入生态学》（*The Ecology of Invasions*）一书中，对这一世界性的迁徙进行过研究和栩栩如生的描述。在几亿年以前的白垩纪时期（Cretaceous Period），海水泛滥，许多大陆之间的陆桥被切断，生物发现自己被限制在一块埃尔顿所说的“巨大而独立的自然保留地”里。在那里，它们与同类隔绝，发展出许多新的物种。大约在1500万年以前，一些大陆板块重新合并起来，这些物种开始迁移到新的地区。这一运动现在仍然还在进行中，如今得到了人类相当多的助力。

当代物种传播的主要媒介依赖植物的进口，因为动物差不多总是跟同植物同步迁移的，检疫只是一个相对新颖，然而却不是百分之百有效的发明。仅美国植物引进局一个部门就从世界各地引进了将近20万种不同的植物。在美国，将近90种植物的昆虫天敌是在不经意间地从国外引进的，而且大部分是跟着植物一起引进的，就像徒步旅行者时常搭乘别人汽车一样。

虽然天敌在产地的数目逐渐递减，但是在新的地区，由于缺乏防范，入侵的植物或动物却可能得到繁殖。这样一来，我们最讨厌的昆虫都是被引进的，就绝非偶然了。

这些入侵行为，不论是自然而然发生的，还是在人类的协助下进行的，都可能会无休无止地进行下去。检疫和大规模的化学药物的使用，只不过是我们争取时间的昂贵的方式。我们所面临的情况，正如埃尔顿博士所说的：“为了生和死，所需要的不仅仅是寻求新的科技手段来遏制这种植物或那种动物。相反，我们需要掌握动物繁殖以及动物与周围环境关系的基本知识，只有这样才能有助于我们建立稳定的平衡关系，遏制虫灾的爆发力和新的入侵行为。”

许多必要的知识现在都可以付诸实践，但是我们并没有付诸实践。在大学里，我们培养出生态学家，我们甚至在我们的政府机关里雇用生态学家，可是，我们却很少听从他们的建议。我们任由致人于死地的化学药剂像下雨似地喷洒，好像这是唯一的方法似的。事实上，有许多办法可行，只要给我们机会的话，我们去发挥才智，是可以迅速发现更多办法的。

我们是否已经陷入这样一个困境中不能自拔，所以我们才不可避免地接受厄运，接受伤害，丧失了意志力和判断是非优劣的能力？用生态学家保罗·斯帕特（Paul Sheppard）的话来说，这种想法就是："理想的生活像刚刚从水面露出头的鱼，在恶化的环境的范围内挣扎着前行……为什么我们要忍受一日三餐中带毒的食物？为什么我们要忍受家庭周围枯燥乏味的环境？为什么我们要忍受与算不上敌人的朋友开战？为什么我们要一边忍受机动车马达的噪音，一边紧张兮兮地担心精神错乱？虽然这个世界还不是最悲惨的，可是谁又愿意生活在悲惨的世界上呢？"

美国那时，正似我们的今天。

但是，这样的世界正在步步地向我们迫近。好像许多专家和大部分所谓环境保护机构对于开展一个无化学毒物、无虫害的世界的十字军运动倾注了极大的热情。现存的来自各方各面的证据都充分证明了现行的喷洒药物的工作发挥的力量非常残忍。康涅狄格州（Connecticut）的昆虫学家尼利·特纳（Neely Turner）曾经说过："昆虫学家们进行调解工作，这一职业就像起诉人、法官、陪审、估税员、收款员和司法官所执行的任务一样。"不论在州还是在联邦的机构内部，公然滥用杀虫剂处处畅通无阻。

我的看法倒不是说要完全废弃使用化学杀虫剂。我的主张是，在对其潜在的危害性一无所知的情况下，不要把有毒的和对生物有效力的化学药物不加区分地、大批量地、完全地交到人们手中。我们任由数量众多的人群去接触这些有毒物质，事先也没有征得他们的同意，甚至他们常常毫不知情。人权法案之所以缺乏这样的条例，即公民有权保证自己规避风险，免受由私人或公共机关散播致死毒药的伤害，实际上是因为我们的先辈的智慧和预见能力局限，所以无法想象这类问题。

我想进一步要强调的是：我们已经允许使用这些化学药物，然而却很少或完全没有调查它们在土壤、水、野生动植物和人类身上所产生的效果。大自然担负着保护生命的重任，我们对保证地球的完整性也相应地担负着重任，我们在这方面犯下的错误，我们的后代大概不会宽恕吧。

迄今为止，我们对自然界所受到的威胁依然认识不足。现在的时代是这样的，这是一个专家的时代，这些专家们也只关注自己研究领域的问题，对于微观问题所处的宏观环境不甚了了。现在的时代还是一个工业主宰的时代，在工业主宰的时代，不惜任何代价去赚钱的权利，很难会受到谴责。当公众面对应用杀虫剂造成的恶果这些显而易见的证据提出抗议的时候，只要喂上半心半意的小镇静药丸就会心满意足。我们急需结束这些伪善的保证和令人生厌的事实外面包裹的糖衣。由于承担危险的是民众，所以民众必须做出决定，是希望在现在这条路上继续走下去呢，还是等占有了足够的事实证据以后再说。珍妮·路斯坦德（Jean Rostand）说：“忍受的义务给了我们知情的权利。”

专家与工业主宰的时代是杀虫剂泛滥的大背景。

谁承受后果，谁就有权知情！

3. 死神的万灵药

今天，世界历史上还是第一次出现了这种现象，那就是每个人从娘胎里一直到死亡的那一天，都不可避免地与危险的化学药物接触。合成杀虫剂的使用还不到20年，却已经广泛地分布在动物界及非动物界，无处不在。我们从大部分主要水系，甚至到地下水，以及肉眼很难看得见的潜流中都已检测到出了这些化学药物。早在十几年前施用过化学药物的土壤里仍有余毒残存。它们普遍地侵入鱼类、鸟类、爬行类以及家畜和野生动物的体内，并潜伏下来。就连进行动物实验的科学家们都觉得，要找出一个未受污染的实验物的可能性都不大。

在偏远的山地湖泊里生活的鱼类体内，在泥土里钻洞的蚯蚓体内，在鸟蛋里，都发现了化学药物，在人类自身体内也发现了；现在化学药物广泛存在于绝大多数人体内，不分老少长幼。化学药物还出现在母亲的奶水里，而且很有可能出现在未出生的胎儿的细胞组织里。

之所以会出现这种状况，原因就是那些生产具有杀虫性能的人造合成化学药物的工业突飞猛进地迅速扩展。这种工业是第二次世界大战的产物。在化学战的研发过程中，人们在实验室发现一些研发出的药物可以消灭昆虫。这一发现绝非偶然，因为在做化学药物试验的时候，昆虫一直代替人类充当实验的对象，被广泛地用于实验化学药物。

看起来，这种结果已汇成了一股源源不断的合成杀虫剂的河流。在实验室里，通过对分子群进行创造性的巧妙操作，将原子替换，改变它们的排列顺序以后，今天作为人造产品的杀虫剂已经与战前的那种简单的无机化合物有天壤之别了。以往的药物是由天然生成的矿物质和植物提取物合成而成，包括砷、铜、铝、锰、锌等其他矿物质；除虫菊酯是从凋谢的菊花中提取出来的，硫酸烟碱是从烟草中提取的，而鱼藤酮是从东印度群岛的豆科植物中提取出来的。

真正把这种新型合成杀虫剂与已有的其他杀虫剂区别开来的是巨大的生物学效能。它们不仅药力强效，能毒害生物，而且还能参与生物体内至关重要的生理过程，常常使这些生理过程产生灾难性的，甚至是致命的恶变。这样一来，正如我们将会看到的情况那样，它们可以毁坏恰好可以为身体提高抗药性的酶，阻挠为身体提供能量的氧化过程，妨碍身体各个器官的正常运转，还会逐渐使某些细胞内发生不可逆转的恶变，而正是这种变化就导致了恶性发展的结果。

尽管如此，可是每年还会有越来越多的、新的致命的化学药物研制成功，用途不一，这样一来，这些化学药物实际上已经遍布世界各地了。在美国，到1960年为止，合成杀虫剂的生产从1940年的12425.9万磅猛增到63766.6万磅，数量翻了5倍多。这些产品的批发总价值大大超过了2.5亿美元。但是从这种工业的规划和发展远景来看，这一巨额生产才仅仅是个开始。

lb，1磅=453.292克

因此，一本《杀虫药大全》（*A Who's Who of Pesticides*）对我们大家来说就成了密切相关之物。既然我们的生活跟这些化学药物形影不离，吃进去，喝下去，存在肚子里，吸入骨髓，那么，我们最好还是了解一下它们的性质和药效才对。

尽管第二次世界大战标志着杀虫剂由无机化学药物逐渐转为碳分子的奇妙世界，可是还有几种原料仍然还在继续使用中，其中主要是砷，时至今日，砷仍然在多种除草剂、杀虫剂中充当基本成分。砷是一种高毒性无机矿物质，大量存在于各种金属矿中，在火山内、海洋内、泉水中也有少量存在。砷与人之间的关系错综复杂，历史悠久。因为许多砷的化合物没有味道，所以早在波尔吉亚家族（the Borgias）时代之前直到现在，它一直是被杀人犯当作谋杀工具的首选。砷第一个被肯定为基本致癌物。砷存在于英国人烟囱的烟灰里，它与气味扑鼻的碳氢化合物并成为癌症的两大诱因，这一结果早在约两百年以前就由一位英国医师发现。据有关记载显示，长期以来，砷曾经使全人类陷入慢性砷中毒。在砷污染的环境里，马、牛、羊、猪、鹿、鱼、蜂这些动物会患病和死亡。尽管臭名昭著，砷的喷雾剂、粉剂依然被广泛地使用。在美国南部的乡村，由于在棉花地里使用砷喷雾剂，导致专业的养蜂业几近灭绝。长期使用砷喷雾的农民也一直受着慢性砷中毒的折磨，家畜也因人们使用含砷的田禾喷雾和除草剂而中毒。蓝莓（blueberry，越橘的一种）田地的上空漂浮着含砷雾粉的尘埃，尘埃飘落在邻近的农场里，污染了溪水，毒害了蜜蜂、奶牛，带来了致命的后果，还使人类染上疾病。一位环境癌病方面的权威人士，全国防癌协会（The National Cancer Institute）的休珀博士（W. C. Hueper）曾经说过："……在处理含砷物方面，我国近年来的实际做法是完完全全地对公众的健康状况持漠视的态度，这种漠视的态度简直已经达到了登峰造极的程度，无人可比。凡是看到过砷杀虫剂撒粉器、喷雾器工作过程的人，一定会对那种漫不经心地施用毒性物质感慨万千，难以释怀。"

到了现代，杀虫剂更具致命的性质。杀虫剂的数量巨大，其中绝大多部分分属于两大类化学药物：一类是以滴滴涕为代表的"氯化烃"（chlorinated hydrocarbons）而闻名；另一类以有机磷杀虫剂（the organic phosphorus insecticides）为主要成分，以我们稍微为熟悉些的马拉硫磷（malathion）和对硫磷（parathion）为代表。它们有一个共同的特点，如上所述，它们都是以碳原子为主要构成成分的，碳原子也是生命世界不可或缺的"积木"，这样一来，就被命名为"有机物"了。为了对它们有一个充分的了解，我们必须搞清楚它们的构成成分，以及它们的转化过程，那就是，虽然这一切都与生物基础化学密切相关，但它们却是怎样成为致死剂的呢？

碳（Carbon）作为一种基本元素，碳原子的能力几乎无极限：能够彼此相互组合，组合成链状、环状及各种其他构形，还可以与他种物质的原子联结起来。的确如此，从细菌到蓝鲸，各种各样的生物都具有令人难以置信的多样性，主要归因于碳的这种能力。与脂肪（fat）、碳水化合物（carbohydrates）、酶（enzymes）、维生素（vitamins）的分子一样，复杂的蛋白质分子都是以碳原子作为基础元素的。同样，在非生物身上也有碳大量存在，因为碳不是生命的绝对符号。

某些有机化合物只是简简单单地由碳与氢构成的化合物。这些化合物中最为典型的就是甲烷（methane），或者叫沼气（marsh gas）。在自然环境里，浸在水中的有机物质被细菌进行分解，就形成了沼气。如果把甲烷以适当的比例跟空气混合，就形成了煤矿上恐怖的爆炸性气体“瓦斯”（fire damp）。甲烷的结构既简单又美观：四个氢原子结合在一个碳原子上。科学家们已经发现可以取掉一个或全部的氢原子，用其他元素取而代之。例如，我们用一个氯原子来取代一个氢原子，我们就可以制出氯代甲烷（methyl chloride）；我们去掉三个氢原子，用氯来取而代之，就可以制出麻醉剂氯仿（三氯甲烷）（anesthetic chloroform）；我们用氯原子取代所有的氢原子，结果就得到四氯化碳（carbon tetrachloride）——即我们所熟悉的洗涤液（cleaning fluid）。

我们尽可能用最简单的术语来说的话，这一围绕甲烷基本分子的复杂变化显示出氯化烃究竟是什么，然而对于氯代烃类的化学世界的真正复杂性，以及有机化学家对于各种各样物质无穷无尽的创造的暗示却是微乎其微。原因在于，假如不用只有一个碳原子的简单甲烷分子，而是借助由许多碳原子组成的烃分子进行工作，把它们排列成环状或链状（带有侧链或者支链），那么，维系着这些侧链或者支链上的是这样的化学键：不只是简简单单的氢原子或氯原子，还有多种多样的化学原子团。只要结构上出现细微的变化，该物质的整体特性就会随之改变。譬如，不仅化学键上的碳原子上连接什么元素非常重要，甚至连接的位置也非常重要。正是凭借这样的精妙操作，一组具有真正威力的毒剂问世了。

赏毒之旅从滴滴涕开始吧。

滴滴涕（双氯苯基三氯乙烷的简称，dichloro-diphenyl-trichloro-ethane） 最早是在1874年由一位德国化学家率先合成的，然而它的杀虫剂的特性直到1939年才被人发现。一夜之间，在滴滴涕被誉为根绝害虫所传染的疾病的绝杀手段，帮助农民战胜了农作物害虫之后，滴滴涕的发现者——瑞士的保罗·穆勒（Paul Muller）随即因此荣获诺贝尔奖。

现在，滴滴涕一直被广泛使用着，在多数人心目中，由于司空见惯的原因，反而这种合成物是一种无害的家庭日常用品。也许，滴滴涕无害的神话是以这一的事实为依据的：它最初的用法之一，是在战争期间把粉剂喷洒到成千上万的士兵、难民、俘虏的身上来灭虱子。因此，人们普遍认为：既然这么多人与滴滴涕近距离接触过，却没有产生直接危害，那么，这种药物必定是无害的了。这种误解是可以理解的，因为它是建筑在以下事实的基础上的：与别的氯化烃药物不同，呈粉状的滴滴涕不容易被皮肤所吸收。滴滴涕易溶于油，且在溶于油以后产生毒性。假如吞咽下去，就会通过消化道慢慢地被消化，还会通过肺部被吸收。它一旦进入人体体内，就大量地积蓄在多脂肪质的器官里（因为滴滴涕本身是脂溶性的），如肾上腺、睾丸、甲状腺等。相当大一部分滴滴涕沉积在肝脏、肾脏以及包裹着肠子的肥大的、具有保护性的肠系膜的脂肪里。

滴滴涕的这种积蓄过程是从可接受的最小化学药物吸入量开始的（这种化学药物以残毒的形式残留在于大多数食物里），一直达到相当高的储量水平时才会停止。这些带有脂肪的积蓄起着生物学放大器的作用，所以，小到餐食的千万分之一的摄入量，可在体内积累到约之10%～15%的含量，呈现出100多倍的增长。对于上述这种参考资料，化学家或药物学家早已司空见惯，然而我们多数人还是很陌生的。1ppm，听起来似乎是一个微不足道的小数字，这数字确实也不大。但是，这样的物质威力却是这么大，所以极小的药量就能引起人体体内的巨大恶变。在动物实验中，科学家们发现3ppm的药量就可以阻止心肌里一种主要的酶的活动，仅5ppm就可以引起了肝细胞的坏死和瓦解，仅2.5ppm的与滴滴涕极接近的药物狄氏剂（dieldrin）和氯丹（chlordane）也有同样的效果。

其实这倒不会让人们瞠目结舌。在正常人体的化学物质中本身就存在着这种微不足道的原因引起严重后果的情况，比如，小到200微克的少量的碘（iodine），其结果就可造成健康与疾病的差别。原因在于这些小量的杀虫剂可以一点一滴地积蓄起来，而排泄出去的速度却极缓慢，肝脏与别的器官的慢性中毒及退化病变的威胁确实存在。

1微克=10^{-6}克

人体内可以留存多少滴滴涕，对此科学家们众说纷纭。食品与药物部（the Food and Drug Administration）的药物学主任阿诺德·莱曼博士（Dr. Arnold Lehman）说："既不存在一个最低的底线，即低于它滴滴涕就不再被吸收了，也不存在一个最高的上限，即超过它吸收和积蓄就停止了。"另一方面，美国公共卫生署（the Public Health Service）的威兰德·海耶斯博士（Dr. Wayland Hayes）却提出了不同意见：滴滴涕在每个人体内都会达到一个平衡的点，超过这个量，滴滴涕就被排泄了出来。考虑实际目的，这两个人观点谁是谁非并没有那么重要。我们对滴滴涕在人类体内的积蓄作过详细的调查，我们了解到常人的贮量是有潜在的害处。种种研究结果表明，一个接受毒害（饮食方面难以避免的除外）的个人，其平均储量为5.3～7.4ppm[1]，农业工人为

[1] ppm（parts per million）即百万分比浓度（10^{-6}）。1ppm相当于1升溶液中含溶质1毫克（0.001克）。

17.1ppm，而杀虫药工厂的工人竟高达648ppm！可见已证实了的积蓄数量的范围是很广的。而至关重要的是，这一最小的数据也超过了损害肝脏及其他的器官或组织的上限。

滴滴涕及其同类的药剂最危险的特性之一，是它们遍布在整个食物链的各个环节上，通过食物链从一个机体传到另一机体上。例如，在苜蓿（alfalfa）地里喷洒了滴滴涕粉剂，然后用这样的苜蓿作为鸡饲料来喂养母鸡，这样一来，母鸡所生的蛋里就含有滴滴涕了。或者我们可以以干草为例，干草含有7～8ppm的滴滴涕残余，可能用来喂养奶牛，这样一来，就会有高达约3ppm的滴滴涕混入牛奶，而在这种牛奶制成的奶油里，滴滴涕含量就会增至65ppm。滴滴涕通过这样一个转移进程，虽然原本含量极少，可是后来经过浓缩，含量却逐渐增高了。食品与药物管理局禁止将含有杀虫剂残留物的牛奶在州际商业贸易中流通，然而今天的农民发觉很难给奶牛找到未受污染的草料。这样的毒素污染还可能由母体传给后代子女。食品和药物管理局的科学家们已经从人奶的取样实验中找出了杀虫剂残余，这意味着母乳喂养的婴儿除了本身体内已经集聚起来的毒性药物以外，还在经常性地得到少量的毒性药物补给。然而，这却不是婴儿的第一次遭遇中毒的危险，我们有充足的理由相信，当婴儿还在母体的子宫里的时候，就已经开始中毒了。胎盘一直都是母体胚胎与有害物质隔离的保护膜，而在实验动物体内可以看到，氯化烃杀虫剂可以自由穿过胎盘这一屏障。在母体里，虽然通常婴儿这样吸收的毒药数量不大，然而，因为婴儿对于毒性比成人要敏感得多，这种情况还意味着，在今天，差不多可以肯定的是，每个普通人都是从第一次积蓄毒物，以及与日俱增的毒药重负而开始自己生命历程的（从此以后，还要求身体把这重担继续承担下去）。

今天每个人的生命历程都从“中毒”开始。

上述所有事实——有害药物在人体内的积蓄，包括低标准的存留，还有随之而来的积累，以及各种程度的肝脏不同程度的受损（在日常饮食中也很容易出现）的情况——使得粮油部的科学家们早在1950年就宣布说“很可能一直低估了滴滴涕的潜在危险性”。纵观整个医学史上，以往还没有出现过这种类似的情况，没有人能够预测出将来的最后结果。

氯丹（chlordane）是氯化烃的另一个种类，同样具有滴滴涕所有的恶劣属性，同时还有自身独特的属性。它的残毒能长久地存在于油和食物中，或在可能敷用它的东西的表面之上。氯丹作用于所有可侵入的人体入口，可以透过肌肤吸收，可借助喷雾或者粉屑吸入，当然如果残余物被吞食，也会从消化道吸收。与所有其他种类的氯化烃一样，日积月累，氯丹的沉积物在人体体内积聚起来。一种含有2.5ppm少量的氯丹的食物，最终在实验动物脂肪里，其氯丹储量会增加到75ppm。

类似莱曼博士这样经验丰富的药物学家，都曾在1950年这样描述过氯丹：“这是杀虫剂毒性最强的药物之一，任何人只要一摸就会中毒。”郊区居民并没有把这一警告放在心上，他们仍然不管不顾地随意将氯丹掺在治理草坪的粉剂里。一方面，当时这郊区居民并没有随即发病，看来问题似乎不大，然而毒素已经长期潜伏在人体体内，待到若干个月或者若干年以后就会莫名其妙地出现症状，到了那个时候，要查出病因就不大可能了。另一方面，死神也会很快地来临，例如有一位受害者，无意中把一种25%的工业溶液洒到皮肤上，结果在40分钟之内，就表现出了中毒症状，还没来得及救治就死了。这种中毒症状是无法提前发现及时抢救的。

七氯（heptachlor）是氯丹的成分之一，作为一种单独的科技术语通行于市。它具有在脂肪里存留的超常能力。如果食物中的含量小到只有1ppm，而在人体在体内就会出现含量可计量的七氯了。它还有一种罕见的本领，就是变成一种化学性质截然不同的物质，叫做环氧七

毒物七氯。

氯（heptachlor epoxide）。它在土壤里，及植物、动物的组织里都会如此这般地变化。对鸟类的实验表明，这种变化而来的环氧化物，比原来的化学药物的毒性更强，其药物毒性是氯丹的四倍。

毒物氯化萘。

早在19世纪30年代中期，就发现了一种特殊的烃——氯化萘（the chlorinated naphthalenes），它会使受职业性药物危害的人患上肝炎，以及一种罕见的，且差不多就是不治之症的肝病。这些疾病已造成了电业工人患病，甚至死亡；近些年来，在农业方面，它们被认为是引起家畜牛羊患上一种神秘甚至常常致命的疾病的原因。鉴于前例，与这组烃有裙带关系的三种杀虫剂都是烃类药物中毒性最强的，这样一来，就一点也不奇怪了。这三种杀虫剂分别是狄氏剂（氧桥氯甲桥萘）（dieldrin）、艾氏剂（氯甲桥萘）（aldrin）以及异狄氏剂（endrin）。

毒物狄氏剂。

狄氏剂是为纪念一位德国化学家狄尔斯而命名的，把它吞食下去时，其毒性约相当于滴滴涕的5倍，但当其溶液通过皮肤吸收之后，毒性就相当于滴滴涕的40倍了。它臭名昭著，因使受害者发病快，并对神经系统产生可怕的作用——使患者发生惊厥。中了这种毒的人恢复得非常缓慢，证明其药效是慢性迁延性的。而其他的氯化烃由于药效作用时间长，会严重损坏肝脏。狄氏剂残毒药效时间长，有杀虫功效，所以成为今天应用最广泛的杀虫剂之一，却全然不顾及使用以后会使野生动物可怕的毁灭这一严重后果。对鹌鹑（quail）和野鸡（pheasants）作的实验表明，其毒性大约是滴滴涕的40～50倍。

对于狄氏剂是怎样在体内积蓄或分布，又是怎样排泄出去的，我们这方面的知识盲点很多：因为科学家们发明杀虫药方面的创造才能早就超过了对这些毒物伤害活的肌体的生物学知识。然而，有各种征象表明，这些毒物长期积蓄在人类体内，在这里，沉积物犹如一座正安眠的火山蛰伏着，只待身体吸收脂肪存储到生理重压之时，才会突然爆发。我们确实已经掌握的许多知识，都是通过“世界卫生组织”开展的抗疟运动的艰苦经历中学到的。疟疾防治工作中，只要一用狄氏剂取代了滴滴涕（因为疟蚊已对滴滴涕产生了抗药性），喷药人员中间就开始出现中毒的病例。病症突发得很剧烈，半数，甚至全部（工作程序不同，中毒症状也随之不同）中毒的人会发生痉挛，数人死亡。有些人会在最后一次中毒以后，过四个月以后才发生惊厥。

艾氏剂是一种或多或少有点神秘的物质，因为尽管它作为一种独立的物质而存在，却与狄氏剂却有着千丝万缕的联系。如果你从一块喷洒过艾氏剂的苗圃里拨出一个胡萝卜的话，你发现胡萝卜含有狄氏剂的余毒。这种变化发生在活的机体组织内，也发生在土壤里。这种炼金术式的转化给许多报告带来了误导，因为化学师虽然知道已经施用了艾氏剂，可是通过化验的方式寻找的时候，却会受骗上当，以为艾氏剂余毒已经没有了。实际上余毒还在，只不过它们变成了狄氏剂，而这需要做另一个实验才能发现。

毒物艾氏剂。

与狄氏剂一样，艾氏剂有剧毒。它可以引起肝脏和肾脏退化的病变。一片阿司匹林药片大小的剂量，就足以杀死400多只鹌鹑。大量有记载的人类中毒的病例，大多与工业管理有关。

艾氏剂同本组杀虫剂的大多数药物一样，给未来投下一层威胁的阴影，也就是不孕不育症的阴影。给野鸡喂很小剂量的艾氏剂，因为剂量小，倒是不至于把它们毒死，可是下的蛋却很少，而这几个蛋孵出的小鸡很快就会夭折。这种影响并不局限于鸟类。受到艾氏剂毒害的老鼠，其受孕率降低，小老鼠身体虚弱而且短命。中过毒的母狗生产的小崽活不过3天，狗的新生代总是这样或那样地因为母亲身体中毒受苦受难。没人知道是否在人类身上看到同样的影响，可是这种化学药物已经通过飞机喷洒到城郊地区和田野的各个角落了。

艾氏剂的“独特”功效是“绝育”。

异狄氏剂在所有氯化烃药物中，毒性是最强的。异狄氏剂虽然在化学性能上与狄氏剂关系相当密切，可是，只要把它的分子结构稍微

毒物异狄氏剂。

改变一点点，它的毒性就成了狄氏剂的5倍。异狄氏剂使得这一组所有杀虫剂的鼻祖——滴滴涕相形见绌，相比之下，看来几乎都成了无害的了。对于哺乳动物来说，异狄氏剂的毒性是滴滴涕的15倍；对于鱼类来说，异狄氏剂的毒性是滴滴涕的20倍；而对于一些鸟类来说，异狄氏剂的毒性大约是其300倍。

在使用异狄氏剂的10年间，异狄氏剂已毒杀过的鱼类数量巨大，毒死了误入喷过药的果园的牛，污染了井水，因此，不止一个州的卫生部都曾经严正警告过，草率地使用异狄氏剂，危害着人的生命安全。

在一起最悲惨的异狄氏剂中毒事件中，显然并没有什么草率疏忽的地方。也曾经做过一番努力，采取了一些看起来似乎合理的预防措施。有一个刚满周岁的美国小孩，被父母带到委内瑞拉住了下来。他们发现新搬进的房子里有蟑螂，所以几天后就用含有异狄氏剂的药剂喷了一次。上午9点左右开始喷药以前，大人把这个孩子和小狗都带到屋外。喷完了药以后，擦洗了地板。在下午3点左右的时候，把孩子和小狗又带回了屋里。过了一个钟头左右，小狗开始呕吐、抽搐，随后死亡。当天夜里10点，孩子也开始呕吐，抽搐，失去了知觉。自那次与异狄氏剂的致命接触之后，这个正常健康的孩子变得比植物人强不了多少——看不见，听不见，时常肌肉痉挛，显而易见，与周围的一切都彻底隔绝了。在纽约一家医院里治疗了几个月，这种状况也没有改变，也没有带来好转的希望。负责护理的医师报告说："是否会出现丝毫有意义的康复，实在让人怀疑。"

第二大类烷基杀虫剂（alkyl）和**有机磷酸盐**（organic phosphates），均属于世界上剧毒的药物之一。随着付诸使用以来，带来的最主要、最明显的危险就是，喷洒喷雾药剂的人，或者偶尔跟随风飘扬的药雾，跟喷洒过这种药剂的植物，或跟弃置的容器稍有接触的人，都会发生急性中毒。在佛罗里达州，有两个小孩发现了一只空袋子，就用它来修补了一个秋千，此后不久两个孩子双双死去，他们的3个小伙伴也生了病。因为这个袋子曾经装过一种杀螨虫剂，名叫对硫磷（parathion）——有机磷酸盐的一种。化验结果表明，孩子们死因正是对硫磷中毒。还有一次，也是同一天夜里，威斯康星州有两个小孩（是堂兄弟俩）也双双死去。其中一个小孩是在院子里玩耍的时候，他的父亲正在给马铃薯喷洒对硫磷药剂，药雾就这样从附近的田地里飘了过来。另一个小孩跟他的父亲玩耍，追着父亲，跑进了谷仓，手在喷雾器的喷嘴上放了一会儿，也中毒了。

这些杀虫药的来历带有某种讽刺意义。虽然一些药物本身，譬如磷酸的有机酯，已经多年来被人们所熟知，然而其杀虫特性却是在20世纪30年代晚期才被一位德国化学家格哈德·施雷德尔（Gerhard Schrader）发现的。德国政府随即意识到这些同类化学药物的价值——可以人类在内讧式的战争使用这一新型毁灭性的武器。这些药物的相关研制工作被宣布为绝密。一些药物于是变成了可以让人神经错乱的致命性毒气，还有一些有关系亲密的同属结构的药物变成了杀虫剂。

有机磷杀虫剂以一种奇特的方式在活的生物组织中发挥着作用。它们有毁坏酶类的能力，而这些酶在人的体内起着必不可少的功能。有机磷杀虫剂的目标是神经系统，至于受害者是昆虫还是温热血动物都没有关系。在正常条件下，一个神经脉冲在一个名叫乙酰胆碱（acetylcholine）的“化学传导物”的帮助下，从一根神经传递到另一根神经。乙酰胆碱是这样一种物质，它在行使了必要的功用之后，便会消失得无影无踪。的确是这样，这种物质存在的时间是如此短暂，就连医学研究人员（假如没有使用特殊办法进行处理的话），都无法赶在人体分解它之前取样检测。这种传导物质的短暂性是正常的人体机能所必需的。假若乙酰胆碱在神经脉冲通过以后，而又没有随即消失的话，脉冲就继续从一根神经传递到另一根神经，而此时这种物质就以前所未有的强化方式发挥功用，造成整个身体运动的不协调：迅速出现震颤、肌肉痉挛、惊厥直至死亡。

而身体对于这种偶发现象早有防备，一种名叫胆碱酯酶（cholinesterase）的保护性酶，会在身体不再需要传导物质的时候适时出现，破坏化学物质的转换。通过这一手段，建立了一个精确的平衡，人体也就不会存留超量的乙酰胆碱，从而就不会出现危险。然而，只要跟有机磷杀虫剂一有接触，保护酶就会被破坏。而当保护酶的含量减少的时候，传导物质的含量就会存储起来。在这一效应里，有机磷化合物同生物碱毒物蝇蕈碱（the fly amanita）（发现于一种有毒的蘑菇——蝇蕈里面）很相似。

频繁地接触化学药物并且中毒，会降低胆碱脂酶的含量标准，降至一个人已濒临急性中毒边缘的时候，只要再遭受一次小而又小的伤害，就会把这个人推下中毒的万丈深渊。鉴于这个原因，人们认为对喷药操作人员及其他常常有中毒危险的人做定期的血液检查非常重要。

对硫磷（parathion）是用途最广的有机磷酸酯之一，它也是药性最强、最危险的药物之一。蜜蜂只要一接触对硫磷，就会变得“狂躁、好斗”起来，疯了似地自洁，半小时之内就奄奄一息了。有位化学家想用尽可能地最直接的手段去探知，到底吃多少对硫磷，才会对人类产生剧毒。于是，他就吞服了微小的药量，大约等于0.00424盎司。谁知竟然以迅雷不及掩耳之势随即瘫痪了，连自己事先预备在手边的解药也没来及伸手去够，就这样死了。据说，在芬兰人们认为对硫磷现在仍然是人们最喜欢的自杀药物。近些年，加利福尼亚州有报告称，平均每年都有200多起对硫磷意外中毒事故发生。在世界许多地方，对硫磷造成的死亡同样令人震惊：1958年在印度有100起致命的病例，在叙利亚有67起。在日本，平均每年有336人中毒身亡。

oz, 1盎司=28.35克

然而，大约700万磅左右的对硫磷今天被散播到美国的农田或菜园里——用人工操作的喷雾器、电动鼓风机、洒粉机、还有飞机播散。

根据一位医学权威的说法，仅在加利福尼亚的农场里所使用的药量，就足够“毒死高于全世界人口5～10倍的人。”

我们在少数情况下才可能免受该药物的毒害，其中一个原因就是对硫磷（parathion）及其同类药物会被迅速分解，因而与氯化烃相比，对硫磷在庄稼上的残毒的寿命相对更短。尽管如此，在对硫磷存活的这一短暂时间却已经足够会让人严重中毒甚至致命。在加利福尼亚的里弗赛德（Riverside）采摘柑橘的人中，每30人中就有11人因此身染重病，除一人外，其余全部都只好住院治疗，他们表现出的症状是典型对硫磷中毒。大约两周半以前，曾用对硫磷喷洒过柑橘林，残毒已持续了16～19天，采橘人恶心干呕，半失明，半昏迷，痛苦难当。然而，这无论怎么说都还算不上是对硫磷中毒持续性的一个纪录。一个月前也发生了类似的不幸事件，在使用标准剂量对硫磷喷洒的柑橘林里，在6个月以后，仍然能够在柑橘的果皮上发现有对硫磷的残留物。

橘子皮上长达半年的农药残留。

对于在田野、果园、葡萄园里接触过有机磷杀虫剂的全体工人们来说，这是极其危险的。一些使用过这类药物的州甚至成立了大量专门的实验室，用来帮助当地的医生对于这类事故进行诊断和治疗。甚至连医生们在处治这些中毒患者的时候，也必须戴上橡皮手套，否则也会发展出某种危险。洗衣妇也可能因为被对硫磷污染过的患者的衣物同样遭遇中毒的危险。

马拉硫磷（malathion）是一种有机磷酸酯，公众对它司空见惯，熟悉的程度几乎不亚于滴滴涕；它被园艺工广泛用于居家杀虫、灭蚊等方面，以及对昆虫进行总歼灭。譬如：佛罗里达州的一些社区用来喷洒近百万英亩的土地，来消灭地中海果蝇（the Mediterranean fruit fly）。在这类杀虫剂中，马拉硫磷被认为是其中毒性最小的，许多人因此盲目地推断可以随意使用，不用担心会中毒，而商业广告也对人们放松了警惕起了推波助澜的作用。

1英亩≈4046平方米

声称马拉硫磷具有“安全性”，其依据是相当危险的，直到人们使用多年以后（这种情况屡见不鲜）才被认识。马拉硫磷之所以貌似“安全”，只是因为哺乳动物的肝脏，这个具有非凡保护能力的器官，使得进入人体内的毒剂看起来无害罢了。肝脏中有一种具有解毒作用的酶类，可是，如果有什么东西毁坏了这样的酶或者阻挠了它的保护作用，那么，暴露在马拉硫磷面前的人就会受到毒素的全面入侵了。

对我们大家来说，有一点非常不幸，那就是这种情况频频发生。几年前，有一组食品药物管理局的科学家们就发现：当把马拉硫磷与其他有机磷酸酯同时使用的时候，也是非常危险的时候，由于两种毒剂的共同作用，会出现严重的中毒现象——其毒性增强，高于两种毒剂之和，即预期值的50倍。换句话说，当这两种药物混合起来以后，每种化合物的致死剂量的1%，就会产生致命的后果。

由于这一发现，引发了人们了对其他化合作用的测试。现在已是众所周知，通过两种毒剂的共同的作用，毒性增大或“强化”了，大量磷酸酯杀虫剂都是非常危险的。当一种化合物毁坏了解毒的肝脏酶的时候，其他杀虫剂的毒性会增强。当然，并不是说一定要同时接触两种化学毒剂。中毒的危险处处有，不仅这周喷洒这种杀虫剂，下周喷洒另一种杀虫剂的人会中毒，就连使用沾染喷雾药物的商品的人也会中毒。在一份普普通通的沙拉碗里，很容易地出现两种磷酸脂杀虫剂的合成物，这在法定许可限量之内的残毒很可能会相互作用，从而使毒性增强。

目前，我们对于化学药物的这种危险的相互作用的所危及范围知道的还不多，可是，从科学实验室里却接二连三地传来令人担忧的新发现。其中一个发现就是：一种磷酸酯的毒性可以通过第二种药剂得到增强，而这种药剂却不一定是杀虫剂。譬如，一种增塑剂可能要比另一种杀虫剂的作用更强烈，增加马拉硫磷的毒性，使得马拉硫磷变得更加危险。同样，这还是由为它抑制了肝脏酶的功用，而正常情况下这种酶能拔掉杀虫剂的“毒牙”。

在人的日常生活环境里，其他化学药剂又是怎样的呢？特别是医药又是怎样的呢？这方面的研究才刚刚开始。不过，我们已经了解到，某些有机磷酸酯（对硫磷和马拉硫磷）可以增强用作肌肉松弛剂的药物的毒性，而其他几种磷酸酯（也包括马拉硫磷），大大延长了巴比妥酸盐（barbiturates）的安眠时间。

希腊神话中的美狄亚（Medea），被情敌横刀夺爱，失去了丈夫伊阿宋（Jason）的爱情，醋意大发，于是把一件施了魔法的长袍赠给了新娘，结果新娘穿上这件长袍，立刻暴毙身亡。这种间接杀人法现在在一个名叫“内嵌式杀虫剂”（systemic insecticides）[1]的药物中找到了合理的解释。这些是有着非凡特效的化学药物，用这种具有非凡特效的化学药物，把植物或动物变成美狄亚的长袍，让它们具有毒性。这么做的目的，在于杀死那些可能与它们接触的昆虫，特别是当它们吮吸植物的汁液或动物的血液的时候。

嵌入式杀虫剂的世界是一个奇异的世界，它超出了格林童话的想象，也许更近似于查理·亚当斯（Charles Adams）的漫画世界。在这个世界里，童话故事里的魔法森林变成了剧毒森林，这里的昆虫嘴里嚼一片树叶或者吮吸一株植物的津液都必死无疑。在这个世界里，这里的跳蚤叮咬了狗，吸够了血就会死去，因为狗的血液已经成了有毒的血了。这里的昆虫竟然会死于自己碰都没碰过的植物所散发出来的水汽。这里的蜜蜂会把有毒的花蜜带回蜂房，结果必然会酿出有毒的蜂蜜来。

昆虫学家要从内部自生杀虫剂的梦想是这样萌发出来的：实用昆虫学领域的工作者们意识到，可以从大自然寻找线索——他们发现

---

[1] 嵌入式杀虫剂，或内嵌式杀虫剂是指进入到植物体组织内部、并长期存留、积累，能对摄食植物的动物造成伤害的杀虫剂。

在含有硒酸钠（sodium selenate）的土壤里生长的麦子，可以免遭蚜虫（aphid）及红蜘蛛（spider mite）的侵袭。硒（selenium），一种自然生成的元素，少量存在于世界许多地方的岩石和土壤里，就这样摇身一变成为最早被发现的嵌入式杀虫剂。

欲使杀虫剂成为全身毒性（嵌入式）药物系统，就必须具备穿透并毒化植物或动物的全部表层组织的能力。这一功效为氯化烃类的某些药物和有机磷类的其他一些药物所拥有，其效果与这些自然生成物旗鼓相当。这些药物大部分是用人工合成法生产出来的，也有用某些自然生成物生成的。然而，在实际应用中，大多数嵌入式药物都是从有机磷类提取出来的，因为这样处理残毒的问题相对来说就多多少少没那么严重了。

嵌入式杀虫剂的毒素系统还另辟蹊径发挥作用。如果把药剂用于种子，或者浸泡或与碳混合涂抹在种子的表层，其作用就会在这些植物的后代体内延续下去，长出的幼苗就会具有防御蚜虫及其他吮吸类昆虫的能力。一些蔬菜，譬如豌豆、菜豆、甜菜等蔬菜，有时就是这样受到保护的。涂了一层嵌入式杀虫剂的棉籽在加利福尼亚州使用过一段时间以后，1959年，该州就有25个棉花工人在圣柔昆峡谷（the San Joaquin Valley）植棉时，搬运过涂了嵌入式杀虫剂种子的口袋，就突然病倒了。

在英格兰，有个人半信半疑，想知道蜜蜂从喷洒过嵌入式药剂过的植物上采了花蜜会有什么后果。为此，在一种叫做“八甲磷”（schradan）的药物喷洒过的地区进行调查研究。调查结果表明，虽然是在植物的花还没有成形以前喷洒的药，可是后来生成的花蜜却依旧含有这类毒素。与预期的结果一样，这些蜜蜂酿的蜂蜜同样含有八甲磷。

动物的嵌入式毒剂的使用主要集中在控制牛皮下蝇（the cattle grub）方面。牛皮下蝇是存活在牲畜身上的一种具有破坏性的寄生虫。为了使寄主的血液和组织里既要发挥杀虫功效又不保留引起危及生命的毒性剂量，人们需要小心翼翼，谨慎从事。这一平衡关系相当微妙，政府部门的兽医先生们发现：反复使用小剂量杀虫剂同样可以逐渐耗尽一个动物体内的保护性酶——胆碱脂酶的供应，所以，在没有预警和征兆的情况下，额外增加一点点剂量，都会导致寄主中毒。

许多非常有说服力的迹象都表明，与我们的日常生活更为密切的领域都对这类毒剂敞开了大门。现在，你可以给你的狗吃上一片药，据说这种药会让狗儿的血带毒，进而除去狗儿身上的跳蚤。给牲畜吃药所发现的中毒的危险情况可能也会发生狗儿的身上。迄今为止，还没有人提出做人的嵌入式杀虫实验的建议，建议我们用人体体内的毒性来抗蚊，也许这就是下一步的研究课题吧。

当我们变成毒人或许就可以防止寄生虫来叨扰我们了。

至此，我们在这一章里一直在讨论人类在与昆虫的战争中所使用的致死化学药物。而我们同时进行的与杂草的战争又使用了哪些化学药物呢?

用一种简单、速效的方法来铲除我们不想要的杂草，这一诉求愿望催生了大量的、日益增多的化学药物，它们被称为“除草剂”（herbicides），或者用不太正式的说法说，叫做“杂草杀手”。这些药物是怎样使用以及怎样误用的过程，我们将在第六章里讨论。在这里，同我们所关注的问题是，这些除草剂是否具有毒性，以及使用除草剂是否会毒化我们的环境。

有一种说法流传甚广，说除草剂只能毒死植物，对动物和人类的生命不会构成什么威胁。不幸的是，这一传说与事实不符。除草剂包含了多种多样的化学药物，它们对植物有毒化作用，对动物组织也有毒化作用。这些药物在对于有机体的作用方面有很大差异：有些是一般性的毒药；有些是新陈代谢的特效刺激剂，会引起体温升高而致死；有的药物（单独地或与别种药物一起）会引发恶性肿瘤；有些药物会通过基因突变损害生物种种的遗传物质。由此可见，除草剂跟杀虫剂一样，都包含一些危险万状的药物；如不审慎地使用这些药物，以为它们是“安全的”，就可能会带来灾难性的后果。

虽然新的药物从实验室源源不断争先恐后地合成出来，含砷化合物仍然作为杀虫剂和除草剂被肆无忌惮地大量使用着，它们通常以亚砷酸钠（sodium arsenite）的化学形式出现。它们的应用历史令人忐忑不安。因为这些喷雾剂是在路旁使用的，不计其数的农民因此失去了奶牛，不计其数的野生动物被毒死；因为这些除草剂是在湖泊、水库的水里使用的，因此公共水域不宜饮用，甚至不宜游泳了；因为喷雾剂喷洒到马铃薯田里来消灭藤蔓，却伤及了人类和其他生物，代价惨重。

1951年，在英格兰，由于硫酸的匮乏，上述第二种用途约在1951年得到了进一步的扩展，以前是用硫酸来烧土豆蔓的。农业部认为有必要提出警告，说明喷洒过含砷剂的农田存在危险，可是牲畜却不可能听得懂这种警告，我们也应该假定野兽及鸟类也同样是听不懂的。牲畜由于含砷喷雾中毒的报告一次又一次地传来，成为常态。当死神降临到人的头上，当一个农民的妻子因饮用被砷污染的水中毒身亡以后，英国一家大型化学公司于1959年停止了含砷喷雾剂的生产，召回了零售商商手中的货物。此后不久，农业部宣布：因为对人畜的危害极大，禁止使用亚砷酸盐。1961年，澳大利亚政府也颁布了类似的禁用令。可是，在美国，政府却没有颁布使用这些毒物的禁令。

一些“二硝基”（dinitro）化合物也被当作除草剂使用。在美国，它们被定为现在所使用的本类型的最危险的物质之一。二硝基酚是一种强力的代谢兴奋剂。因此，一度曾经被当做减肥药，可是，减肥所需要的剂量与中毒或致命的剂量之间的界限却是微乎其微的，实在太微小了，所以，在二硝基酚被当做减肥药物最后停用之前，已经导致几个病人死亡，许多人受到的损害也是永久性的。

有一种同属的药物名叫五氯苯酚（pentachlorophenol），有时也被称为“五氯酚”（penta），也是既当杀虫剂，又当除草剂的，通常被喷洒在铁路沿线及荒芜地带。五氯酚对多种有机体毒性都是非常强的，其覆盖面很广，小到细菌，大到人类。与二硝基药物相同，也干扰（这种干扰HIA常常是致命的）生物体的能源，结果就是中毒的生物体几乎（简直就是）在烧毁自身。加利福尼亚州卫生局近期发布的一次致命惨祸，证实了五氯苯酚令人恐怖的毒性。有一位油罐车司机，把柴油与五氯苯酚混合在一起，配制出棉花落叶剂。他把浓缩的落叶剂从油桶内往外倒的时候，不料桶栓掉回桶里，他没戴手套就把手伸进桶去，把桶栓重新塞上。虽然他随即洗干净了手，可还是突然病倒，并于第二天死亡了。

一些像亚砷酸钠或者酚类药物这样的除草剂所产生的恶果基本都是一目了然的；而另外一些除草剂的恶果却隐藏得比较深，貌似没有什么毒性。例如，现在广为人知的红莓（cranberry，一种蔓越橘）除草剂氨基三唑，人们认为所含的毒性较轻，然而，说到底却可以引发甲状腺恶性瘤，对于野生动物、对人类恐怕都可能会有深远的影响。

基因是掌管遗传的物质。除草剂中还有一些药物被划归为“突变体”，或者叫做可以改变基因的药物。辐射会给遗传带来影响，让我们心惊胆战，那么，我们怎么能对周围环境中散播很广的化学药物引发的突变作用不闻不问呢？

4. 地表水和地下水

在我们所享用的所有自然资源中，水已经变得最为弥足珍贵。迄今为止，无边无际的水覆盖地球表面的绝大部分，可是，在这汪洋大海之中的我们却还是会觉得缺水。这听起来似是一个奇怪的悖论，其实因为地球上水源虽然丰富，可是绝大部分水中盐成分太高，不适合作为农业、工业以及人类消耗用水，所以，世界上大部分人正在面临或者即将面临淡水严重不足的威胁。在当今这个时代，人类忘记了自身的起源，甚至忽略了生存最基本的需求，这样，水和其他资源也就变成了人类视而不见、麻木不仁的牺牲品。

把杀虫剂造成的水污染问题作为人类整个环境污染的一部分来考量，这是很好理解的。进入我们水系的污染物来源众多：有反应堆、实验室和医院排出的放射性废物，有城镇的家庭废物，还有工厂的化学排放等等。现在，一种新的散落物也加入了污染物的行列，这就是喷洒到农田、果园、森林和原野里的化学喷雾。在这个触目惊心的污染物大杂烩中，有许多化学药物的危害性与放射性不相伯仲，甚至有过之而无不及，原因是这些化学药物之间还存在着互相作用以及毒效的转换和叠加等一些鲜为人知的险恶的互动。

自从化学家们开始制造自然界前所未有的物质以来，水净化的问题也变得日益复杂：对于用水的人来说，危险也在日渐增大。正如我们所知道的那样，这些大规模合成的化学药物生产始于19世纪40年代。今天，化学污染泛滥的程度令人震惊，每天都有大量的化学污染物排入国内的河流。当它们最终和家庭废物以及其他废物汇合，流进入同一水域以后，这些化学药物用污水净化工厂通常使用的分析方法有时候根本化验不出来。大多数的化学药物性能非常稳定，采用常见的处理过程无法分解，甚至常常无法辨识出来。在河流里，真正不可思议的是，各种各样的污染物相互化合作用生成新的物质，环卫工程师绝望地说些新化合物好像是花样百出的杂耍。麻省理工学院（MIT）的卢佛·爱拉森教授（Professor Rolf Eliassen）在议会委员会前作证时陈述：目前，去预知这些化学药物的混合效果或者识别由此产生的新有机物，是不可能的。爱拉森教授说："它们是什么，我们尚且不知。它们对人类产生什么影响，我们更是一无所知！"

目前，控制昆虫、啮齿类动物或杂草的各种化学药物的使用越来越多，助长了有机污染物的产生。其中一些是有意投放在水域里，用来消灭植物、昆虫幼虫或杂鱼的。一些有机污染物是森林喷雾带来的，在森林中喷药可以保护一个州的二三百英亩土地不出现虫灾，这种喷洒物或是直接落进河里，或是从茂密的树冠滴落到森林底层，在那里，它们加入了缓慢运动着的渗流水而开始了向大海的漫长流动过程。大部分污染物或许是几百万磅杀虫剂的水溶性残毒，这些杀虫剂本是用于防治农田害虫和啮齿类动物的农用化学药物。然而，它们在雨水的助力下，离开了地面，成了世界水域流动的一个组成部分。

农药随着水系展开，扩散到地面和地下。

在我们的河流里，甚至在公共供水里，化学药物随处可见，证据确凿。例如，在实验室里，用从宾夕法尼亚一个果园区取来的饮用水样在鱼身上作实验，由于水里含有太多杀虫剂，所以，还不到4个小时，作实验的鱼都死了个精光。灌溉过棉田的河水虽然经过净化工厂的净化装置处理，依然可以要鱼的命，例如：在阿拉巴马州田纳西河（the Tennessee River in Alabama）的15条支流里，由于水流曾流过含有氯化烃毒物的农田，致使河里的鱼全都毙命，无一幸免，而其中两条支流是市政供水的水源。在杀虫剂应用的一个星期以后，河流下游的笼养的金鱼每天都有漂浮死亡的，充分证明水依然有毒。

这种污染在绝大部分情况下是无形的，看不见的，只有成百成千的鱼类纷纷死亡时，人才能感受到它们的存在；然而在更多的情况下这种污染根本就无法发现。负责水资源的化学家们并没有对有机污染物进行过定期检测，对于清除有机污染物也束手无策。可是，不论是否已经发现有机污染物，杀虫剂就在那里存在着。可以推断，杀虫剂与地表上广泛使用的大量其他药物一起流进了国内大量河流，几乎流进国内所有主要河流系统。

是否考虑一种化学合成物的控制与应对，是对化学家是否有社会良知的考验。

如果有人怀疑我们的水域已经差不多全被杀虫剂污染了的话，他真应该去研读一下美国渔业及野生动植物服务处（the United States Fish and Wildlife Service）1950年颁布的一个小型报告。服务处正致力于一种研究，力图发现鱼的组织里是否会像温血动物一样积蓄着杀虫剂。第一批样品来自西部森林地区，为了控制云杉树蛆虫（the spruce budworm），那里曾经大面积地喷洒过滴滴涕。果然不出我们所料，所有的鱼体内部都含有滴滴涕。后来，在调查者们比对距离最近的喷药区约30英里的一个偏远的小河湾进行研究时，有了一个真正的重大发现。该河湾处于第一批采样品区的上游，中间还隔着一个大瀑布。据了解，这个地方并没有喷洒过药物，可是，这里的鱼体体内也含有滴滴涕。这些化学药物是通过隐藏在地下的地下水流到遥远的河湾呢？还是像浮尘似地在空中飘浮落在这个河湾的水面上呢？在另一次比对调查中，在一个产卵区的鱼体组织里也发现了滴滴涕，而这个地方的水源自一口深井。而那里也一样没有喷洒过药。所以，看来污染的唯一可能的传播途径就只能是地下水了。

在整个水污染的问题中，再没有什么能比地下水大面积污染带来的威胁更令人担忧的了。不论在什么地方，既要往水里添加杀虫剂，又不要影响到水的纯净度，这都是不可能的。造物主很难把地下水域封闭和隔绝起来，不仅如此，他在进行地球水的供给分配的时候，也从来没有过这样的举措。降落在地面的雨水通过土壤、岩石里的细孔及裂隙不断往下渗透，越渗越深，最后终于形成了地底岩石的每一个小孔都充满了水的区域，这个区域是一个黑暗的地下海洋，从山脚下起始，沉没在山谷谷底。这种地下水总是在流动，有时候速度特别慢，一年也不超过50英尺；相反，有时候速度却又相当快，每天流过近1/10英里。它沿着看不见的水路漫无目的地流动，直到最后在某处地面以泉水的形式冒出头来，也可能被引到一口井里。不过，大多数情况下，它汇入了小溪或河流。除直接落入河流的雨水和地表外，现在地球表面流动的水都曾有一度是地下水哩。所以，地下水污染了，全世界的水也就污染了。这个观点虽然貌似耸人听闻，其实却是真实可靠的。

ft, 1英尺=0.3048米

mile, 1英里=1.609千米

从科罗拉多州某制造工厂排出的有毒化学药物一定是顺着黑暗的地下海洋流向几里以外的农业区，那里的井水被污染，人畜患病，庄稼毁坏——这是众多同类事件中的首例典型事件。简略地说，事件的经过是这样的：1943年，丹佛（Denver）附近的一个化学兵团的落基山军需化工厂开始生产军用物资。8年以后，军工厂的设备租借给了一家私人石油公司生产杀虫剂。然而，甚至还未来得及改变生产工序，难以解释的报告就开始接二连三地传来：距离工厂几英里的农民开始报告说，畜群发病，病因不明。他们抱怨大面积的庄稼遭到破坏，农作物的叶子变黄了，植物也难以成熟，大量庄稼彻底死亡。此外，还有一些人的相关疾病的报告。

在这些农场里，灌溉所用的水是从很浅的井里抽出来的。我们对这些井水进行化验以后发现，（1959年，在由许多州和联邦管理处参与的一项研究中），井水里面含有化学药物的成分。在落基山军需工厂投产期间所排出的氯化物（chlorides）、氯酸盐（chlorates）、磷酸盐（salts of phosphoric acid）、氟化物（fluorides）和砷（arsenic）流进了池塘。很显然，军工厂与农场之间的地下水受到了污染，受到污染的地下水耗时七八年在地下流了大约3英里的路程，从池塘开始，最后到达了最近的农场。渗透还在进一步蔓延，进一步污染了一些未知的区域。调查者们对于消除这种污染或阻止污染进一步蔓延束手无策。

这一切已经够糟糕的了，然而，在这桩事件中最神奇和最有意义的是：在军工厂的池塘和一些井水里发现了除草剂2,4-D。当然，除草剂2,4-D的发现，充分证明了用这种水灌溉农田会造成农作物的死亡。可是，奇怪的是，这个军工厂根本没有在任何一道工序中生产过除草剂2,4-D。

农药在野外会自行“创造”出其他新的毒药。

经过长期的过细研究，研究植物的化学家们得出了结论：除草剂2,4-D是在开阔的池塘里自行合成的。没有人类化学家起任何作用，是由兵工厂排出的其他物质在空气、水和阳光的作用下合成的，根本不需要人类化学家插手，池塘变成了生产新药物的化学实验室，这种新的化学药物摧毁了它所接触到的植物的生命，属于一剑封喉性质。

科罗拉多农场以及庄稼受损的故事意义重大，具有普遍性。科罗拉多以外的地方，在所有化学污染流向公共用水的地方，是不是可能也有类似情况存在呢？在各地的湖泊和溪流里，在空气和阳光催化剂的作用下，标榜着“无害”的化学药物可能产生哪些具有危害性的物质呢？

实际上，尽管任何一个有责任感的化学家都不会在实验室起合成这种化学药物的念头，水的化学污染最让人惊心动魄的是如下事实：那就是在河流、湖泊或水库里，或是在你饭桌上的一杯水里都混入了合成化学药物。这种自由混合在一起的化学药物之间可能会相互作用，这引起美国公共卫生署的官员们巨大的骚动，他们表达了内心的恐惧，害怕这种相对无毒的化学药物可以合成有毒物质大量涌现。这种反应可能发生两个或者更多的化学物之间，也可能发生在化学物与越来越多地排入河流的放射性废物之间。在游离射线的撞击之下，很容易出现原子重组，从而改变化学药物的性质，不仅无法预测，而且难以控制。

当然，不仅仅是地下水被污染了，就连地表流动的水，如溪水、河水、灌溉农田用水也同样被污染了。看来，设立在加利福尼亚州提尔湖（Tule Lake）和低克拉玛斯湖（Lower Klamath）的国家野生动植物保护区就为后者提供了一个令人忐忑不安的例证。这些保护区包括俄勒冈边界的北克拉玛斯湖（Upper Klamath Lake）生物保护区体系的一部分。大概是因为要共同分享用水吧，保护区内一切都命中注定地紧紧联系在一起，而且都受这一事实的影响，保护区像茫茫大海中的小岛一样被广阔的农田环绕着，这些农田原来都是水鸟的乐园——沼泽地和露天水域，后来经过排水和河流疏通改造成了农田。

生物保护区周围的这些农田现在用北克拉玛斯湖的湖水来灌溉。这些水在自己所浇灌过的农田里重新汇合起来以后，又被抽进了提尔湖，最后再从提尔湖流到低克拉玛斯湖。可见，这两个水域的野生动植物保护区的所有的水都代表着农田的排水。记住这一点与当前所发生的事件之间的联系，这是至关重要的。

1960年的夏天，这些保护区的工作人员在提尔湖和低克拉玛斯湖捡到了几百只已经死了的鸟和快要死了的鸟。其中大部分是以鱼为食的种类：苍鹭（heron）、鹈鹕（pelican）和鸥鸟（gull）。经过分析发现，它们体内含有杀虫剂残毒，譬如毒茶芬（toxaphene）、滴滴滴（DDD）和滴滴伊（DDE）。同样，我们发现湖里的鱼也含有杀虫剂，浮游生物样本也包含杀虫剂。保护区的负责人认为，由于回流灌溉，流经喷洒过大量杀虫剂的农田，把杀虫剂残毒带入保护区，因此，保护区河水里的杀虫剂残毒现正在激增。

水质严重毒化，使得企图恢复水质的努力化为泡影，这种努力本来应该硕果累累，每个西方打鸭的猎人，每个觉得成群的水禽像飘带般飞过夜空时的美景和声音弥足珍贵的人，都应该感受到这累累硕果的。这些特别的生物保护区在保护西方水禽方面拥有重要的地位。它们处在一个漏斗形的细细脖颈的枢纽上，而所有的迁徙路线，正如众所周知的太平洋飞行路线一样，齐聚于此。当秋天迁徙期到来的时候，这些生物保护区接受成千上万只来自鸟类栖息地——哈德逊湾（Hudson Bay）西部白令海岸的鸭和鹅；秋季，3/4水鸟飞向南方，进入太平洋沿岸的国家。夏季，生物保护区为水禽，特别是为红头潜鸭（the redhead）和棕硬尾鸭（the ruddy duck）这两种濒临绝灭的鸟类提供了栖息地。倘若这些保护区的湖和水塘受到严重污染的话，那么，远地水禽的毁灭就成为大势所趋的必然。

水支撑着生命链条，所以，理应被视为生命链条的一部分。生命链条从浮游生物尘埃般细微的绿色细胞开始，借助小小的水蚤进入食用浮游生物的鱼体体内，而鱼又被别的鱼、鸟、貂、浣熊吃掉，这是一个从生命到生命的物质无穷无尽的循环过程。我们知道，水中生命必需的矿物质也是这样，从食物链的一环进入下一环。我们能否设想，由我们给水带来的毒物不参与这样的自然循环吗？

答案可以在加利福尼亚州清水湖（Clear Lake）惊人的历史中觅得。清水湖位于圣弗朗西斯科（San Francisco）北面90英里的山区，一直以鱼钓声名远播。清水湖这个名字名不符实，其实，黑色的软泥覆盖了清水湖浅浅的湖底，湖水浑浊无比。对于渔夫和湖畔的居民来说，倒霉的是湖水为一种很小的蚋虫（gnat）提供了一个理想的繁殖地。虽然与蚊子大有关系，其实这种蚋虫与成虫却大相径庭，它们不是吸血虫（bloodsucker），可能还不吃不喝。然而，居住在蚋虫繁殖地的人们还是为这么多虫子而心烦意乱。人们曾经努力去控制蚋虫的繁衍，但基本上都以失败告终，直到本世纪40年代末期，启用新型武器氯化烃杀虫才大功告成。新的一轮进攻再次启动，这次所选择的化学药物是和滴滴涕有密切相关的滴滴滴，对鱼的生命威胁显然没有曾经用过的药物大。

1949年所采取的新控制措施是经过深思熟虑，周密计划的，大多数人都认为万无一失。湖勘查完毕，容积也测定完毕，用的杀虫剂与湖水的比例是1：7000万的比例高度稀释。最初，蚋虫控制首战告捷。可是，到了1954年，却不得不再次返工，这次用的浓度比例是1：5000万，人们以为蚋虫被全歼了。

随之而来的几个冬月，带来了其他生命受到影响的第一个信号：湖上的北美鸊鷉（the western grebe）开始死亡，没过多久，又得到报告说又死了一百多只。清水湖的西方鸊鷉是一种营巢的鸟，受湖里丰富多彩的鱼类的诱引，冬日率先来访。鸊鷉这种外形俏丽、举止优雅的鸟儿在美国和加拿大西部的浅湖上建立起随波逐流的住所。被称为“天鹅鸊鷉”也不是无缘无故的，因为当它划过湖面，在水中微微荡起涟漪的时候，它的身体略略浮出水面，而白色的颈项和黑亮的鸟头却抬得高高的。新孵出的雏鸟身披软软的浅褐色的毛，不出几个小时，就跳进了水里，还伏在爸爸妈妈的背上，舒舒服服地躺在双亲的翅膀羽毛中间。

1957年，蚋虫又恢复了原有数量，于是，人们发动了第三次袭击，结果是更多的鸊鷉送了命。正如在1954年所验证的那样，在对死鸟的化验中，并没有发现传染病的证据。但是，当有人想到应该分析一下鸊鷉的脂肪组织的时候，才发现鸟儿体内聚集着高达1600ppm的滴滴滴（DDD）。

滴滴滴在水里的最大浓度是0.02ppm，为什么化学药物能在鸊鷉体内达到这么高的含量呢？当然，这些鸟是以鱼为食物的。人们对清水湖的鱼也进行化验以后，眼前出现了这样的景象：最小的生物吞食毒物后浓缩起来，再传递给更大的捕食生物。在浮游生物的组织中，发现含有浓度为5ppm的杀虫剂（最大浓度为水体本身浓度的25倍）；以水生植物为食的鱼含有浓度为40～300ppm的杀虫剂；食肉类的鱼积蓄量最大。一种褐色的鲶鱼含有杀虫剂的浓度令人吃惊：高达2500ppm。

这是民间传说中的“杰克小屋”（a house-that-Jack-built）故事的重演，在这个系列中，大的肉食动物吞食小的肉食动物，小的肉食动物再吞食草食动物，草食动物又去吞食浮游生物，浮游生物摄取了水中的毒物。

后来，甚至发现了更加匪夷所思的现象。在最后一次使用化学药物后的一个短暂时期，湖水里的滴滴滴竟然绝迹了。可是，毒物并没有离开这个湖，只是藏身于湖中生物的身体组织里罢了。在化学药物停用后的第23个月，浮游生物体内仍含有高达5.3ppm的滴滴滴。在将近两年的期间里，浮游植物一直在花谢花开，尽管毒物在湖水里已经绝迹，却莫名其妙地却依旧在浮游植物身上生生不息，代代相传。毒物同时还积蓄在湖里的动物身体里。在化学药物停止使用一年之后，还能在所有的鱼、鸟和青蛙体内检查出滴滴滴。人们在动物的肉里发现滴滴滴的总量已超过了原来水体浓度的许多倍。在这些活的毒物携带者中，有在最后一次使用滴滴滴9个月之后孵化出的鱼、鸊鷉和加利福尼亚海鸥，积蓄的毒物的浓度已经超过了2000ppm。与此同时，1960年，营巢的鸊鷉鸟群已经从第一次使用杀虫剂时的1000多对，减少到30对左右。而这30对营巢鸊鷉鸟看起来也是徒劳，因为自从最后一次使用滴滴滴之后，在湖面上就再也无法觅到小鸊鷉的身影了。

那么，如此看来，整个致毒的链条是以极其微小的植物为基础的，这些植物始终是原始的浓缩者。这个食物链的终点在哪里？对这些事件的过程全然不知情的人们大概已备好鱼具，从清水湖（的水里钓到了一串鱼，然后带回家用油煎了做晚饭吃啦。一次大剂量地使用滴滴滴，或者多次反复的使用会对人产生怎样的影响呢？

尽管加利福尼亚州的公共卫生局宣布检查结果表明对人体无害，然而，1959年该局还是下达了在该湖里使用滴滴滴的禁令。依据已有的科学依据，这种化学药物具有巨大生物学效能，有鉴于此，该禁令不过是最低限度的安全措施而已。滴滴滴对于生理的影响大概在杀虫剂中绝无仅有，它损坏了部分的肾上腺，损坏了人们熟知的肾脏附近的外部皮层上分泌荷尔蒙激素的细胞。1948年，人们就了解了这种毁坏性影响，最初让人们信服的仅限于在狗身上得出的实验结果，因为这种影响在诸如猴子、老鼠或者兔子等实验动物身上尚无显现。滴滴滴在狗身上所产生的症状，与患上爱德逊病（Addison's disease）的病人的症状情况非常相似，看起来这一情况具有参考价值。近期的医学研究已经证明了，滴滴滴对人的肾上腺有很强的抑制作用。它对细胞的这种摧毁能力，目前正在应用于临床，来处理一种及其罕见的肾上腺激增癌症。

清水湖的状况向公众提出了一个我们所面临的现实问题：为了控制昆虫，使用对生理过程具有这么剧烈影响的物质，特别是当这种控制措施导致化学药物直接进入水域，这么做是否有效，是否可取呢？规定只使用低浓度杀虫剂的意义非常有限，它在湖体自然生物链中爆发性的激增足以证明这一点。现在，往往是解决了一个显而易见的小问题，却伴随着了一个更困难的大问题。这种情况本来就很多，并且与日俱增。清水湖就是这样一个典型。蚋虫问题解决了，自然对受到蚋虫困扰的人有利，不料，却给从湖里捕鱼和用水的人带来更大的、原因不明的危险。

这是一个惊人的事实，肆无忌惮地把毒物引进水库的行为，正在日益变得司空见惯。其目的往往是为了增进利用水的频率，搞一些娱乐设施，尽管这样做是为了让水变成适合饮用必须付出的代价。某个地区的运动员想在一个水库里“发展”渔业，于是说服政府当局，把大量的毒物倒进水库，来杀死那些运动员不爱吃的鱼，然后用符合运动员口味的母鱼取而代之。这一过程性质奇特，令人仿佛置身于爱丽丝仙境。水库本来是一个公共用水源，为公众而设，可是，对于运动员的这一计划，可能没有事先征询周围的乡镇居民的意见，却要他们一面去饮用含有残毒的水，一面支付给水库消毒处理的税务费用，而且这样处理绝非易事。

既然地下水和地表水都已被杀虫剂和其他化学药物污染了，这样一来，就存在着一种危险，有毒物质，甚至致癌物质也正在流入公共用水供给系统。国家癌症研究所（National Cancer Institute）的休珀教授已经警告说："使用被污染的饮水而引起的致癌危险性，在可预见的未来将出现显著的增长。"实际上，50年代初，在荷兰进行的一项研究已经为污染的水会引起癌症危险的观点提供了佐证。相比以不易受污染影响的为饮用水（譬如井水）的城市，以河水为饮用水的城市的癌症死亡率更高。砷——已明确确定在人体内致癌的环境物质，曾经两次卷入历史性的事件，在这两次事件中，受到砷污染的饮用水都引起了大面积癌症的爆发。在第一起事件中，砷是来自开采矿山的矿渣堆；在另一起事件中，砷来自天然砷含量很高的砷的岩石。过度使用含砷杀虫剂很容易导致重蹈覆辙。原因就是这些地区的土壤也变成了有毒的土壤。雨水又携裹着一部分砷进入小溪、河流和水库，以及浩瀚无边的地下水的海洋。

在这里，我们再一次被提了醒，大自然的一切都不是孤立存在的。为了更清楚地了解我们的世界是怎么被污染，我们现在必须看一看地球的另一种基本资源——土壤。

5. 土壤王国

一层薄薄的补丁似的土壤覆盖着大陆，主宰着我们人类以及其他陆地动物的生存。正如我们所知道的那样，倘若没有土壤，陆地上的植物就无法生长。倘若没有植物生长，动物也无法生活。

如果说我们以农业为本的生活还要依赖土壤，那么，土壤也同样需要依赖生命才能存在，这也是千真万确的。土壤自身的起源，以及所保持的天然特性，都与生机勃勃的动植物有着千丝万缕的关系。因为，在某种程度上，土壤也是一个生命的创造，在很久以前，生物与非生物之间发生了奇妙的互相作用，从而生成了土壤。随着火山爆发出炽热的岩流，就连最坚硬的花岗石都被奔腾于陆地光秃秃的岩石上的熔岩磨损，岩石也如冰霜粉碎，此时，原始的成土物质就开始聚集。然后，生物开始发挥奇迹般的创造力，逐渐把这些了无生气的物质变成了土壤。地衣，是岩石的第一个覆盖物，通过分泌酸性物质促进了岩石的风化，从而为其他生命造就了安身立命的栖息地。苔藓顽强地生长在土壤表层的微小空隙中间，这种土壤是由地衣的碎屑、微小昆虫的外壳和起源于海洋的一系列动物尸体的碎片组成的。

生物死亡后变成土壤，土壤又滋养了生命，这是一种几亿年的相互馈赠。

生命创造了土壤，而异常丰富多彩的生命物质也存在于土壤里，否则，土壤就会成为一种死气沉沉和荒芜贫瘠之地了。正是由于土壤中无数有机体的存在和活动，土壤才能给大地披上绿色的外衣。

土壤处于不断的变化中，形成了一个无休无止的循环状态。随着岩石被风化，有机物质腐败，空气中的氮气和其他气体随雨水从天而降，新物质就源源不断地加进了土壤。与此同时，土壤里的另外一些物质从土壤中被带走了，它们是被生物暂时借用了。在这个过程里，不断发生微妙的、至关重要的化学变化。在此过程中，来自空气和水的元素被转换为有利于植物吸收的种种形式。在整个变化过程中，生机勃勃的有机体总是积极主动地参与。

探索在黑暗的土壤王国生存的大量生物，这项研究的吸引力名列前茅，与此同时，被忽略的程度也名列前茅。我们对于土壤有机体之间彼此制约的情况，以及土壤有机体与地下环境、地上环境相互制约的情况知之甚少。

土壤中最小的，大约也是最重要的有机体，是那些肉眼看不见的细菌和丝状真菌。据统计，它们的数量庞大，宛若天文数字，一茶匙的表层土可以含有亿万个细菌。虽然这些细菌体形微小，但在仅仅1英亩肥沃土壤的1英尺厚的表土中，细菌总重量可以达到1000磅。在某种程度上，长长的细线状的放线菌（ray fungi）的数目不如细菌的数目多，然而由于放线菌体形更大，因此，在一定数量土壤中，放线菌的总重量可能还是跟细菌不相上下。被称之为“藻类”的微小绿色细胞体构成了土壤的微型植物的生命。

细菌、真菌和藻类是导致动植物腐烂至关重要的原因，它们将动植物的残体还原为自身的组成成分——无机质。假如没有这些微生物，诸如碳、氮这些化学元素通过土壤、空气以及生物组织的巨大循环运动会无法进行下去。例如，假如没有固氮细菌（the nitrogen-fixing bacteria），尽管植物会被含氮的空气“海洋”所包围，却难以得到氮素。其他有机体产生二氧化碳，并形成碳酸，会促进了岩石的风化。土壤中还有其他的微生物在不断地发挥多种多样的氧化作用和还原作用，从而导致诸如铁、锰和硫这样的矿物质转化成可以被植物吸收的形式。

另外，还有微小的螨虫和没有翅膀的，被称为“弹尾虫”（springtail）的原始昆虫，其数量也大得惊人。虽然它们体型很小，可是，却在分解植物的枯枝败叶和促使森林地面碎屑转化为土壤的漫长过程中起着举足轻重的作用。其中一些小生物在发挥作用时所表现出的特征几乎令人难以置信。例如，有几种螨类甚至能够在掉下的枞树针叶里开始繁殖，它们隐蔽在枞树针叶里，把枞树针叶的内部组织消化殆尽。当螨虫完成生育过程以后，针叶就只剩下一个空空的外壳了。在对付大量的落叶植物的枯枝败叶方面，土壤里和森林地面上的一些小昆虫所做的工作才真让人瞠目结舌。它们把树叶浸透软化，最终消化，促使分解的物质与表层土壤混合为一体。

除了这一大群体形微小，却不辞辛苦，劳作不止的生物外，当然还有许多大的生物，土壤中的生命包括从细菌到哺乳动物的全部生物。其中一些永远居住在黑暗的地层里，一些却只在生命循环的某个阶段在地下洞穴里度过或者在那里冬眠，还有一些只在它们的洞穴和上面世界之间自由自在往来穿梭。总之，土壤里这些居民活动的结果使土壤中充满了空气，并促进了水份在整个植物生长层的流通和渗透。

在土壤里所有大个子的居民中，蚯蚓可能是最重要的了。1881年，达尔文（Charles Darwin）出版了题为《蠕虫活动对腐殖土产生的作用及蠕虫习性观察》（*The Formation of Vegetable Mould, through the Action of Worms, with Observations on Their Habits*）一书。在这本书里，达尔文让全世界第一次了解到蚯蚓作为一种地质作用力在运输土壤方面的基本作用，在我们面前展现了这样一幅图画：蚯蚓从地下搬出的肥沃土壤正在逐渐覆盖地表岩石，在土地最肥沃的地区，每年搬运的土壤量高达每英亩数吨之重。与此同时，在叶子和草中的大量有机物（6个月每平方米土地上产生多达20磅）被拖入土穴，再和土壤相混合。达尔文的计算表明，蚯蚓的辛勤劳作可以一寸寸地加厚土壤层，并能在十年期之内使原来的土层加厚一半。然而，蚯蚓所做的还远远不止这些：它们的洞穴使土壤充满空气，使土壤保持良好的排水条件，并促进植物根系的生长。蚯蚓的存在增加了土壤细菌的硝化功能，减缓了土壤的衰败过程。蚯蚓的消化管道分解有机体，蚯蚓的排泄物使土壤变得肥沃。

然而。这个土壤综合体是由一个交织的生命之网组成的，生物间以某些方式彼此联系——生物依赖土壤而生，反过来，只有当生命综合体繁荣兴旺时，土壤才能成为地球上一个生气勃勃的组成部分。

我们在这里讨论的一个问题一直未引起足够重视：作为“消毒剂”直接被喷洒进土壤也好，雨水携裹（当雨水渗透到森林、果园和农田上茂密的枝叶的时候，就已经受到致命的污染）也好，总之，当有毒的化学药物被带进土壤居住者的世界时，那么对这些数量巨大、必不可少的土壤生物来说，结果会是什么？例如，假设我们应用一种广谱杀虫剂来杀死穴居的损害庄稼的害虫幼体，同时不伤害那些会分解有机物的益虫，这种假设成立吗？或者，我们能够使用一种非特异性杀菌剂，同时不伤害另一些生存在大量树根上、帮助树木从土壤中吸收养分的益于共生形式的菌类吗?

显而易见，在很大程度上，就连科学家都对土壤生态学这个至关重要的科研项目都会忽视，行政部门差不多就是不闻不问。看来，对昆虫的化学控制一直是在建筑在这个假定的基础上：那就是，不论被导入多少毒物，土壤确实都会忍辱负重，逆来顺受忍受。土壤世界的天然本性已经基本没人过问了。

依据已经进行过的少量研究，一幅杀虫剂对土壤影响的画面正在慢慢浮现在我们面前。这些研究的结果并非总是一致的，这也难怪，因为土壤的类型繁多，所以，在一种类型土壤中有害，在另一种土壤中还可能无害。松散土壤受损的程度就比腐植土高得多。化学药剂的混合物看来比单独一种的危害大。尽管结果不同，正在慢慢积累化学药物危害的确凿证据，证据的数量也够大，许多科学家为此感到忐忑不安。

在某些情况下，与生物世界密切相关的一些化学转化过程已经受到了影响，把大气氮转化为可供植物利用形态，产生的硝化作用就是一个例证。除莠剂2,4-D会使硝化作用暂时中断。近期在佛罗里达的几次实验中，喷洒林丹（Lindane）、七氯（heptachlor）和六六六（BHC，benzene hexachloride）的土壤在短短两星期以后，就减弱了土壤的硝化作用：六六六和滴滴涕在施用后的一年里都保持着严重的有害作用。在其他的实验中，六六六、艾氏剂、林丹、七氯和滴滴滴全都妨碍了豆科植物中固氮细菌形成必要的根部结瘤，严重破坏了菌类和更高级植物根系之间微妙的互惠关系。

林丹，是六六六（六氯环己烷）中的丙体（γ-体）。六六六原药中含有甲、乙、丙、丁等异构体，其中丙体具有杀虫作用，称为有效体，而其他异构体则为无效体，只有含99%以上的丙体的六六六才称做林丹。

有时问题在于，当自然界实现远大目标的时候，依赖于生物数量的微妙平衡却被破坏了。使用杀虫剂以后，土壤中某种生物数量减少，土壤中其他种类的生物的数量就出现爆发性的增长，摄食关系被打乱。这种变化可以轻而易举地改变土壤的新陈代谢活动，影响土壤的生产力。这些变化也意味着使从前受到压抑的潜在有害生物挣脱大自然的控制力，瞬间升格，成为有害物质。

在考虑土壤中杀虫剂的时候，必须牢记至关重要的一点：即杀虫剂在土壤里的存留的时间单位不是月，而是年。4年以后土壤里还会发现艾氏剂，部分土壤是微量残留，在更多的土壤里转化为狄氏剂。在使用毒杀芬（toxaphene）杀死白蚁10年以后，大量的毒杀芬依旧保留在沙土里。六六六至少可以在土壤中存留11年。七氯或更毒性更强的衍生化学物至少可以存留9年。在使用氯丹12年以后，还能发现初始重量的15%依然残留在土壤里。

如此看来，每年在一定阶段适度使用杀虫剂，仍然还会有惊人的数量残留在土壤里。氯化烃类药力强大持久，所以每次喷洒后都会累积而增加。如果喷药反复进行的话，那么，“1英亩地使用1磅滴滴涕是无害的”的老生常谈就成了一句空话。在马铃薯地里，发现土壤里所含滴滴涕为每英亩15磅，谷物地的土壤中为19磅。在一片蔓越橘沼泽地里，每英亩含有滴滴涕34.5磅。从苹果园里的抽取的土壤似乎达到了污染的顶峰，那里的滴滴涕积累速率年使用量同步增长。甚至在一个季节里，由于果园里喷洒了四次或更多次滴滴涕，滴滴涕的残毒就可以达到每英亩30～30磅的高峰。假若连续喷洒多年，那么，在树木间的区域每英亩含有滴滴涕26～60磅，树下的土壤里甚至达到了113磅。

砷（arsenic）提供了一个土壤确实会长时间中毒的经典例证。虽然从40年代中期以来，砷作为一种用于烟草植物的喷洒剂，已经大多被人造有机合成杀虫剂所替代，然而，以美国出产的烟草为原料生产的香烟，其中的砷含量在1932—1952年间仍然以超过300%的速度增长。近期研究显示，增加速度已经达到了600%。砷毒理学权威亨利·赛特利博士（Henry S. Satterlee）认为，虽然大量杀虫剂已经替代了砷，但是烟草植物仍继续受到砷的污染，因为烟草种植园的土壤如今已经完全被一种量大、不太溶解的毒物——砷酸铅的残留物所浸透，而这种毒物不仅数量大，而且难以溶解。这种砷酸铅会不断地释放出可溶性的砷。按照赛特利博士的说法，种植烟草的大部分土壤已经受到了“累加和几乎永久性的毒害”。地中海地区（mediterranean）东部未曾使用过砷杀虫剂，那里生长的烟草就没有显示出砷含量增高到这样的程度。

这样，我们就需要面对第二个问题。我们不仅需要关注在土壤里出现的所有问题，还要力争了解有多少杀虫剂从污染了的土壤被植物组织吸收。这在很大程度上取决于土壤、农作物的类型以及自然条件和杀虫剂的浓度。有机物含量多的土壤比其他土壤释放的毒物量要少一些。胡萝卜比其他当地农作物吸收的杀虫剂要多。将来，在种植某些粮食作物之前，有必要对土壤中所杀虫剂进行分析，否则，没有喷洒过药物的谷物也有可能从土壤里汲取过多的杀虫剂，不适合供给市场。

污染问题错综复杂，就连儿童食品厂的厂长都不愿意去购买喷过有毒杀虫剂的水果和蔬菜。最让他烦心的化学药物是六六六，植物的根和块茎吸收了六六六以后，就会产生一种霉臭的口感和气味。加利福尼亚州土地上的甜薯两年前曾使用过六六六，现因其含有六六六的残毒无人购买。有一年，一家公司在南卡罗莱那州（South Carolina）签了合同，打算把当地的甜薯都买下来，后来，却发现大片的土地都受到了污染，最后不得不在公开市场上重新购买甜薯，为此遭受了巨大的经济损失。几年以后，在许多州生长的多种水果和蔬菜也被迫抛弃。最令人烦恼的一些问题与花生种植有关。在南部的一些州，通常花生会跟棉花轮作，棉花地里大面积喷洒六六六。后来，在这种土壤上生长的花生就吸收了大剂量的杀虫剂。实际上，六六六不用多，只要一点，就能闻到它那无法掩盖的霉臭味。化学药物渗进了果核，无法除掉。经过处理，非但没有除去霉臭味，有时霉臭味反倒更浓了。对于决心清除六六六残毒的经营者来说，其别无选择，只有一个办法，那就是把所有的被化学药物污染的或生长在被化学药物污染的土壤上的农产品统统扔掉。

有时，还会直接威胁到农作物——只要土壤中有杀虫剂的污染存在，这种威胁就始终存在。一些杀虫剂会影响那些敏感的植物，譬如豆子、小麦、大麦、裸麦，妨碍它们的根系发育，阻碍种子发芽。华盛顿州和爱达荷州种酒花的人经历就是一个很好的例子。1955年的春天，许多种酒花的人承揽了一个控制草莓根部的象鼻虫的大型计划，这些象鼻虫的幼虫在草莓根部繁衍出大量幼虫。在农业专家和杀虫剂制造商的建议下，他们选择了七氯作为杀虫剂。在使用七氯之后的一年里，喷洒过药的葡萄园地里的葡萄树全都枯死了。没有喷洒七氯的田地里却安然无恙，在用药和未用药的田地交界处，一边是受到损害的农作物，一边是安然无恙的农作物。于是，人们又花费了一大笔钱，在山坡上重新种上了农作物，不料，第二年发现新长出的根又枯死了，4年以后，土壤里还残留有七氯，而科学家无法预测需要多长时间才能消释土壤里的毒性，对于改善这种糟糕状况也束手无策。直至1959年3月，联邦农业部才觉察到自己在土壤处理问题上的错误，宣布取消在种植酒花的园地里使用七氯杀虫剂，确实为时已晚。与此同时，种酒花的人能够做的也只是在这场官司中得到一些赔偿而已。

1960年在叙拉古大学（Syracuse University）土壤生态学会议上，与会专家一致认为：由于杀虫剂还在使用，所以，实际上，土壤里杀虫剂的顽固的残毒还在积累增加，几乎可以确定人类正面临着麻烦。这些专家经过总结，得出的结论是：使用诸如化学药物和放射性“这样虽然有效、但知之甚少的工具”所带来的危害就是“人类处置不当可能导致土壤生产力毁灭的恶果，而节肢动物却能安然无恙。”

6. 地球的绿披风

水、土壤，还有充当地球绿披风的植被植物构成了支撑着地球上动物生存的世界。尽管现代人很少记起这个事实：如果没有植物吸收太阳能，生产出人类生存所必需的基本食物，人类将无法生存。我们对待植物的态度是非常狭隘的，我们看到一种植物具有可以索取的实用价值，我们就种植。或者，不论出于何种原因，觉得对某种植物不喜欢或者无所谓，我们就立刻把它斩草除根。除了各种对人及牲畜有毒的或妨碍农作物生长的植物外，之所以一定要把某些植物斩草除根，只有一个理由，那就是我们狭隘地认为这些植物长得不是地方。还有许多植物碰巧与要斩草除根的植物在一起，也被顺手斩草除根了。

地球上的植物是生命之网的一个组成部分，在这张网中，植物与地球、植物与植物、植物与动物之间关系密切，至关重要。有时，我们不得已一定要破坏这些关系，然而，在破坏这些关系之前，我们应该深思远虑，小心翼翼，对于我们的所作所为在时间和空间上产生的远期后果要有充分的认识。然而，当前灭草剂生产规模迅速扩大，生意兴隆，销售两旺，运用广泛，人们自然不肯谨慎从事。

由于我们考虑不周密而导致风景惨遭破坏的事件不胜枚举。其中一个例子发生在西部蒿草（sagebrush）的土地上，在那里，正在建设铲除蒿草改建成牧场的大型项目。如果从历史意义和地理意义来解释这一事业的话，理应如此。这里的自然景色是在各种力量相互作用下形成了动人图画。它在我们面前展现，就像一本展开的书，我们可以从这一页页中读到大地现在面貌的成因，我们应该保持大地完整性的原因。可是现在，书打开了，却没有了读者。

这片生长蒿草的土地是西部高原和高原山脉的低坡地，是经过几百万年一片由落基山脉（the Rocky Mountain）急剧隆起形成的。这里气候极端恶劣：漫漫冬日，暴风雪从山上扑来，平原上覆盖着一层厚厚的积雪；夏季来临，缺雨少水，酷热难当，干旱吞噬到了土壤的深处，干燥的风窃走了茎叶上的水分。

随着地形的逐渐演变，植物要在这狂风呼啸的高原上生长需要一个长期摸索和屡败屡战的过程。一种又一种植物接二连三地失败了。最后，一种集中了在这里生存所需要的全部特性的植物发展起来了。这就是蒿草——一种低矮的灌木，在山坡和平原上都能够生长，它依靠灰色的小叶子来锁水，抵抗偷儿一样的狂风。这绝非偶然，而是大自然经年累月选择的结果。就这样，西部大平原成了蒿草的生长之地。

动物和植物同步发展起来，同时切合了土地的迫切需要。恰好就在此时，两种动物像蒿草一样适应了自己的栖息地：一种是哺乳动物——敏捷优美的叉角羚（pronghorn）；另一种是禽类——松鸡（sage grouse），这是刘易斯（Lewis）和克拉克（Clark）松鸡。

蒿草和松鸡似乎是相互依存的。最初，松鸡的自然生存期和蒿草的生长期是一致的；当蒿草地的面积缩减以后，松鸡的数目也相应地减少了。蒿草提供了平原上这些松鸡的生存所需要的一切。山脚下，低矮的蒿草遮掩着松鸡的鸟巢和雏鸟，茂密的草丛是松鸡们闲荡和栖息的地方。不论什么季节，蒿草都为松鸡提供基本的食物。显而易见，这里还是一个相互依存的双向关系：表现在松鸡展开壮观的场面时，可以帮助蒿草，为蒿草松动下面和周围的土壤，清除了在蒿草丛荫下生长的其他杂草反客为主的。

叉角羚也渐渐适应了有蒿草的生活。叉角羚是平原上主要的动物。当冬日的初雪降临的时候，那些曾经在山地消夏的羚羊开始向海拔较低的地方迁徙。在那里，蒿草早已为叉角羚备好了食物，帮助它们度过严冬。在那里，当其他植物都叶落草枯的时候，只有蒿草仍然保持常青的状态，缠绕在浓密的灌木茎上的灰绿色叶子，虽然苦涩，却散发着芳香，富含蛋白质和脂肪，还有动物所需要的矿物质。虽然白雪皑皑，堆积了厚厚的一层，但蒿草的顶端还暴露在外面，叉角羚可以用尖利的蹄子挠到。这时，以蒿草为食的松鸡会在光秃秃的、狂风肆虐的岩架上发现蒿草，或者踏着叉角羚到雪地上的足迹寻觅蒿草。

其他动物也在寻觅蒿草。黑尾鹿（mule deer）常常吃蒿草。可以说，蒿草是那些冬季食草牲畜生存的保证。许多冬季牧场上放牧绵羊，那里只有大片高大的蒿草。蒿草这种植物的能量比紫苜蓿还要高，一年之中有半年时间，绵羊都以蒿草为主要饲料。

可见，酷寒的高原，紫色的蒿草残枝，性格粗野、行动迅捷的羚羊，还有松鸡，这一切构成了一个完美平衡的自然系统。现在还是这样吗？现在已经变化了，起码在那些已经大面积发展和变化的地区，在人们力图改变自然存在方式的地区，“是”应该改为“不是”。土地管理局打着发展的旗号，已经着手去满足贪得无厌的放牧者的要求，给予他们更多的草地——没有蒿草的草地。就这样，在一块自然条件适合其他草与蒿草杂生或者在蒿草遮掩下生长的土地上，现在正在计划把蒿草斩草除根，创造出草种单一的草地。似乎很少有人质疑，创造这片草地是否是该区域的一个长期稳定和众望所归的目标。当然，大自然本身的回答与此大相径庭。在这个雨水稀少的地区，年降雨量不足以保证优质的地皮草场；相反，却更有利于多年生长在蒿草庇荫下的羽茅属植物。

“发展”“开发”，多少罪恶假汝而行。

然而，铲除蒿草的项目已经进行了许多年。几个政府机关都在积极参与。工业部门也热情地促进和鼓励这项事业，原因就是该事业扩大了草种的销售市场，为大型成套收割、耕作及播种机器设备提供了广阔的销售市场。最新增加的武器是化学喷洒药剂，现在每年都要对几百万英亩的生长着蒿草的土地喷洒药物。

这么做造成的后果是什么？在很大程度上，铲除蒿草、播种牧草的最终效果只能靠推测。熟谙土地特性、经验丰富的人们说，牧草与蒿草杂生，牧草在蒿草庇荫下生长，与失去锁水的蒿草相比，可能牧草单独生长要好。

虽然该项目已经实现了当下的目标，然而很明显，整个紧密相联的生命之网已经被撕裂了。叉角羚和松鸡将伴随着蒿草一起销声匿迹。鹿儿也会受苦受难。由于依赖土地的野生生物被毁灭，土地也会变得愈加贫瘠。就连本该受益的家畜也会遭殃。夏季，青草的数量不够，在缺少蒿草、耐寒灌木和其他野生植物的平原上，羚羊只能在冬季的暴风雪里忍饥挨饿。

这些是最初和最明显的影响。第二个的影响则是瞄准大自然的那杆喷药枪：喷药毁了目标，同时毁了目标以外的大量其他植物。法官威廉·道格拉斯（William O. Douglas）在他最近出版的专著《我的荒野：东部的肯塔丁》（*My Wilderness: East to Katahdin*）中，讲述了美国林业署（the United States Forest Service）在怀俄明州的布类吉国家森林（the Bridger National Forest in Wyoming）造成的一个破坏生态的骇人例子。牧人想得到更多草地，公司迫于牧人的压力，在1万多亩蒿草生长的土地喷了药，按照预期的计划，蒿草被斩草除根了。可是，在那蜿蜒曲折的小河河畔，原野中间穿行的垂柳，那生机勃勃的绿色柳丝却也玉石俱焚了。驼鹿（moose）一直都是在这些柳树丛中生活的，柳树之于驼鹿就像蒿草之于羚羊一样重要。海狸（beaver）也一直生活在柳树丛中，以柳树为食。它们把柳树咬断，横跨小河，造一道结实耐用的水堤。经过海狸的辛勤劳动，围堵成一个小小的湖。山溪中的鳟鱼（trout）很少有超过6英寸长的，可是，在这个湖里，却长得膘肥体壮，许多已达到5磅重。水鸟也被吸引到这个湖里的湖面上来。只是由于柳树以及以柳树为生的海狸的存在，这里已成为引人入胜的垂钓鱼和狩猎的娱乐休闲地区。

但是，由于林业署所制订的“改良”措施，柳树也遭受与蒿草一样的厄运，也被不由分说地喷了药，斩草除根了。1959年那年，道格拉斯访问了这个地区的时候，正在喷药，他看到枯萎垂死的柳树，不禁大惊失色，“巨大的、难以置信的破坏。”驼鹿会何去何从呢？海狸以及它们所创造的小天地又会何去何从呢？一年以后，他故地重游，在被摧毁的风景中找到了答案。驼鹿和海狸都逃之夭夭了。那个重要的水坝也因为没有了巧夺天工的建筑师的照拂而无影无踪了，湖水已经枯干，没有一条大鳟鱼幸存下来，在这个仅存的被遗弃的小河湾里没有生息，这条小河穿过炎热的、光秃秃的、没有树荫的土地。这个生机勃勃的世界被人为地破坏了。

除了每年给400多万英亩的牧场喷药外，为了除草，其他类型的大片地区为了控制野草，也同样在直接或间接地受到化学药物的污染。例如，有一个比整个新英格兰地区还大的区域（5000万英亩），现在在公用事业公司的管理下，为了“清除灌木”，大部分土地正在接受例行除草。在美国西南部，大约有7500万英亩的豆科植物的土地需要运用一些方法来除草，而其中化学喷药为最常见的方法。一个面积很大的不知名的木材生产基地目前正在进行空中喷药，目的是为了“清除”针叶林中的阔叶树。在1949年以后的10年里，用灭草剂给农田除草的做法在数量上翻了一番，到1959年，已经达到5300万英亩。时至今日，已经用化学药物除过草的私人草坪、公园和高尔夫球场的总面积一定达到一个天文数字。

化学灭草剂是一种华丽的新玩具，它们以一种惊人的方式在发挥作用。在那些使用者的面前，它们显示出令人目眩神迷的力量，征服了大自然，然而，容易被忽略的长效就很容易被当作是悲观主义者的杞人忧天。“农业工程师”漫不经心地讲述着世界的“化学耕作”就是把犁头改成喷雾器。成千上万村镇的父老乡亲心甘情愿地听从那些化学药物推销商和利欲熏心的承包商的话，他们为了一个好价钱，会把路边的丛林斩草除根。他们的呼声是使用化学灭草剂比割草更便宜。因此，也许，它将会以几排整齐数字出现在官方的文件中，然而，真正付出的代价岂是金钱可以考量的，而是要以我们在不久的将来同样不可避免的损失来考量，以风景及与各种相关利益的不可估量的损失来考量的。假如用金钱来考量最后结果的话，化学药物的批发广告应该被视为更昂贵的。

例如，全国各地的每个商会所推崇的这一商品在度假游客的心目中的信誉怎样呢？曾经美丽的路边原野由于喷洒化学药物被毁于一旦，抗议的呼声日益高涨，抗议喷药把由羊齿植物、野花、点缀着花朵、浆果的天然灌木构成的美景变成枯萎的褐色荒野。一个新英格兰妇女义愤填膺地给报社写道：“我们把我们的道路两旁搞得乱七八糟，肮脏不堪，死气沉沉，一片暮色。这可不是游客所期盼的，我们可为这里的美丽景色的广告付了费用的。”

1960年的夏天，来自许多州的环境保护主义者齐聚安静祥和的缅因岛（Maine Island），来见证全国奥杜邦协会（the National Audubon Society）的主席M.T.宾汉姆（Millicent Todd Bingham）给该协会的赠品。那天的讨论中心议题是保护自然景色以及微生物和人类交织而成的错综复杂的生命之网。可是，该岛来访者私下谈论的话题全都是为沿路景色遭到破坏的愤慨。往日，在四季长青的林间道路中穿行一直是件赏心悦目的乐事，往日的道路两旁有一排排的杨梅（bayberry）、羊齿植物（fern）、赤杨（alder）和越橘（huckleberry）。而今日，却只有一片深褐色的荒芜景象。一个环境保护者记录下了他在八月份游览缅因岛的情景：“我回到了这里，为缅因原野被破坏而愤慨。前几年，这里的公路旁遍地野花和楚楚动人的灌木丛，而现在只剩下一片又一片枯死的植物的残迹……从经济角度考虑，请问缅因州能够承担因景色被破坏失信于游客所带来的损失吗？”

在全国范围内，现在，以治理路旁灌木丛为名正进行着无意识的破坏。缅因原野只是一例，让我们痛心疾首，使我们中间那些对该地区的美丽景色情有独钟的人痛心疾首。

康涅狄格林园（Connecticut Arboretum）的植物学家宣称，对美丽的原生灌木及野花的破坏已经构成了“路旁原野危机”的程度。杜鹃花（azalea）、月桂树（mountain laurel）、蓝莓（blueberry）、越橘（huckleberry）、荚蒾（viburnum）、山茱萸（dogwood）、杨梅（bayberry）、羊齿植物（sweet fern）、唐棣（low shadbush）、北美冬青（winterberry）、稠李（chokecherry）以及野李子（wild plum）在化学药物的火力网里正在濒临灭绝。曾给大地带来优雅和美丽景色的雏菊（daisy）、百合（Susan）、单叶黄水枝（Queen Anne’s lace）、毛果一枝黄（goldenrods）以及秋紫菀（fall aster）的命运也是如此。

喷洒杀虫剂的行为不仅事先考虑不够周全，而且还这样肆意滥用。在新英格兰南部的一个城镇里，一个承包商完成了工作后，桶里还剩了一些化学药粉。于是，他就沿着路旁林地随手把药粉喷洒了出去，而这些林地并没有得到可以喷洒化学药物的授权。结果，这个乡镇失去了秋天路旁美丽的天蓝色和金黄色，这里的紫菀（aster）和毛果一枝黄带来的美景，原来人们远远地慕名而来，一睹为快，都会觉得不虚此行。在新英格兰的另一个城镇，一个承包商由于不了解，违反了该州对城镇喷药最高限高4英尺的规定，给路边植物的喷药高度达到8英尺，因此留下了一道宽宽的、深褐色的破坏痕迹。在马萨诸塞州的乡镇，官员们从一个热情洋溢的杀虫剂推销商手中购买了灭草剂，却不知道里面含砷。在道路两旁喷洒灭草剂以后，出现的一个后果就是12头母牛因砷中毒死亡。

1957年，沃特弗镇（Waterford）用化学灭草剂喷洒路旁的田野时，康涅狄格林园自然保护区（the Connecticut Arboretum Natural Area）的树木遭到了严重的破坏，就连没有直接喷药的参天大树都受到了影响。虽然正值春季，正是万物生长的季节，橡树的叶子却开始卷曲变为深褐色。然后，开始发新芽，长得异常得慢，橡树看起来像是在哀哀哭泣。两个季节以后，这些树上大一些的枝干都枯萎了，其他的枝干上的树叶都掉了，变了形，所有树都变了形，一副哀哀哭泣的样子。

我知道有一段路，大自然用赤杨、荚蒾、羊齿植物和圆柏装点了道路两旁，随着季节的变化，这里时而是鲜艳的花儿朵朵，时而是秋天里宝石串样儿的累累硕果。这条道路上人稀车少，负担不多，在急转弯和交叉路口，几乎没有灌木会遮挡司机视线。可是，喷药人接管了这条路，于是，沿途的几英里变成了人们唯恐避之不及的地方。对于不忍看到贫瘠、可怕的世界的人心来说，睁开眼睛正视这一景象需要承受力，因为是我们准允我们的技术工人这么做的。可是，各地的官方组织不知为什么总是当断不断。由于某种意外的疏忽，在计划周密的喷药地区中间留下了一些美丽的绿洲——而这些小块绿洲的存在，与道路两旁被破坏的绝大部分形成鲜明的对照，让人更觉惨不忍睹。在这些地方，四处可见火焰般的百合花，飘荡的白色三叶草和云朵似的紫色野碗豆花。面对此情此景，我的精神也随着高昂起来。

只有在那些出售化学药物和使用化学药物的人眼里，这些植物才会是“野草”。有一个定期举行的控制野草会议，在其中的一期会讯中，我曾经读到一篇关于灭草剂哲学的奇谈怪论。该作者坚持认为，之所以铲除有益植物，“就是因为它们与有害植物为伍”。那些抱怨路旁野花遭到伤害的人，让他想起了历史上反对活体解剖论的人，他说：“对于这些反对活体解剖论的人来说，按照他们的观点来判断的话，一只迷路的狗的生命要比孩子们的生命更神圣不可侵犯。”

对于这篇高论的作者，我们中许多人确实怀疑他人格严重扭曲失常，因为我们喜欢观赏野碗豆花（vetch）、三叶草（clover）和木百合（wood lily）的娇花嫩蕊、昙花一现的美丽，而不是现在的景象：路旁好像已经被大火烧焦似的，灌木已成了赤褐色，一触即折，以往曾经骄傲地高昂着花絮的羊齿植物，现在已枯萎下垂。我们看来懦弱可悲，因为我们竟然会容忍这样的惨象，灭绝野草并没有让我们兴高采烈，对于人类再次如此这般地征服混乱的大自然，我们无法得意洋洋。

法官道格拉斯讲述了他参加了一个联邦农民的会议的情况，与会者讨论了本章前面提及的居民对蒿草喷药计划的抗议问题。这些与会者认为，一个老太太因为野花被破坏，所以反对这个计划，显得滑稽可笑。这位悲天悯人、睿智聪明的法官问道："正如同牧人寻找草地，或者伐木者寻找树木一样，老太太寻找萼草（banded cup）或卷丹（tiger lily）的权利同样不可剥夺，难道不是吗？我们继承的旷野的美学价值与我们继承山中的铜、金矿脉和山区森林同样不可小觑。"

当然，我们对保存原生态植物的愿望，还含有超越了美学方面的考虑。在大自然经济体中，天然植物扮演着极其重要的角色。乡间小路路边的树篱和块状的原野为鸟类提供了寻食、隐蔽和孵养筑巢的之地，为许多幼小动物提供了栖息地。仅以东部的许多州为例，有70多种灌木和有蔓植物都是路旁生长的典型植物，其中55种是野生生物的重要食物。

这类植物也是野蜂和其他授粉昆虫的栖息之地。今天，人们对这些天然授粉者的需要超乎人们的想象。可是，很少有农民能够认识这些野蜂的价值，他们常常采取各种各样措施，反而妨碍了野蜂再为他们服务。部分农作物和许多野生植物都要部分地或全部地依赖昆虫帮助天然授粉。有几百种野蜂参与了农作物的授粉过程——仅光顾紫苜蓿花的野蜂就有一百种之多。假如没有昆虫自由授粉，野地上的绝大部分有保土作用和增肥作用的植物一定会绝种，而这会给整个区域的生态带来深远的影响。森林里和牧场上的大量野草、灌木和树木都依赖天然昆虫进行繁殖。假如没有了这些植物，大量野生动物和牧场的家畜能吃的上的食物就没有多少了。现在，由于使用清洁耕作方法和化学药物，树篱笆和野草被破坏，这些授粉昆虫的最后避难所正在被摧毁，生命之链被切断。

据我们所知道的，这些昆虫对我们的农业和田野确实非常重要，所以，理应从我们身上得到更好的回报，而不是对它们的栖息地进行漫不经心地破坏。蜜蜂和野蜂主要以诸如毛果一枝黄、芥菜（mustard）和蒲公英（dandelion）这样一些“野草”的花粉作为幼蜂的食料。在紫苜蓿（alfalfa）还没有开花的时候，野豌豆花为蜜蜂提供了春天所需的基本饲料，帮助蜜蜂顺利地度过春荒季节，为紫苜蓿花授粉做好准备。在无食可觅的秋天，它们依靠储备的秋麒麟草过冬。多亏大自然本身所具有精准、巧妙的定时本领，柳树开花之日，正是某种野蜂出现之时。对此懂行的不乏其人，可是在茫茫大地上大规模渗透化学药水的却不是这些内行。

懂得栖息地对于保护野生生物价值的人现在在哪里？他们中有那么多的人都说灭草剂对野生生物无害，认为杀草剂的毒性比杀虫剂要小哩！所以，换句话说，无害就是可以使用。可是，当灭草剂落在森林里和田野上，落在沼泽里和牧场上的时候，给野生生物栖息地带来的变化却是显而易见的，带来的毁灭甚至是永久性的。从长远来看，毁掉了野生生物的栖息地和食物，这也许比直接杀死它们还要严重。这种不遗余力地对道路两旁及路标界区的化学药物袭击，具有双重讽刺意义。以往的经验已经清楚地表明，无法轻而易举地实现既定的目标。滥用灭草剂不会一劳永逸地铲除路旁的丛林，喷洒只得年年岁岁翻来覆去地进行。更有讽刺意味的是：我们坚持这样做，却根本不考虑使用原有的选择性喷药方法，此方法绝对安全可靠，能够长期控制植物生长，以免对大多数植物反复喷药。

控制沿路及路标界处丛林的目的，并不是要把地面上的一切都铲除，只留青草。准确地说，这是为了除去会长得太高的植物，避免遮挡驾驶员的视线或干扰路标区的线路。通常来说，此处指的是所有乔木。大多数灌木都长得很低矮，不会有危险，当然，羊齿草与野花也一样。

选择性喷药是由弗兰克·爱格勒博士（Dr. Frank Egler）发明的，当时他在美国自然历史博物馆（the American Museum of National History）任路标区控制丛林推荐委员会（Brush Control Recommendations for Rights-of-Way）的指导。他以如下事实为依据，即大多数灌木丛能够对乔木的侵入表现出激烈的抵抗倾向，选择性喷洒就可利用自然界固有的稳定性。恰恰相反，草原比较容易被树苗侵占。选择性喷洒的目的不是为了在道路两旁和路标区生产青草，而是为了直接处理，清除那些高大乔木植物，保留其他植物。对于那些抵抗倾向强烈的植物，用一种可行的追补处理方法就够了，此后，灌木会保持这种控制效果，树木不会重生。控制植物生长的最有效、最廉价的方法并不是化学药物，而是以植物攻植物。

美国东部的研究区一直在对该方法进行实验。实验结果表明，经过适当处理后，地区的情况就会稳定下来，至少20年不需要再喷洒药物。喷洒通常是靠人们背着喷雾器步行来完成的，对喷雾器控制得很严。有时候，可以把压缩泵和喷药器械架在卡车的底盘上，但是从不进行地毯式的喷洒。只是针对树木，还有对那些过高的、必须清除的灌木进行处理。这样，环境的完整性就保存下来了。具有巨大价值的野生生物栖息地完好无损，灌木、羊齿植物和野花所呈现出的美景也不会受损。

各地都采用选择性喷药来管理植物。总体来看，根深蒂固的习惯很难以改变，而地毯式的喷洒还在死灰复燃，每年从纳税人那儿榨取沉重的年税，使生命的生态之网遭到破坏。可以肯定地说，地毯式喷洒之所以死灰复燃，唯一的原因就是纳税人对于上述事实还不了解。

当纳税人认识到对城镇道路喷药的账单应该是一代送来一次，而不是一年一次的时候，肯定会站出来要求改变喷药方法。

选择性喷洒优点有很多，其中之就是，可以把投放到土地中的化学药物总量减到最少。不必到处喷洒药物，而是集中到树木根部。这样一来，对野生生物的潜在伤害也就减少到最小。

运用最为广泛使用的除草剂是2,4-D、2,4,5-T以及有关的化合物。这些灭草剂是否真的具有毒性，现在依然是个具有争议性的话题。用2,4-D喷洒草坪，身上被药水打湿了的人有时会患上严重的神经炎，甚至瘫痪。尽管这种情况并不常见，但是医药机构已经提醒使用此类化合物需要格外小心。其余的更隐蔽危险可能也潜藏于2,4-D中。实验已经证明，这些药物破坏细胞呼吸的基本生理过程，还仿效X射线破坏染色体。一些近期研究表明，毒性比致死药物低很多的一些灭草剂，也会对鸟类的繁殖产生不良影响。

使用灭虫剂除了会带来直接的毒性影响，还会带来某些奇怪的间接后果。不论野生食草动物，还是家畜，都发现有些动物有时很奇怪地被某种喷洒过药物的植物所吸引，虽然这种植物并不是它们的天然食材。如果一直使用砷这样毒性很强的灭草剂的话，要铲除植物的强烈愿望必然会造成灾难性的后果。如果某些植物本身恰好带毒或者长有荆棘和芒刺，那么，毒性小的灭草剂也同样会引起致命的结果。例如：牧场上有毒的野草在喷药以后，突然对家畜产生了吸引力，家畜为了满足这种不正常的食欲送了命。兽医药物文献中记载了大量类似的例子：猪吃了喷过药的蓟（thistle）、羊吃了喷过药的草以后，都会染上重病。花开时节，蜜蜂在喷过药的芥菜上采蜜就会中毒。野樱桃的叶子毒性极大，叶簇上喷洒2,4-D以后，牛就被迷得神魂颠倒，最后送了性命。很显然，喷药过后（或割下来后）的枯萎的植物产生了吸引力。另一个例子是美狗舌草（ragwort），而在一般情况下，家畜对这种草都避之不及，只有在饲料短缺的晚冬和早春才会被迫去吃。尽管如此，在这种草的叶丛上喷洒了2,4-D以后，动物却会一反常态地很爱吃。

这种奇怪的行为方式出现，原因在于化学药物给植物自身的新陈代谢带来了变化。植物的糖含量暂时而显著的增高，对许多动物产生了更大的吸引力。

2,4-D另外一个奇怪的影响就是对家畜、野生生物的影响，对人很明显也会产生很大的影响。大约十年前做过的一些实验显示，在使用了这种化学药物以后，谷类及甜菜的硝酸盐含量随即急速增高。实验还显示，在高粱、向日葵、紫露草（spiderwort），藜（lambs quarter）、长芒苋（pigweed）以及红蓼（smartweed）里，也有相同的影响。这里面的有大量草，本来是家畜唯恐避之不及的，可是，喷洒了2,4-D以后，家畜却吃得津津有味起来。据一些农业专家的调查研究发现，一定数量的家畜死亡都与喷过药的野草有关。造成危险的都是由于硝酸盐的增长造成的，因为反刍动物所特有的生理特征随即会引发严重的问题。这样的动物大多都会有特别复杂的消化系统——胃分为四个腔室。通过微生物（瘤胃细菌）在其中的一个胃室的作用，纤维素的消化得以完成。动物吃了硝酸盐含量过高的植物以后，瘤胃中的微生物就会对硝酸盐（nitrate）产生影响，使其变化成为毒性很强的亚硝酸盐（toxic nitrite）。于是，出现了一个夺命的环节，该环节引发了一系列事件：亚硝酸盐对血红细胞产生作用，把血红细胞变成一种巧克力褐色的物质，在该物质中，氧受到严格的控制，无法参与呼吸运动，这样一来，氧就无法从肺传输到机体的各个组织中去。由于缺氧症，即氧气不足，在几小时内就会死亡。至此，在喷洒过2,4-D的某些草地上的放牧的家畜伤亡的各种报告才有了一种符合逻辑的解释。同样的危险也存在于反刍类的野生动物中，如鹿、羚羊、绵羊和山羊。

尽管其他种种的因素（如极度干燥的气候）可以引起硝酸盐含量

的增加，可是，对于2,4-D销售量的激增以及滥用的后果再也不能不闻不问，听之任之了。威斯康星大学农业实验站认为这个问题事关重大，证实了在1957年提出的警告："被2,4-D杀死的植物中可能含有大量的硝酸盐。"不仅危及动物，同样祸及人类，帮助我们解开了最近日益增多的"粮库死亡"之谜：当含有大量硝酸盐的谷类、燕麦或高粱存入粮库以后，释放出有毒的气体一氧化碳，因此，进入粮库的任何人都有致命的危险。这样的气体只要吸上几口，可引发扩散性的化学性肺炎。在由明尼苏达州医学院所进行的一系列类似研究中，只有一人除外，其余病人无一幸存，全部死亡。

"我们在自然界里散步，就如同大象在摆满瓷器的小店散步一样。"因此，对此洞若观火的一位荷兰科学家贝尔金（C. J. Briejer）这样总结了我们对灭草剂的使用情况。贝尔金博士说："我个人的看法是，太想当然啦，我们根本不知道庄稼中间的野草全都是有害呢，还是有一部分是有益的。"

很少有人会提出这个问题：野草与土壤之间是什么样的关系？即便从我们狭隘的切身利益角度出发，二者之间的关系可能也是有用的。正如我们已经意识到的那样，土壤与生活在土壤里和土壤上的生物之间，存在着一种相互依存、互利互惠的关系。大概，野草从土壤中吸收一些什么，野草也可能给土壤贡献了一些什么。近期出现了一个实例，荷兰一个城市花园里的玫瑰花长势很不好。土壤样品显示，土壤已经被细小的线虫严重污染了。荷兰植物保护服务公司的科学家并没有推荐化学喷药或土壤处理。相反， 他们建议把金盏草种在玫瑰花丛中。毫无疑问，纯粹主义者会认为这种金盏草在任何玫瑰花床上都是一种野草，然而，它的根部却可以分泌出一种分泌物，该分泌物能杀死土壤里的线虫。这一建议被采纳了，一些花坛上种上了金盏草，另一些花坛上没有种。作为参照组，二者对比的结果一目了然：在金盏草的帮助下，玫瑰长得枝繁叶茂，欣欣向荣；在不种金盏草的花坛上，玫瑰却病恹恹的，花叶萎靡。如今，许多地方都用金盏草来抵御线虫。

也许，我们还没有发现，其他植物也在以同样的方式对土壤发挥着必不可少的有益作用，可是我们过去却残酷地把它们铲除了。现在，通常被斥之为“野草”的自然植物群有一种非常有用的功能，就是可以作为土壤状况的指示器。当然，这种有用的功能在使用化学灭草剂的地方已丧失了。

那些用喷药来解决问题的人同样忽略了一个具有重大科学意义的问题——保留一些自然植物群落的必要性。我们需要这些植物群落作为一个标准，作为一个参照物，可以考量出由于我们的活动所带来的变化。我们需要把它们当作野外的栖息地，在这些栖息地里，昆虫的原始数量和其他生物得以保留，正如我们将在第16章讲到的那样。对杀虫剂的抗药性在增强，从而正在改变着昆虫，也许还有其他生物的遗传因素。一位科学家甚至建议应该在这些昆虫的遗传基因进一步改变之前，修建一些特别的“动物园”，来保留昆虫、螨类及同类的生物。

一些专家警告说，由于灭草剂使用日益增多，对植物产生了微妙而深远的影响。化学药物2,4-D把阔叶植物斩草除根，造成草类在少有竞争的环境里再度繁茂起来，而现在这些草类中的一部分本身已经发生变异，成了“野草”。于是，在控制野草上又出现了新问题，又开始了向相反方向转化的恶性循环。这一奇怪的现象在最近一期的研究农作物问题的杂志上披露出来：“由于广泛使用2,4-D去控制阔叶杂草，另类野草增长迅速，对谷类与大豆产量构成了威胁。”

山查子草（crabgrass）化学灭草剂的兴旺上市，是不合理的方法却大受欢迎的一个例子。有一种比年年用化学药物铲除山查子草更廉价，但是效果更好的方法，这种方法就是让它跟另外一种牧草竞争，竞争使山查子草不能存活。山查子草只能在有问题的草坪上生长，这是山查子草的特性，而不是病症。只要提供一块肥沃土壤，让你要种的青草茁壮成长，就会创造出一个环境，在这样环境里，需要开阔空间的山查子草无法生长。

可是，非但没有人实事求是地按照基本情况处理，苗圃人员反而听信杀虫剂生产商的意见，而郊区居民又听信苗圃人员的意见，就这样，郊区居民每年都继续把数量确实惊人的山查子灭草剂喷洒在草坪上。单单从商标名字上是看不出这些杀虫剂的毒性的，可是它们的配方里确实包括许多诸如汞、砷和氯丹这样有毒物质。杀虫剂出售和应用以后，在草坪上留下了大量的这类化学药物。例如：一种药物的使用者按照说明书上的使用指南去做的话，1英亩地就要使用60磅氯丹产品。假如他们使用其他可用产品的话，那么，1英亩地就要使用175磅的砷。正如我们会在第8章所看到的那样，鸟类大量死亡正在让人烦恼。这些草坪究竟会怎样毒害人类，现在还是个未卜之数。

对道旁和路标界植物进行选择性喷药实验所取得的成功，给我们带来了希望，证明可以用平等合理的生态方法来实现对农场、森林和牧场的其他植物的控制规划。这种方法的目的并不是为了把哪个种类的植物斩草除根，而是要把植物当成一个活生生的社区居民那样管理。

还有一些确凿可信的成绩告诉我们可以采取什么有效的措施。在缩小那些不需要的植物的面积方面，生态控制取得了一系列最为惊人的成就。今天，困扰我们的大量问题，大自然自己也遭遇到了，然而，大自然通常是以自己的方式成功地解决了这些问题。那些知识渊博，去道法自然，征服自然的人，也会常常被报以成功的酬答。

在控制不想要的植物方面，加利福尼亚州对克拉玛斯草（klamath-weed）的控制是一个突出的例证。虽然克拉玛斯草，也就是贯叶连翘（goatweed），是欧洲的一个土特产，在当地被叫做“圣约翰草”（St. Johnswort），曾经伴随着人们西进移民的脚步，1793年首次在美国宾夕法尼亚州兰喀斯忒（Lancaster）附近被发现。到1900年，这种草蔓延到了加利福尼亚州的克拉玛斯河（the Klamath River）附近，于是就以当地的地名给它命了名。到1929年的时候，它已经占领了近10万英亩牧地。而到了1952年，它已侵犯了约250万英亩的土地。与蒿类这样的当地植物相去甚远，它在这个区域中没有适应自己生长的生态环境，其他动植物也不需要它。相反，这种毒草在哪里出现，吃了这种毒草的牲畜就会变成“满身疥癣，口舌生疮，萎靡不振”的样子。土地的价值因此一落千丈，人们认为克拉玛斯草就此拥有了第一份筹码。

在欧洲，贯叶连翘，也就是圣约翰草，从来没有形成威胁，因为多种昆虫伴随着她的生长繁衍生存，而这些昆虫大吃特吃，可没少吃，所以这种草的生长受到了严格制约。特别是法国南部的两种类似豌豆大小，全身闪着金属光泽的甲虫，完全寄生在这种草身上，它们以吃这种草为生，在这种草上繁衍生息，非常适应有这种草陪伴的环境。

1944年，第一批这两种甲虫被运到了美国，这是北美首次尝试利用食草昆虫来控制植物的蔓延，因而具有重大的历史意义。到了1948年，这两种甲虫繁殖顺利，因而无需再次进口了。这两种甲虫是这么传播的：把甲虫从原繁殖地采集起来，然后以一年100万只的比例传播。甲虫先在小的范围内完成繁殖。只要克拉玛斯草一枯萎灭绝，甲虫随即拔营起寨，继续前进，准确无误地找到新战场。就这样，甲虫削弱了贯叶连翘以后，那些一直被排挤的、人们想要的植物就可以收复失地。

1959年完成的一个历经10年的考察表明，对克拉玛斯草的控制“取得的效果比热心人士想象得还要好”，已经减少到原来总量的1%。这一甲虫大量繁殖是无害的，实际上，需要维持甲虫的一定数量来预防克拉玛斯草的增长。

另外一个特别成功，而且经济实惠的控制野草的例子可能发生在澳大利亚。殖民者有把某种植物或动物带进一个新领地的趣味。大概是在1787年，一个名叫阿瑟·菲利浦（Captain Arthur Phillip）的船长把各种各样的仙人掌带进了澳大利亚，打算用它们培养胭脂红虫，再用胭脂红虫作染料。一些仙人掌从果园里长了出来，到了1925年，发现大约20种仙人掌已经变成野生仙人掌了。由于该地区域没有天然控制这些植物的因素，它们就肆无忌惮蔓延开来，最后占领了近6000万英亩的土地，其中一半土地由于仙人掌分布得太密，失去了使用价值。

1920年，澳大利亚昆虫学家前往北美和南美，在仙人掌的天然产地对仙人掌的昆虫天敌展开调研。对一些种类的昆虫进行多次试用以后，澳大利亚一种于1930年在澳大利亚投放了了30亿个阿根廷虫的卵。7年以后，最后一片茂密的仙人掌枯萎死掉以后，这块原先不适宜其他植物生长的土地重新张开双臂迎接新的居民和牧草了。整个实验的全部花销每英亩还不到一个便士。相比之下，早期所使用的那些无法令人满意的化学控制办法，花销却高达每英亩10英镑。

最安全经济的防治方法是生物防治，但它以对生态系统的尊重和深入了解为前提。

这两个例子都证明了，控制有害植物最有效的方法，就是密切关注以植物为食物的昆虫所发挥的作用。牧场管理科学往往忽略了这种可能性。虽然这些昆虫对所有食草动物可能是最佳选择，它们高度专一的摄食习性能够很容易为人类带来利益。

7. 没必要的大破坏

人类朝着他所宣告的征服大自然的目标迈进的历史，就是一部令人痛心疾首的破坏大自然的历史，人类破坏的不只是自己生于斯长于斯的大地，还危害了与人类共享大自然的其他生物。近几个世纪的历史包含了一个黑暗的篇章——西部平原屠杀野牛；猎商残杀海鸟事件；为了得到白鹭羽毛，差点让白鹭灭绝事件。除了上述以及诸如此类的破坏，我们今天又增加一个新的篇章和一种新型的破坏——使用化学杀虫剂不分青红皂白地向大地喷洒，致使鸟类、哺乳动物、鱼类，事实上就是直接残杀各种各样的野生动物。

按照目前引导我们命运的哲学，什么都不能妨碍人们使用喷雾器。在人类与昆虫的这场战役中，受到连累的动物对于人类来说无关紧要，一文不值。如果知更鸟（robin）、野鸡（pheasant）、浣熊（raccoon）、猫，甚至家畜偏巧与要消灭的昆虫同住，因此被铺天盖地的有毒杀虫药水伤害了的话，不会有人为此提出抗议。

今天，那些希望对野生动植物遭受损失的问题争取公正判断的公民处于一种进退维谷的境地。对此，人们持两种截然不同的观点：以环境保护主义者和许多研究野生动植物的生物学家为代表的一方断言，喷洒杀虫剂所造成的损失是非常严重的，从某种意义上说简直就是灾难；然而，以政府机关为代表的另一方却断然否认喷洒杀虫剂会造成任何损失，或者即便有损失也可以忽略不计。我们应该接受哪一种观点呢？

最重要的是证据确凿可靠。现场的野生动物专家当然最有资格去发现和解释野生动物所遭受的损失。而专门研究昆虫的昆虫学家却没有受过专门训练，他们的心里是不希望看到自己的控制计划造成负面影响。而那些在州政府和联邦政府的掌权者，当然还包括那些制造化学药物的人，则坚决否认生物学家所报告的事实，宣称可以看到的对野生动植物的伤害只是轻微伤害。正如圣经故事里的利未人牧师（Levite）一样，他们选择对此熟视无睹，视而不见。就算我们善意地把他们的漠不关心解释为专家没有远见卓识，我们却不会承认这些有利害关系的人有资格作证人。

我们如何下判断？最佳方法是查阅一些主要控制计划，向那些熟悉野生动物生活方式以及对使用化学药物没有偏见的证人请教，当毒药像倾盆大雨一样从天而降，喷洒到野生动物身上以后出现了什么情况。对于养鸟人，对于喜欢在自家花园里快乐地观赏鸟儿的郊区居民、猎人、渔夫，或荒野地区探险者来说，对一个地区的野生动物造成的一点点破坏（哪怕只有一年），也同样是剥夺了他们享受欢乐的合法权利。该观点是有理有据，正如有时发生的情况那样，尽管一些鸟类、哺乳动物和鱼类在一次喷药之后仍能复苏，但真正巨大的危害已经形成。

然而，复苏并非易事，因为通常喷药都是反复进行的。野生动物被喷了药却没有中毒、还会复苏的概率微乎其微。通常，喷药的结果就是毒化了环境，这是一个致命的陷阱，在这个陷阱里，不仅土生土长的野生动物送了命，连那些迁居过来的也不能幸免。喷洒的面积愈大，危害就愈严重，安全的绿洲已经不复存在了。现在，我们以一个10年为时间单位，看看这些控制昆虫计划的实施情况。10年里，以几千英亩甚至几百万英亩土地作为一个单位喷洒了药物；10年里，个人和团体喷洒杀虫剂的数量急剧上涨，而美国野生动物被破坏以及死亡的记录已经连篇累牍，堆积成山。让我们来看看这些计划，看看出现了什么情况吧。

1959年的秋季，密歇根州（Michigan）的东南部，包括底特律（Detroit）郊区的25000多英亩的土地实施了艾氏剂（毒性最强的一种氯化烃）药粉的空中高剂量喷洒。该计划是由密歇根州的农业部和美国国家农业部联合执行的，声称此举的目的是为了控制日本金龟子（Japanese beetle）。

无法证明采取这一极端而危险的行动出有多大必要。相反，一位该州最负盛名、最有学识的博物学家尼凯尔（Walter P. Nickell）表示了不同意见。他每年夏天的大量时间都是在密歇根州南部田野里度过的，他声称："以我30多年来所掌握的第一手数据来看，底特律市的日本金龟子数量很小，近几年的甲虫的数量也没有明显的增长。除了在底特律政府的捕虫器里看到寥寥无几的几只外，我在自然环境里只看到了1只……一切都在这样秘密进行着，关于昆虫数目增加的情报，我全然不知。"

该州政府机关公布的官方消息称，这种甲虫已经在实施空中打击的指定地区"出现"。虽然缺乏正当理由，然而，由于该州政府机关提供人力并进行监督管理执行情况，联邦政府提供设备和其他人力量，乡镇社区为杀虫剂付费，这个计划还是实施了。

日本金龟子是一种偶然被带入美国的昆虫，1916年，人们在新泽西州里维顿附近的一个苗圃中发现了几只带有金属般绿色光泽的甲虫。最初没有辨认出是什么甲虫，后来才认出它们是日本本岛上栖息的普通生物。很显然，这些甲虫是在1912年限制条例颁布之前通过苗圃订货进口而被带入美国的。

日本金龟子从最初进入的地点，现在已经逐渐地发展到了密西西比河东部的许多州，这些地方的气温和降水条件都很适合甲虫生存。每年，日本金龟子都会越过原先的分布界线向外扩展运动。在日本金龟子定居时间最长的东部地区，一直在努力实行自然控制。自然控制已经实现的地方，甲虫数量一直控制在一个较低的水平，大量记录已经证实了这一点。

虽然东部地区实现了对甲虫的合理控制，也有记录记载，然而，目前还处于甲虫分布边缘的中西部各州却已经发起了攻击，这场攻击的杀伤力很大，不仅可以消灭普通害虫，还可以以消灭最厉害的敌人。原本目的是消灭甲虫，可是，由于使用和喷洒了最危险的化学药物，结果致使大批人群、家禽和所有野生动植物中毒。这些消灭日本金龟子的计划造成了大量动物遇难，令人震惊，给人类造成的危险同样不容置疑。以控制甲虫为名，密歇根州、肯塔基州、依阿华州、印第安纳州、伊利诺伊州以及密苏里州的许多地区都被铺天盖地的化学药物污染了。

第一批大规模对日本金龟子进行空降袭击喷洒的是密歇根州。选用艾氏剂这种最致命的化学药物，并非因为它对控制日本金龟子有独特的功效，而只是单纯地为了省钱，艾氏剂是现有化合物中最便宜的。虽然州政府的官方对媒体承认艾氏剂是一种“毒物”，却暗示在人口稠密的地区使用该药物将不会给人类带来危害。（当被问道：“我应该采取什么样的预防措施？”官方的回答是：“对于你来说，什么都不需要。”）对于喷洒效果，联邦航空公司的一位官员说过的话后来曾经被当地媒体引用：“这是一个安全操作。”底特律一位园林及娱乐部门的代表进一步补充，信誓旦旦说道：“这种药粉对人体无害，对植物和宠物也无害。”人们完全可以推断，没有一个官方人员翻阅参考过美国公共卫生署、鱼类及野生动物调查局发表的现成的、有用的报告，以及关于艾氏剂剧毒的证实材料。

密歇根州消灭害虫的法律规定，允许州政府在事先没有告知或者没有获得土地所有者许可的情况下，随意喷药。就这样，低空飞机开始飞往底特律区域。城市当局以及联邦航空公司随即被公民们忧心忡忡的电话所包围，仅一个小时内，就收到了近800个质疑，因此，警察请求广播电台、电视台和报纸，按照底特律的《新闻》所报道的那样，

"告诉观众他们看到的是什么，并劝他们相信这一切都是安全的。"联邦航空公司的安全员向公众保证："这些飞机处于严格监控之下"，并且"低飞是经过批准的"。为了减少公众的恐慌心理，这位安全员又作了一个多少有点错误的努力。他进一步解释说：这些飞机有一些紧急阀门，所以飞机可以随时把全部负载抛下来。谢天谢地，总算没有真这么做。然而，这些飞机执行任务的时候，杀虫剂的药粒还是人畜不分地落在了甲虫和人的身上，"无害的"毒物像雨点一样地降落到正在去购物或者去上班的人的身上，降落在从学校回家吃午饭的孩子的身上。家庭妇女扫走了门廊和人行道上的小颗粒，据说"看上去像雪一样"。正如后来密歇根州的奥杜邦学会（the Michigan Audubon Society）所指出的那样："成千上万颗艾氏剂和黏土混合而成的比针尖小的白色小药粒掉进到屋顶的天花板空隙里、屋檐的水槽里以及树皮和小树枝的裂缝中……当下雪或者下雨时，每个水坑就都成了一洼致命的药水。"

在喷洒药粉之后的几天内，底特律奥杜邦学会就开始收到一些关于鸟类的电话。据奥杜邦学会的秘书安·鲍尔斯夫人（Mrs. Ann Boyes）说，"人们关心喷药造成的后果，报告的第一个迹象是我在星期天上午接到的一个女人的电话。她说她所在的地方是星期四喷洒的药物，而她从教堂回家的时候，看到了大量已死亡的和濒临死亡的鸟儿。她说，该地区已经根本没有飞鸟儿了。她在家里的后院发现了至少12只死鸟，邻居也发现了死了的田鼠。"那天鲍尔斯夫人接到的所有电话都报告说"大量鸟儿死亡，看不到活的鸟了……养鸟的人们说，鸟笼子里根本没有鸟儿可养了。"拿起的那些垂死的鸟儿，看得出，显然是典型的杀虫剂中毒发作症状：颤抖，丧失了飞翔能力，瘫痪，抽搐。

染上急症的不止是鸟类。一个当地兽医报告说，他的办公室里挤满了带着突然发病的狗和猫来看病的人。看来，那些小心翼翼整理着自己皮毛，舔着爪子的猫是病得最厉害的。它们的病症是严重的腹泻、呕吐和抽搐。兽医能给求医者的唯一建议就是；在没有必要情况下不要让动物外出。如果动物出去了，应该马上清洗爪子。（然而，水果和蔬菜上的氯化烃都洗不掉，所以这种措施的保护效果也就非常有限。）

尽管城镇卫生委员坚持认为，这些鸟儿一定是被“一些其他喷洒药物”毒死的，而艾氏剂的施用以后引起的喉咙发炎和胸部刺激也一定是由于“其他原因”，然而，当地卫生部门却收到了源源不断的投诉。一位底特律知名内科大夫被请去为四位病人看病，他们在观看飞机撒药时接触了杀虫药，一小时以后就开始发病。这些病人有着同样的症状：恶心，呕吐，发冷，发烧，极度疲劳，还咳嗽。

当压力增大，用化学药物来消灭日本金龟子的手段，底特律的做法在许多地区一直在复制。在伊利诺伊州的蓝岛（Blue Island, Illinois），人们捡到几百只已经死亡的鸟和奄奄一息的鸟儿。从收集鸟儿的人那儿得到的数据表明，这里80%的鸣鸟已经牺牲了性命。1959年，用七氯对伊利诺伊州的召里特（Joliet, Illinois）的3000多英亩土地进行了喷洒。据当地一个运动员俱乐部的报告，凡是撒过药的地方，鸟儿“实际上已经被消灭光了”，与此同时，还发现大量死去的兔子、麝香鼠（muskrat）、负鼠（opossum）和鱼，甚至当地一个学校把收集被杀虫剂毒死的鸟儿作为一项科学项目。

为了打造一个零甲虫的世界，可能伊利诺伊州东部的夏尔敦镇（Sheldon）和艾若考斯镇（Iroquois）附近地区的遭遇大概是最为悲惨的了。1954年，美国农业部和伊利诺伊州农业部沿着甲虫侵入伊利诺伊州的路线，开展剿灭日本金龟子的运动，他们满怀希望，信誓旦旦地保证可以通过广泛的喷药来消灭入侵的甲虫。进行第一次“剿灭运动”那一年，狄氏剂从空中被喷洒到1400英亩的土地上。1955年，给另外的2600英亩土地也喷洒了狄氏剂，人们以为该任务完成得很圆满的。可是，却出现了越来越多的请求喷洒化学药物的地方，到1961年底，已有13100英亩的土地喷洒了化学药物。实行该计划的当年，就有野生动物及家禽遭受了惨重的损失。化学处理依然在继续，却既没有与美国鱼类及野生动物调查所（the United States Fish and Wildlife Service）商量，也没有请示伊利诺伊州狩猎管理科（the Illinois Game Management Division）进行商议。（不过，1960年春季，联邦农业部的官员们在国会委员会面前反对事前必须商议的议案。他们委婉地宣布，该议案全无必要，因为合作与商议是"经常的"。这些官员根本不管那些地方的合作无法达到"华盛顿水平"。他们还听说，明确地宣称不愿意与州立渔猎部商量。）

化学控制的专项资金源源不断，而伊利诺伊州自然历史调查所（the Illinois Natural History Survey）的生物学家想要测定化学控制对野生动植物所带来危害，却只能在资金极度缺乏的情况下工作。1954年雇用野外助手只有1100美元，到了1955年就根本没有专项资金了。尽管这些困难使工作几近瘫痪，生物学家们还是整合了一些事实，这些事实集中地描画出了一幅史无前例的野生动植物的图画。计划刚开始付诸实施，危害随即显现出来。

以昆虫为食的鸟类中毒的原因不仅仅是所使用的毒药，还有使用毒药的方法。早期，在夏尔敦（Sheldon）实施计划期间，狄氏剂的使用是按照每英亩3磅的比例进行喷洒。人们如果想要了解狄氏剂对鸟类的影响的话，只要记着在实验室里鹌鹑（quail）实验证明，狄氏剂的毒性是滴滴涕的50倍。因此，在夏尔敦土地上喷洒的狄氏剂大约相当于每英亩150磅滴滴涕！这只不过是最保守的估计，因为在喷洒药物的候，农田的边沿和角落还可能被重复喷洒。

化学药物渗入土壤以后，中毒甲虫的幼虫爬出地面，在地面上维持一段时间以后就死亡了。中毒死亡的甲虫幼虫对以昆虫为食的鸟儿很有吸引力。在洒药以后的两个星期，会有大量各种各样已死的和将死的昆虫。这对鸟类的数量的影响自不待言。实际上，褐弯嘴嘲鸫（brown thrasher）、椋鸟（starling）、草地鹨（meadowlark）、拟鹂（grackle）和野鸡（pheasant）被消灭了。根据生物学家的报告，知更鸟（robin）“几乎灭绝了”。一场绵绵细雨过后，可以看到大量蚯蚓死亡，大概知更鸟吃的就是这些有毒的蚯蚓。同样，对于其他的鸟类来说，曾经是有益无害的降雨在毒物的邪恶力量作用下，进入了鸟类生活，雨水也变成一种毁灭性的药剂了。喷药数日之后，可以看到在雨水坑里喝过水和洗过澡的鸟儿都无一幸免，全都死了。

活下来的鸟儿肯定会不孕不育，虽然在药物处理过的地方发现了几个鸟窝，有几个鸟蛋，却一只小鸟影子也没有。

在哺乳动物中，田鼠实际上已经灭绝，而在它们残缺的身体上却发现了中毒猝死的特征。在用药物处理过的地方，发现了死麝香鼠，在田野里发现了死兔子。狐松鼠（fox squirrel）本是该城镇是比较常见的动物，可是在喷洒药物后，狐松鼠也消失了。

对甲虫发动战争以后，如果在夏尔敦地区的哪个农场有一只猫幸存下来，那就是成了咄咄怪事了。在喷洒药物以后的一个季度里，农场里90%的猫都成了狄氏剂的牺牲品。在其他地方，以往已经有关于这些毒物的黑色记载，因此，这些后果本来是可以预知的。猫对所有的杀虫剂都敏感至极，看起来对狄氏剂更加敏感。在爪哇西部，由世界卫生组织（WHO）实施的抗疟过程中，有报告说有大量猫死亡。在爪哇的中部，大量的猫中毒身亡，所以猫的价格飙升到两倍还多。同样，在委内瑞拉（Venezuela）喷洒药物的时候，世界卫生组织得到报告说，猫的数量锐减，已经成了一种稀有动物了。

在夏尔敦的这场消灭昆虫的战斗中，被毒死的不仅是野生的动植物，甚至连家禽都被毒死了。对几群羊和牛所做的观察表明，它们已经中毒，而牲畜也同样面临着死亡的威胁。自然历史调查所的报告是这样描述一个类似事件的：

> 羊群……从一个于五月六日喷洒过狄氏剂的田野被赶到另一片没有喷洒过药的，生长着一种优良野生牧草的小牧场，中间需要横穿一条砂砾铺的道路。很显然，一些喷洒药粉越过了道路飘到了牧场上，因为羊群随即表现出中毒的症状……它们没有了食欲，表现出极度不安，绕着牧场的篱笆转来转去，显然是在寻找出路……怎么驱赶也不动，几乎不住声地叫着，垂头丧气地站在那里。最后，它们还是被运出了牧场……。它们口干舌燥。在那条穿过牧场的溪水里，发现两只已经死了的羊，剩下的羊被驱赶了很多次才赶出那条溪水，有几只羊是被从溪水里用力硬拉出来的。最后，还是死了三只羊，那些留下来的羊彻底恢复了原貌。

这就是1955年年底的情况。尽管化学战争还在年复一年地持续，然而研究工作所需资金的涓涓细流却已经彻底枯竭了。研究野生动植物与昆虫杀虫剂之间的关系所需要的钱被含在一个年度预算里，该年度预算是由自然历史调查所提交给伊利诺伊州立法机关的，然而这笔预算一定在第一项中已被排除在外了。直到1960年才发现，钱不知怎么竟然支付给了一个野外工作助手——他一个人干了4个人才能完成的工作。

当生物学家于1955年继续进行这个一度中断的研究时，野生动植物遭受损失的荒芜景象与以往几乎毫无二致，只是此时所用的化学药物已换成毒性更强的艾氏剂罢了，而鹌鹑实验结果表明，艾氏剂的毒性是滴滴涕（DDT）的113倍。到了1960年，已知栖居在该区域中的各种各样的野生哺乳动物全都遭受到了损失。而鸟儿的情况就更糟糕了。在多拿温（Donovan）小城，知更鸟已经绝迹，拟鹂、椋鸟、褐弯嘴嘲鸫也是如此。在其他地方，上述这些鸟儿和其他许多鸟儿都已经锐减。对于这场甲虫战役的后果，打野鸡的猎人感受深刻。在用药粉喷洒过的土地上，鸟窝的数目减少了近50%，窝里孵出的幼鸟数目也减少了。前几年，这些地方是打野鸡的好地方，现在猎人来了以后都是空手而归，实际上已经没有猎人造访了。

尽管以扑灭日本金龟子的为名，造成了巨大的破坏，尽管伊诺卡斯城（Iroquois）在八年多的时间里，对10万多英亩土地进行了化学处理，可是，结果似乎只是暂时抑制了日本金龟子，事实上，日本金龟子还在继续向西迁移。伊利诺伊州的生物学家所测定的结果只是一个最小值，这个基本无效的计划总费用是多少，也许永远也无从知晓了。假如当时给研究计划提供充足的资金，同时允许全面报道的话，那么，揭露出来的破坏情况就会更加骇人听闻。然而，在实施计划的八年时间里，给生物学野外研究所提供的资金只有区区的6000美元。而与此同时，联邦政府在控制甲虫的上却花费了近73.5万美元，不仅如此，州立政府还追加了几千美元。可见，全部研究费用只占了化学药物喷洒计划费用的一个零头——1%。

号称尊重科学的政府实际上对真正坚持科学的人并不比农药生产商更慷慨。

中西部的喷药计划是在大难临头的精神状态下实施的，好像甲虫的蔓延形成了一种危险万状的局面，所以，为了击退甲虫，可以不择手段。这当然是对事实的夸大，假如这些承受着化学药物毒害的村镇熟悉日本金龟子刚刚进入美国时候的情况的话，他们就肯定不会默许这样的行为。

东部各州的运气好，在那里，甲虫入侵发生在人工合成杀虫剂发明之前，而东部各州采用各种各样的方法控制了日本金龟子，对其他生物还没有造成危害，在日本金龟子入侵中完好无损地幸存下来。在东部，底特律和夏尔敦那样喷洒药物的方法最高明，其他地方只能相形见绌。东部采用的有效方法是发挥自然的控制作用，这些方法具有效果持久和环境安全等优点。

在日本金龟子刚刚进入美国的10多年里，日本金龟子挣脱了在原产地的种种束缚和限制，迅速成长壮大。然而，截止到1945年，在日本金龟子蔓延所及的大部分区域，它已经成为一种无关紧要的害虫了，其主要原因是从远东（Far East）进口而来的寄生虫与甲虫相互作用的结果。

在1902到1933年间，在对日本金龟子的出生地进行了广泛细致的调查只后，美国从东方国家进口了34种捕食性昆虫和寄生性昆虫，以此形成对日本金龟子的天然控制。其中有五种已在美国东部已经起到天然的控制作用了。其中效果最好、分布最广的是来自朝鲜和中国的一种寄生性黄蜂：一只雌蜂在土壤中找到一只甲虫幼虫以后，给幼虫注入一种引起麻痹的液体，同时把一个卵产在幼虫的表皮下面。蜂卵孵化成了幼虫，幼虫以麻痹了的甲虫幼虫为食，直至摧毁甲虫幼虫。在近25年间，这种蜂群按照州与联邦机构的联合计划被引进到东部14个州。黄蜂已经在这个区域定居下来，分布还很广，更由于在控制甲虫方面发挥的重要作用，因而得到了昆虫学家们的普遍信任。

一种细菌性疾病发挥了更为重要的作用，这种疾病影响到甲虫科，而日本金龟子就属于该科——金龟子科。这是一种非常特殊的细菌，它从不侵害其他类型的昆虫，对于蚯蚓、温血动物和植物均无害。这种疾病的孢子存在于土壤中。当孢子被觅食的甲虫幼虫吞食后，它们就会在幼虫的血液里开始大量繁殖，致使幼虫变成不正常的白色，所以俗称“乳白病”（milky disease）。

1933年在新泽西发现了乳白病，到1938年，乳白病已经在日本金龟子昔日繁殖的领地流行开了。1939年，为了加快乳白病传播的速度，开始实施一个控制计划。以往没有办法让病原体在人造媒体上生长，不过却找到了一种令人满意的替代品：把被细菌感染的幼虫磨碎、干燥，最后跟白土混合。标准的1克粉末土里应该包含1亿个孢子。1939～1953年间，按照联邦与州的联合项目计划，对东部的14个州大约95000英亩土地进行了处理。联邦的其他区域也进行了处理；另外一些人们陌生的、广阔的地区也由私人组织或者个人进行了处理。到了1945年，乳白病孢子已在康涅狄格、纽约、新泽西、特拉华和马里兰州的甲虫中广泛流行了。在一些实验区域中，受感染的幼虫高达94%。作为一个政府项目，该扩展工作于1953年叫停。作为一个产品，由一个私人实验室接管，继续为个人、公园俱乐部、居民协会以及其他需要控制甲虫的人提供供给。

如今，东部实施该计划的区域正在享受甲虫的高度自然控制所带来的胜利成果。这种细菌可以在土壤中存活很多年，由于效力不断增强，在自然的作用下不断扩散，已经按照预期目的永远地落地生根了。

既然东部取得的经验让人印象深刻，而伊利诺伊和其他中西部各州当前化学药品大战甲虫之战正打得如火如荼，那么，为什么如法炮制呢？

有人告诉我们，接种乳白病防疫“太昂贵”了，而在40年代东部的14个州并没有人意识到这一点。还有，“太昂贵”这个判断是依据什么计算方法的呢？很明显，并不是依据诸如夏尔敦的喷洒计划所造成的全方位的破坏的真实代价为依据的。这一判断同样忽略这一事实——即用孢子接种防疫也就一次就够了，第一次的造价，同时也是唯一的一次造价。

也有人告诉我们，既然只有在土壤中已经有大量甲虫幼虫存在的地方，乳白病孢子才能落地生根，那么，乳白病孢子就无法在甲虫分布较少的区域使用。正如那些支持喷药的声明，这种说法需要拷问。我们已经发现引起乳白病的细菌已经传染了40种甲虫。这些甲虫分布广泛，即使在日本金龟子数量很少或根本不存在的地方，该细菌也完全可以传播甲虫疾病。不仅如此，由于孢子在土壤中有长期生存的能力，甚至可以在幼虫完全不存在的情况下引进，等待发展的时机，就像目前甲虫在边缘地区那样扩展。

大红鹳（火烈鸟

Great Flamin

Phoenicopterus rub

by
John James Audubon

左旋香螺

Lightening whelk

Busycon perversum

谢小振（雅各卑）绘

野兔

Hare

Leporidae

谢小振（雅各卑）绘

美洲绿鹭

Green heron

Butorides virescens

by

毫无疑问，那些不顾一切希望立竿见影的人还会继续使用化学药物来消灭甲虫。同样，有一些人追求那些名牌商品，为了永远用化学药物控制昆虫的工作长久地进行下去，他们愿意付出高昂的代价重复工作。

另一方面，那些为了取得一个完满结果的人会利用乳白病，为此，他们愿意等待一两个季度，结果就是，完全彻底地控制甲虫，时间流逝，控制却长期有效。

伊利诺伊州伯奥利亚（Peoria）的美国农业部实验室正在进行一个拓展项目，该计划的目的是想找出人工培养乳白病细菌的方法，从而大大降低成本，扩大应用范围。现在，据报道，已经取得了一些成果。当实现了“全面突破”的时候，未来可能会恢复理智、有效地对付日本金龟子的前景。日本金龟子极端猖獗的时候，一直是中西部化学控制计划的噩梦。

诸如伊利诺伊州东部喷洒杀虫剂这样的事件，提出的问题不仅是科学上的问题，也是道义上的问题。这个问题就是，任何文明对生命发动一场残酷战争的同时，能否避免自我毁灭，从而丧失文明应有的尊严。

这些杀虫剂的毒效不是选择性的，也就是说，它们杀死的不只是那种我们希望消灭的某种特定的昆虫。之所以使用上述某种杀虫剂，只有一个再简单不过的理由，就是因为它是可以致死的毒物。因此，它接触的生命都中毒身亡了：一些可爱的家养的猫，农民的耕牛，田野里的兔子和展翅高飞的云雀。而这些生物对人是没有任何害处的，实际上，正是由于这些生物及其伙伴们的存在，人类生活才更加快乐。可是，人们却用突如其来和令人毛骨悚然的死亡来报答它们。夏尔敦（Sheldon）的科学观察者们这样描述了一个濒临死亡的草地鹨的症状：“它侧卧着身体，显然已失去肌肉的协调能力，不能飞翔，不能站立，可是，它就侧卧在那里，不停地拍打着双翅，蜷缩着爪子，张着嘴，呼吸困难。”更可怜的是快要死去的田鼠默默无言的样子，它“展示了典型的死亡特征，背弓了下去，紧紧地蜷缩的前爪蜷缩在胸前……它的头和脖子往前伸着，嘴里总是含着脏东西，看得出这个奄奄一息的小动物曾经啃咬过地面。”

作为人类，竟会默许这样迫害活生生的生命，我们生而为人实在有愧。

8. 再也听不到鸟儿的歌唱

今天的美国，春天已经有越来越多的地方没有鸟儿回归。以往，一大清早，可以处处闻啼鸟，而现在却是怪怪的，一片寂静。转瞬间，鸟儿的歌声沉寂下来，鸟儿给我们的世界带来的色彩、美丽和趣味也在悄然间迅速消失。那些没有受到影响的地方忽略了这一点。

万分绝望中，一位伊利诺伊州的赫斯台尔城（Hinsdale）的家庭主妇给美国自然历史博物馆鸟类名誉馆长，世界知名鸟类学者罗伯特·库什曼·墨菲（Robert Cushman Murphy）写了一封信，信中说道："我们村子给榆树喷药喷了好几年了。（这封信是1958年写的）六年前，我们刚刚搬到这里的时候，活蹦乱跳的鸟儿那叫一个多，于是我就放置了一个喂鸟器。整整一个冬天，北美主红雀（cardinal）、山雀（chickadee）、绵毛鸟（downy）和白胸鸸（nuthatch）络绎不绝地飞来取食。到了夏天，主红雀和山雀还带着小鸟飞回来了。

自从喷洒了几年滴滴涕以后，我们这个城市几乎没有知更鸟和椋鸟了。山雀也已经有两年时间没有来我的饲养架上了。今年，主红雀也飞走了。邻居家留下来筑巢的鸟儿好像只有一对鸽子，大概还有一窝嘲鸫吧。

小孩子们在学校里学习，了解联邦法律是保护鸟类免受捕杀的，这样一来，我就很难向孩子们再说鸟儿是被毒死的。孩子还会追问，'它们还会回来吗？'而我却无言以对。榆树正在死去，鸟儿也在死去。采取过什么措施吗？能够采取些什么措施呢？我能做些什么呢？"

联邦政府大规模实施毒杀火蚁喷洒计划之后的一年里，一位阿拉巴马州的妇女来信说道："多半个世纪以来，我们这块地方一直是真正的鸟儿胜地。去年十月，我们都注意到这里的鸟儿前所未有地多了起来。然而，在八月的第二个星期里，所有鸟儿顷刻间全都不见了。我习惯于每天早早起来喂养我心爱的、已经怀上了小马驹的母马，可是，我却听不到鸟儿的一声歌唱。这种情景是多么凄凉，多么令人惶恐。人类是怎样对待我们完美无缺的美丽世界的？最后，在时隔五个月之后，才出现了一种蓝色的鲣鸟和鹪鹩。"

在这位妇女所提到的那个秋天里，我们又收到了一些其他同样令人沮丧的报告，这些报告来自密西西比州、路易斯安那州及阿拉巴马州的大南边。据全美奥杜邦学会和美国渔业及野生动植物服务处主办的季刊《田野纪事》（*Field Notes*）记载，出现了一些可怕的地方，在这些地方鸟类彻底缺失，这种现象很惊人。《田野纪事》是根据一些经验丰富的观察家们的报告编撰而成的，这些观察家们在特定地区的进行了多年的野外调查，对这些地区的正常鸟类生活的认识无与伦比的深刻。一位观察家报告说："那年秋天，我在密西西比州南部开车的时候，走了很长的路程，却一只鸟儿也没见过。"另外一位在巴顿·鲁日（Baton Rouge）的观察家报告说：她所布放的饲料就摆在那里，"好几个星期过去了，自始至终就没有鸟儿来动过"；当时，她院子里的灌木到已经到了该抽条的时间，树枝上却还只有悬挂的浆果。另外一份报告说，他的窗口"从前常常是由40或50只主红雀和大群其他各种鸟儿组成一幅图画，可是，现在却连一两只鸟儿都很难看到"。西弗吉尼亚大学（the University of West Virginia）教授，阿巴拉契亚地区（the Appalachian region）的鸟类权威莫尔斯·布鲁克斯（Professor Maurice Brooks）报告说：西弗吉尼亚鸟类数量的减少到"令人难以置信"的程度。

噩运已经降临到一些种类的鸟儿身上，同时对所有的鸟儿形成了威胁。有一个故事可以作为鸟儿悲惨命运的象征，这就是广为流传的知更鸟的故事。对于成千上万美国人来说，第一只知更鸟的出现，意味着冬天的河流开始解冻。知更鸟的到来成了报纸上报道的一则春讯，人们会在餐桌上兴致勃勃地相互转告。随着候鸟逐渐地分期分批地到来，森林出现了第一抹绿意，成千上万的人们会在清晨侧耳倾听知更鸟在黎明时分合唱的第一支歌曲。可是今天，一切都已今非昔比，美景不再，甚至连鸟儿都不一定归返了。

的确，看起来知更鸟，还有其他很多鸟儿的生存，与美国榆树息息相关，难以摆脱。从大西洋海岸，到落基山脉，榆树是许许多多城镇历史不可分割的一部分，它那庄严肃穆、绿意盎然的拱道扮美了城里的大街小巷、村庄的房舍和大学校园。而今天，榆树已经身染重病，这种病蔓延到所有榆树生长的区域，范围之大，病情之重，让众多专家们无计可施，坦承即便竭尽全力去救治，最终也是徒劳。失去榆树固然是一个悲剧，在徒劳无功地抢救榆树的同时，我们把我们的大批鸟儿抛进了灭绝的暗夜，那是双倍的悲剧，而这才是我们所面临的威胁所在。

所谓的荷兰榆树病（Dutch elm disease）大约是在1930年从欧洲进口镶板工业用的榆木节时被引进到美国的。这种病是一种菌病，这种菌侵入树木的输水脉络，细菌以孢子为载体，随着树汁的流动扩散开来，分泌有毒物质，阻塞脉络，致使树枝枯萎，树木死亡。榆树病是被榆树皮甲虫从患病的树传染给健康的树的。榆皮甲虫在已经死去的树皮下打钻通道，后来被入侵的菌孢传染，菌孢又附着在甲虫身上，甲虫飞到哪里，就把它们带到哪里。控制榆树病的努力在很大程度上要依靠对昆虫传播者的控制。达成了这一共识以后，在美国中西部和新英格兰州这两个美国榆树分布最为集中的地区，一个个村庄地进行大面积喷药已经成了一项日常工作。

喷药对于鸟类生命，特别是对于知更鸟，到底意味着什么呢？对该问题第一次做出明确回答的是密歇根州立大学（Michigan State

University）的教授乔治·华莱士（Professor George Wallace）和他的研究生约翰·迈纳（John Mehner）。迈纳先生于1954年开始做博士论文的时候，选择了一个关于知更鸟种群研究的选题。这纯属巧合，因为当时还没有人意识到知更鸟的处境岌岌可危。可是，就在他展开研究的时候，发生了一个事件，这一事件改变了他所研究的课题的性质，剥夺了他的研究材料。

1954年，在大学校园的一个小范围内开始给荷兰榆树喷药。第二年，校园的喷药范围扩大了，该大学所在的东兰星城（East Lansing）也被包括在内，不仅如此，当地的喷药控制计划中不仅包括舞毒蛾，还包括蚊子。化学药物的小雨已经变成了倾盆大雨。

一九五四年这一年，也正是少量喷洒杀虫剂的第一年，看来一切都在正常进行。第二年的春天，迁徙的知更鸟像往常一样开始迁徙，返回校园。就像汤姆林森（Tomlinson）的散文《失去的树林》（*The Lost Wood*）中的野风信子一样，当它们在自己熟悉的地方再次出现的时候，并没有“预料到会出现什么不幸”。可是，显而易见，很快就出现了不祥之兆。校园里开始出现了已经死亡的知更鸟和奄奄一息的知更鸟。在鸟儿以往常常觅食和集合栖息的地方，可以看到的鸟儿寥寥无几。几乎看不到鸟儿筑的新巢，也几乎看不到幼鸟的踪影。在接下来的几个春天里，这一情景一次又一次地单调地重现。喷洒杀虫剂的区域已经变成一个鸟儿致命的圈套，大约一个星期左右，一批迁徙来的知更鸟一进来，就会在一个星期左右殒命。接下来，又一批新来的知更鸟又进来了，宿命般死亡的知更鸟又增加了。这些在死亡之前颤栗不已的身影在校园里随处可见。

华莱士教授说过：“对于大多数在春天想在校园里筑巢安家的知更鸟来说，校园已经已成了它们的墓园。”可是，这是什么原因造成的呢？开始，他怀疑是由于某种神经系统的疾病，但是很快就明显地看出了“尽管那些使用杀虫剂的人们保证说他们的喷洒的杀虫剂对‘鸟类无害’，但那些知更鸟确确实实是中了杀虫剂的毒才死亡的，表现出一系列人们所熟悉的症状：失去平衡，紧接着颤栗，惊厥，最后死亡。”

一些事实证明，知更鸟中毒身亡倒不是因为与杀虫剂有过直接接触，而是因为吃蚯蚓间接中的毒。在做学校的一个研究项目的时候，校园里的蚯蚓偶然地被用来喂养蝼蛄，结果所有的蝼蛄很快全都死光了。给养在实验室盒子里的一条蛇吃了校园里的蚯蚓，结果蛇就猛烈地颤栗起来。而在春天里，蚯蚓却是知更鸟的主要食物啊。

在尤巴那的伊利诺伊州博物考察所（the Illinois Natural History Survey at Urbana）供职的罗伊·巴克博士（Dr. Roy Barker）迅速揭开了知更鸟难逃厄运的谜团。巴克的著作出版于1958年，他通过研究，探寻出该事件错综复杂的连锁关系——知更鸟的命运与榆树之间的关系是在蚯蚓的作用下联系起来的。春天，给榆树喷洒杀虫剂（通常按每50英尺一棵树用2～5磅滴滴涕的比例进行，相当于每英亩榆树茂密的地区23磅的滴滴涕）。通常情况下，会在7月份把浓度减半再喷一次。强大的喷药器对准最高的树木喷出带毒的药水，水柱把榆树上上下下喷了个遍，不仅直接杀死了目标物树皮甲虫，而且杀死了授粉的昆虫和捕食其他昆虫的蜘蛛和甲虫。毒物在树叶和树皮上形成了一层很结实的薄膜，雨水也无法冲刷下去。秋天，树叶落到地上，堆积成又潮又湿的一层，开始了融入土壤的缓慢过程。在此期间，蚯蚓的辛勤劳作，吃掉了叶子的碎屑，因为榆树叶子是它们喜爱吃的食物之一。蚯蚓在吃掉叶子的同时，也吞下了杀虫剂，杀虫剂在它们体内一点点积累和浓缩起来。巴克博士在蚯蚓的消化管道、血管、神经和体壁里都发现了滴滴涕的沉积物。毫无疑问，一些蚯蚓体力不支，中毒身亡，而苟活下来的蚯蚓变成了毒物的“生物放大器”。到了春天，知更鸟的到来，又为这一恶性循环增加了一个环节。只要11只大蚯蚓体内的滴滴涕的剂量就可以致知更鸟于死地。而对于一只鸟儿来说，

11只蚯蚓只是它一天食量很小的一部分，一只鸟儿几分钟就可以吃掉10～12只蚯蚓。

知更鸟倒不都是由于都摄入了足以致死的杀虫剂剂量死的，然而正如肯定是不可避免的一样，还有一种后果也同样可以导致知更鸟这一物种的灭绝。不孕不育的阴影正笼罩着所有鸟类，不仅如此，这种潜在的威胁已经殃及所有的生物。在偌大的密歇根州立大学185英亩的校园里，现在每年春天只能发现二三十只知更鸟；与喷药以前相比，据粗略估计，这里曾经有370只知更鸟出没。1954年，迈纳观察的每一个知更鸟巢里都孵出了幼鸟。没有喷药的话，到了1957年六月底，至少应该有370只（等同于正常的成鸟数量）幼鸟在校园里觅食，可是，现在，迈纳只发现了一只知更鸟。一年后，华莱士教授报告说："在（1958年）的春天和夏天里，我没有在校园任何地方都看到长出羽毛的知更鸟，也没有听任何人说看见过知更鸟。"

当然，没有幼鸟出生，部分原因是由于在筑巢过程还没有完成之前，一对知更鸟中的一只或者两只就已经死了。而华莱士有一个值得注意的记录，这些记录指出，还有一些更为不祥的情况——鸟儿的生殖能力实际上已经被破坏了。例如，他记录说："知更鸟和其他鸟类筑了巢，却没有下蛋，其他鸟类的蛋也孵不出小鸟来。我们记录到一只知更鸟，它信心满满地趴了21天的窝，却没能孵出小鸟来。而正常的孵化时间是13天……。我们的分析结果发现，趴窝的鸟儿的睾丸和卵巢里含有高浓度的滴滴涕。"1960年，华莱士向国会报告了这一情况："10只雄鸟的睾丸含有30%～109%的滴滴涕，在2只雌鸟的卵巢的卵滤泡中含有15%～211%的滴滴涕。"

接下来，对其他区域的研究也发现了同样的令人担忧情况。威斯康星大学（the University of Wisconsin）的约瑟夫·赫基教授（Professor Joseph Hickey）和他的学生们在对喷洒区和未喷洒区进行认真比对研究以后报告说，知更鸟的死亡率至少是86%～88%。位于密歇根州百花山侧的鹤溪科学研究所（the Cranbrook Institute of Science at Bloomfield Hills）曾经下大力气去估算由于榆树喷药鸟类所遭受的损失。1956年，该研究所要求把所有被认为死于滴滴涕中毒的鸟儿都送到研究所进行化验分析。谁知却出现了一个出人意料的情况：短短几个星期，研究所里长期搁置的仪器都运转起来，工作量创新高，所以只好不再接受其他的样品。1959年，仅一个村镇就报告或交来了1000只中毒的鸟儿。虽然知更鸟是主要的受害者（一个妇女打电话向研究所报告说，当她打电话的时候已有12只知更鸟在她家草坪上倒地身亡了），包括研究所对63种其他种类的鸟儿也进行了测试。

知更鸟只是榆树喷药带来的破坏所产生的部分连锁反应，而榆树喷药计划也只是各种各样铺天盖地的毒药喷洒大地的计划中的一个。约90余种鸟类都遭到严重伤亡，包括那些对于郊外居民和大自然业余爱好者来说最熟悉的种类。在一些喷洒过药物的城镇，筑巢鸟儿的数量通常减少了90%之多。正如我们将要看到的那样，各种鸟类全都受到了影响——在地面上觅食的鸟，在树梢上觅食的鸟，在树皮上寻食的，还有猛禽。

完全有理由推测：所有主要以蚯蚓和其他土壤生物为食的鸟类和哺乳动物，都与知更鸟有着相同的命运，遭受了同样的灾难。大约有45种鸟类都以蚯蚓为食，而山鹬（wood-cock）是其中的一种，这种鸟类一直在南方过冬，而南方近年来曾经喷洒过大量的七氯。今天，在山鹬身上出现了了两个重大发现。在新布朗韦克（the New Brunswick）孵育场，幼鸟数量明显地减少，而分析表明，已经长大的成鸟儿含有大量的滴滴涕和七氯残毒。

已经有令人不安的记录报道说，有20多种地面觅食的鸟儿大量死亡。这些鸟儿的食物——蠕虫、蚁、蛆虫或其他土壤生物已经中了毒。其中包括有三种鸣禽——橄榄背鸟（the obive-backed）、鹈鸟（the wood）和隐夜鸫（the hermit），它们的歌声在鸟儿中最悦耳动听。还有那些麻雀轻轻掠过森林地带郁郁葱葱的灌木，在落叶里寻食发出沙沙的声音，麻雀和白喉鸲（the white throat）还会引吭高歌，这些鸟儿也都由于榆树喷药受到了毒害。

此处也有可能指白喉带鹀。

同样，哺乳动物也很容易直接或间接地被卷入这一连锁反应中。在浣熊的各种食物中，蚯蚓是比较重要的一种。春秋两季的时候，负鼠（opossum）也常常以蚯蚓为食物。鼩鼱（shrew）和鼹鼠（mole）这样的地下打洞的动物也捕食一些蚯蚓，然后，可能再把毒物传递给诸如叫鸮（screen owl）和仓鸮（barn owl）这样的猛禽。在威斯康星州，春天的暴雨过后，人们捡到了几只濒临死亡的叫鸮，可能是由于吃了蚯蚓中毒死亡的。人们也曾发现一些鹰和猫头鹰出现了惊厥症状，其中有长角鸮（great horned owl）、叫鸮（screech owl）、赤肩鵟（red-shouldered hawk）、鹞子（sparrow hawk）、泽鹰（marsh hawk），它们可能是由于吃了肝和其他器官中积累了杀虫剂的鸟类和老鼠，引发的二次中毒身亡的。

受害的鸟类不仅限于那些在地面上捕食的鸟儿，以及捕食喷过药的榆树叶中毒的鸟儿的猛禽。森林地区的精灵们——红冠和金冠的戴菊（kinglet），小小的捕蚊者，以及许许多多在春天里成群结队地穿过树林，散发出五彩缤纷生命活力的鸣禽，所有跳上高高的枝头，在树叶中觅食昆虫的鸟儿，全都从大量喷药的地区消失得无影无踪了。1956年的暮春时节，由于喷药时间延迟了，所以喷药时间正是大群鸣禽的迁徙高潮，结果所有飞到该地区的鸣禽基本都被铺天盖地的药物毒杀身亡。在威斯康星州的白鱼湾（Whitefish Bay），以往至少能看到1000只迁徙的桃金娘森莺（myrtle warbler），而对榆树喷药以后，观察者们在1958年只看到过两只鸟儿的身影。伴随着鸟儿的死讯从其他村镇源源不断不断传来，死亡的名单越来越长，一些被喷药毒害的鸣禽让所有见过的人都目眩神迷，恋恋不舍：喜鹊（the black-and-white），金翅雀（the yellow），木兰林莺（the magnolia）和五月蓬鸟（the Cape

May），在正月的森林中啼声悠扬的橙顶林莺（the ovenbird），翅膀上闪耀得如火如荼色彩的黑斑森莺（the Blackburnian），栗胸林莺（the chestnut-sided），灰噪鸦（the Canadian）和黑喉林莺（the black-throated green）。这些在枝头寻食的鸟儿不是由于吃了有毒昆虫受到了直接影响，就是由于食物短缺受到了间接的影响。

食物的损失也沉重地打击着在天空翱翔的燕子，它们拼命搜寻空中昆虫，正如青鱼拼命捕捉大海里的浮游生物。一位威斯康星州的博物学家报告说："燕子已经受到了严重伤害。大家全都在抱怨，现在的燕子比四五年前少多了。就在4年前，我们头上还有满天飞舞的燕子，现在我们已经很难见到……这可能是因为喷药造成昆虫短缺减少，以及昆虫中毒两种原因导致的。"

这位观察家在谈到其他鸟类的时候，这样写道："还有一个明显的损失是长尾霸鹟（phoebe）。在哪里都很难看到霸鹟（flycatcher），幼小而强壮的普通长尾霸鹟也消失了。今年春天我看到过一只，去年春天也只看到了一只。"威斯康星州的其他捕鸟人也有这样的抱怨："我过去曾经养过五六对北美红雀鸟，现在一只也没有了。以往鹪鹩（wren）、知更鸟、嘲鸫和叫鸮年年都在我们花园里筑巢，现在却一只也没有了。夏天的清晨已经听不到鸟儿的歌唱，只剩下鸽子、椋鸟（starling）和家麻雀（English sparrow）了。这是多么悲惨啊，让我忍无可忍。"

秋天，对榆树定期喷药，于是毒物进入树皮的各个小缝隙，这可能是山雀（chickadee）、白胸䴓（nuthatch）、凤头山雀（titmice）、啄木鸟（woodpecker）和北美旋木雀（brown creeper）数量锐减的原因吧。1957年和1958年间的那个冬天，华莱士教授（Dr. Wallace）多年来第一次发现，在家里的饲鸟处看不到山雀和白胸䴓了。后来，他从发现的3只白胸䴓身上推断出一个带有因果关系的、令人痛心疾首的事实：一只白胸䴓正在榆树上啄食。另一只表现出滴滴涕特有的中毒症状，已经奄奄一息。第三只已经死亡。后来，在死去的白胸鸸的组织里检查出滴滴涕的含量为226ppm。

给昆虫喷药以后，所有鸟儿由于的觅食习惯特别容易受害，不仅如此，在经济方面和其他不太明显的方面也会造成的惨重的损失。例如，夏天，白胸脯的白胸鸸和北美旋木雀的食物就有大量对树有害的昆虫的卵、幼虫和成虫。山雀3/4的食物是动物性的，包括有处于不同生长阶段的多种昆虫。山雀的觅食方式在描写北美鸟类的不朽著作《生命历史》（*Life Histories*）一书中是这样的表述的："一群山雀飞到树上以后，每只鸟儿都认真地在树皮、细枝和树干上查找着小小的食物（蜘蛛卵、茧或其他冬眠的昆虫）。"

许多科学研究已经证实，在各种各样的情况下，鸟类对昆虫控制都起着决定性作用。啄木鸟是恩格曼针枞树甲虫（the Engelmann spruce beetle）的主要控制者，它使枞树甲虫的数量从55%降低到2%，对苹果园里的蠹蛾（the codling moth）也发挥着重要控制作用。山雀和其他冬天留下的鸟儿则可以保护果园使其免受尺蠖的危害。

然而，大自然所发生的这一切，已经不会在现今化学药物浸透的世界里再发生了。在当今世界，喷药不仅毒杀了昆虫，还毒杀了昆虫的主要天敌——鸟类。正如常常发生的那样，后来，当昆虫的数量恢复原状以后，却已经再也没有控制昆虫数量增长的鸟类了。正如米尔沃基公共博物馆的鸟类馆馆长（the Curator of Birds at the Milwaukee Public Museum）克洛米（Owen J. Gromme）在《米尔沃基杂志》（*Milwaukee Journal*）上所写的那样："昆虫的最大敌人是其他捕食性的昆虫、鸟类和一些小哺乳动物，但是滴滴涕却不分青红皂白地全都毒杀殆尽，连大自然本身的卫兵和警察也不放过……莫非我们要打着进步的旗号自作自受，成为十恶不赦地控制昆虫的受害者吗？对于昆虫的控制只能让我们苟安一时，最终必然败北无疑。届时，我们还有什么方法去控制新的害虫呢？榆树被毁，大自然的卫兵——鸟中毒身亡，害虫就要攻击残余的树种了。”

克洛米先生报告说，在威斯康星州喷药以来的几年里，报告鸟儿死亡和濒临死亡的电话和信件与日俱增。这些质问显示，在喷过药的地区，鸟儿全都已经濒临死亡。

美国中西部的大部分研究中心的鸟类学家和观察家，诸如密歇根州鹤溪研究所、伊里诺斯州的自然历史调查所和威斯康星大学，都赞同克洛米的经验。只需看一眼正在进行喷药的所有地区的报纸的读者来信栏，就会对这样一个事实一目了然：公民们对此已经有所认识，感到义愤填膺，而且，与那些下令喷药的官员相比，公民们对喷药的危害和不合理性的理解更深刻。一位米尔沃基的妇女写道：“我真担心，担心我们后院那么多漂亮鸟儿死绝的日子马上就要到来了。”“这个经验是让人感到又可悲而又可怜……还有，让人失望和愤怒的是，显而易见，这场屠杀没有达到目的……从长远观点来看，没有了鸟儿，树木能保全吗？大自然的生物不是相互依存的吗？就不能不去破坏大自然，去帮助大自然恢复平衡吗？”

在其他的信中有这样一个观点：榆树虽然庄严肃穆高高大大，却不是印度的“神牛”，不能成为毁灭所有其他生命的无休止的征战的理由。威斯康星州的另一位妇女写道：“我一直很喜欢我们的榆树，它像标杆一样屹立在田野上，然而我们还有许多其他种类的树……我们还必须去拯救我们的鸟儿。想象一个失去了知更鸟歌声的春天该是多么死气沉沉和寂寞无趣啊？”

我们是要鸟儿还是要榆树？在一般人看来，二选一，非此即彼好像是一件易如反掌的事情。然而实际上，问题远远不是那么简单。关于化学药物控制这方面的俏皮话多得不能再多了，借用其中的一句，就是我们如果在今天这条长路上继续长驱直入，卤莽直前的话，我们最终很可能是丢了鸟儿又赔上榆树。化学喷药正在毒杀鸟儿，也没有拯救榆树。幻想着用喷雾器拯救榆树是一种让人误入歧途的危险炸弹，致使一个又一个的村镇陷入巨大开支的泥沼中，却没有长久效果。十年来，康涅狄格州的格林威治（Greenwich）按部就班地喷洒杀虫剂，可是只有一年干旱，特别有利于甲虫繁殖的条件，榆树的死亡率随即上升了10倍。在伊利诺伊州立大学所在地伊利诺伊州俄本那城（Urbana），荷兰榆树病最早出现于1951年。1953年，实施了化学药物喷洒。到了1959年，虽然已经喷洒了六年之久，可是学校校园还是损失了86%的榆树，其中一半因患荷兰榆树病而死。

在俄亥俄州托来多城（Toledo），面对同样的情况，林业部的管理人斯维尼（Joseph A. Sweeney）对喷药采取了一种现实主义的态度。那里从1953年开始喷洒，一直持续到1959年。斯维尼先生注意到，在喷药以后棉枫鳞癣的大规模蔓延情况反而更严重了，以往喷药都是按照“书本和权威们”的推荐进行的。他决定亲自去检查荷兰榆树病喷药的结果。结果让他大吃一惊。他发现，在托来多城，唯一能控制的区域是那些采取果断措施转移病树或种树的地区，而在实施化学喷药的地方，榆树病却没能控制。在美国，那些没有进行过任何处理的地方，榆树病反而没有像该城这样迅速蔓延。这一情况表明，化学药物的喷洒毁灭了榆树病的所有天敌。

“我们放弃了给荷兰榆树病实施喷药的行动。这样一来，我与那些支持美国农业部主张的人发生了争执，但是我有事实依据，我要跟他们斗争到底。”

很难理解，这些中西部的城镇为什么（这些城镇仅仅是在最近才出现了榆树疾病）事先不对该问题积累了更多经验，具有更深刻认识的地区咨询，竟这样草率地实施这一野心勃勃、耗资巨大的喷药计划。例如：纽约州对控制荷兰榆树病自然是经验最丰富的地区，大家都认为，早在1930年左右，患病的榆木携带着荷兰榆树病就是藉由纽约港进入美国的。时至今日，纽约州还保存着一份控制和消除荷兰榆树病的记载，让人印象深刻。不过，并不是依靠药物喷洒进行控制。

事实上，该州的农业增设业务项目并没有把喷药作为村镇的控制方法予以推荐。

那么，纽约州是用什么方法取得这样的赫赫战绩呢？从早期保护榆树的斗争直到今天，纽约州一直采取严密的防卫措施，即迅速转移和毁掉所有患病的或感染了的树木。起初，效果并不明显，由于没有认识到不但要把病树毁掉，还应该把甲虫可能产下卵的榆树也毁掉。感染了的榆树被砍下以后当作木柴贮藏，开春前不烧掉，就会生出许多带菌的甲虫。成熟甲虫从冬眠中苏醒过来以后，在四月底和五月觅食，可以传播荷兰榆树病。纽约州的昆虫学家们根据经验，了解什么样的甲虫产卵的木材对于传播荷兰榆树病具有真正重要的意义。把这些危险的木材集中起来，可能既会产生良好的效果，又可以限制和降低防卫计划的费用。截止到1950年，纽约市全城共有55000棵荷兰榆树，发病率降到0.2%。1942年，威斯切斯特郡（Westchester County）发动了一场防卫运动。在此后的14年间，榆树的平均损失量每年只有0.2%。布法罗城共有榆树185000棵，由于防卫工作得当，近年来损失总数只有0.3%，创下了控制荷兰榆树病的出色记录。换句话说，以这样的损失速度而论，即便布法罗城的榆树全军覆没也需要300年。

在纽约州的叙拉库斯（Syracuse）发生的一切特别令人难忘。那里在1957年之前一直没有有效地实施计划。在1951至1956年期间，叙拉库斯损失了大约3000棵榆树。当时，在纽约州林学院（New York State University College of Forestry）的米勒（Howard C.Miller）的指导下开展了一场大力清除患病榆树和以榆树甲虫为食的一切可能来源的行动。今天，榆树每年损失的速度已经降低到1%。

在控制荷兰榆树病的问题上，纽约州的专家们特别强调预防方法的经济实惠。纽约州农学院（New York State College of Agriculture）的玛瑟斯（J. G. Matthysse）说："在大部分情况下，实际花销是非常节约的。预防措施要以防止财产损失和人身伤害为前提。倘若出现一段已经死去的或中毒的树枝，最终只好把树枝砍掉。倘若是一堆劈柴，那就应该在春天到来之前烧掉，树皮可以剥去，或把木头贮存在干燥的地方。对于快死或已经死了的榆树，为了防止荷兰榆树病的传播，迅速铲除有病榆树的费用并不比以后的费用高，因为在大城市，大部分死去的树反正最后也要铲除的。”

只要采取了理智的措施，防治荷兰榆树病并不是完全没有希望的。只要荷兰榆树病在一个群落里落地生根，就不会被现有已知的任何手段消灭，只有采取防范的办法来将它们遏制在一定的范围之内，而不应该采用那些导致鸟类生命悲惨灭绝的无效方法。在森林发生学的领域中还存在着其他的可能性。在该领域里，通过实验提供了一个设想，就是培育一种杂种榆树来抵抗荷兰榆树病。欧洲榆树抵抗力很强，在华盛顿哥伦比亚特区已有大量种植。就连城市榆树大部分都受到疾病影响的时候，在这些欧洲榆树身上也没有发现荷兰榆树病。在那些正在大量损失榆树的村镇，实施一项紧急育林计划，移植树木是当务之急。这一点至关重要，尽管计划可能已经把抵抗力强的欧洲榆树包括在内了，但更应该侧重培育各种各样的树种，这样一来，即便将来流行病来袭，也不至于夺去一个城镇的所有树木了。一个健康的植物或动物群落的关键所在，正像英国生态学家查理·埃尔顿（Charles Elton）所说的那样，在于“保持多样性”。在很大程度上，今天所发生的一切是过去几十年生物种类单一的恶果。而十年以前，还没有人知道在大片土地上种植单一种类的树木会带来灾难，于是所有城镇的街道两旁都排列着榆树，公园里到处点缀着榆树。而今天，榆树死了，鸟儿也死了。

如今世界和地城市单一的树种种植方式，有着巨大的生态隐患。

像知更鸟一样，还有一种美国鸟看来也即将濒临灭绝，这就是美国国家的象征——鹰。在过去的10年中，鹰的数量惊人地减少了。事实表明，在鹰的生活环境中有一些因素在发挥作用，这些作用实际上已经摧毁了鹰的繁殖能力。到底是什么因素，现在还无法确切地知道，不过，有些证据表明，杀虫剂罪责难逃。

在北美，对那些沿佛罗里达西海岸从达姆帕（Tampa）到福特海岸线（Fort Myers）上筑巢的鹰的研究最为全面。温尼派格（Winnipeg）有一名退休的银行家名叫查尔斯·布罗利（Charles Broley），他在1939年至1949年期间标记了1000多只小秃鹰，因此在鸟类学界声名远播。（在此之前，在鸟类标记历史上，只有166只鹰做过标记。）布罗利先生早在鹰离窝之前的几个冬月，就给幼鹰做了标记。后来，再次发现了这些带标记的鸟儿，证明这些鹰虽然出生在佛罗里达，却曾经沿海岸线北飞，进入加拿大，最远还到过爱德华王子岛（Prince Edward Island）。而以往，人们一直以为这些鹰没有迁徙的特性。秋天到来的时候，它们又回迁到南方。在宾夕法尼亚州（Pennsylvania）东部的霍克山顶（Hawk Mountain）这个著名的有利的地点，人们对它们的迁徙活动进行了观察。

在布罗利先生给鹰做标记的最初几年里，他选择这段海岸带作为研究对象，每年会发现125个鸟窝里有鸟。每年有大约150只小鹰被标上标志。1947年，小鹰的出生数量开始减少。一些原本有鸟蛋的鸟窝里不再有蛋，另一些有鸟蛋的鸟窝里却孵不出小鸟来。在1952至1957年间，近80%的鸟窝已经孵化不出小鸟了。在这段时间的最后一年里，只有43个鸟窝还有鸟儿栖息，其中7个窝里孵出了幼鸟（也就是八只小鹰）。23个鸟窝里有蛋，却孵不出小鹰来。13个鸟窝只是大鹰觅食的歇脚处，根本没有鸟蛋。1958年，布罗利先生沿着海岸长途跋涉了100英里，才发现了一只小鹰，并给它作了标记。1957年的时候，还能在43个鸟巢里看到成年鹰。数量有限，难得一见，他只在10个鸟巢里看到过成年鹰。

布罗利先生1959年辞世，这一有价值的长期系统研究也就随之终结。然而，佛罗里达州奥杜邦学会（Florida Audubon Society），还有新泽西州和宾夕法尼亚州撰写的报告证实了一种趋势，我们很可能在这种趋势逼迫下不得不去重新寻找一种新的国鸟。霍克山禁猎区馆长莫瑞斯·布朗（Maurice Broun）的众多报告特别引人注目。霍克山是宾夕法尼亚州东南部的一个风景如画的山脊区，阿巴拉契亚山的最东部山脊在那里形成了最后一道屏障，阻挡西风吹向沿海平原。风遇到了山脉，于是跌跌撞撞向上吹去，所以在漫长的秋日，这里持续上升的气流频频借力给鸶（broad-wind hawk）和鹰（eagle），使它们不费吹灰之力就可以青云直上，在向南的迁徙路上一日千里。在霍克山区，山脊群聚，也是岭上的航道枢纽，鸟群就是从广阔的区域飞来，通过这一交通繁忙的狭窄通道飞向北方的。

作为禁猎区的管理者，莫瑞斯·布隆（Maurice Broun）在其在任的二十多年的时间里，观察到并实际记录下来的鹰的数量比任何一个美国人都要多。白头海雕（bald eagle）迁徙的高潮出现在八月底和九月初。人们认为，这些鹰是佛罗里达的鹰，在北方度过夏天之后返回家乡的。人们认为还有一种体型更大的鹰也属于北方物种，它们在深秋和初冬时节，从这里飞过，飞向一个未知的过冬地点。在设立禁猎地区的最初几年里，具体说来，是在1935—1939年间，在被观察到的鹰当中，1岁大的占40%，这很容易从它们整齐划一的深色羽毛上辨别出来。可是，在最近几年，这些未成熟的幼鸟儿越来越罕见了。在1955—1959年间，这些幼鹰的数量仅占鹰总数的20%。而在1957年，每32只成年鹰中只有1只幼鹰。

霍克山的观察结果与其他地方的发现是一致的。来自伊利诺伊州自然资源协会（the Natural Resources Council of Illinois）的一位官员佛克斯（Elton Fawks）提交了一份类似的报告。根据他的说法，鹰可能是在北方筑巢，在密西西比河和伊利诺伊河（the Mississippi and Illinois Rivers）的沿岸过冬。佛克斯先生在1958年的报告中说，最近的统计数据显示，59只鹰里仅有一只幼鹰。世界上唯一的鹰禁猎区——撒斯魁汉那河（the Susquehanna River）的蒙特·约翰逊岛（Mount Johnson Island）上也同样出现了鹰种类正在灭绝的征兆。该岛虽然位于康诺云格坝（Conowingo Dam）上游区8英里，距兰卡斯特郡（Lancaster County）海岸大约半英里的地方，却保留着原始的洪荒状态。从1934年开始，兰卡斯特的鸟类学家兼禁猎区的管理人荷伯特·贝·H克教授（Herbert H.Beck）就一直对这里的一个鹰巢进行观察。在1935年到1947年期间，鹰趴窝的情况很有规律，孵化也都成功了。然而，从1947年起，成年鹰趴了窝，下了蛋，却孵化不出幼鹰来。

蒙特·约翰逊岛上的情形与佛罗里达一模一样，也出现了同样的问题——一些成年鹰栖息在窝里，有一些鹰生下了一些蛋，却很少，甚至没有幼鹰孵出。如果追究原因的话，看来只有一种解释可以对所有的事实有解释力，那就是：鹰的生殖能力由于某种环境因素而降低，所以现在每年几乎没有新的幼鸟出生来延续鹰这一物种了。

詹姆斯·大卫（James David）是美国鱼类及野生动植物服务处的著名的博士，他针对这一现象，对其他鸟类进行各种人工实验，证实了其他鸟类身上也存在着同样的问题。大卫博士所进行的经典实验就是考证一系列杀虫剂对野鸡和鹌鹑影响的效果。实验证实了如下事实，即在滴滴涕或类似化学药物对鸟类双亲还没有造成明显毒害之前，可能已经对生殖力产生严重影响了。鸟类受影响的途径可能各不相同，然而最终结果却都如出一辙。例如，在鹌鹑繁殖季节给鹌鹑喂食含有滴滴涕的食物，鹌鹑并没有死，甚至还正常地下了不少蛋，只是这些蛋能孵出的幼鸟却寥寥无几。大卫博士说："许多胚胎在孕育的初期阶段发育得还很正常，在孵化阶段却都死了。"而这些孵化的胚胎有半数以上会在5天之内死亡。在另一个以野鸡和鹌鹑为研究对象的实验中，那些在一年到头都被喂食了含有杀虫剂的食物的野鸡和鹌鹑无论如何也下不出蛋来。加利福尼亚大学的罗伯特·路德博士（Dr. Robert Rudd）和查理德·杰纳雷博士（Dr. Richard Genelly）报告了同样的发现。给野鸡喂了带狄氏剂的食物以后，“产蛋量明显下降了，小鸡的存活率也很低”。根据写这些报告的人的说法，蛋黄中贮存狄氏剂，狄氏剂在孵卵期和孵出之后被逐渐吸收，给幼鸟带来了缓慢的，然而却是致命的影响。

华莱士博士（Dr. Wallace）和一个研究生伯那德（Richard F.Bernard）的最新研究结果强有力地证实了这一说法。他们在密歇根州立大学校园里的知更鸟身上发现了高含量的滴滴涕。他们在所检验的所有雄性知更鸟的睾丸里，在正在发育的蛋囊里，在雌鸟的卵巢里，在已发育好却没有孵化出的鸟蛋里，在输卵管里，在被遗弃的窝里取出的还没有孵出的鸟蛋里，在鸟蛋内的胚胎里，在刚刚孵出就死亡的雏鸟里，无一例外地全都发现了毒素。

这些重要的研究证实了这样一个事实，那就是即便生物与杀虫剂初期没有接触，杀虫剂的毒性也会影响下一代。蛋黄是发育过程中的胚胎的营养来源，而存在于蛋和蛋黄里的毒素是致命的真正原因，这也可以很好地解释大卫看到那么多鸟儿胎死壳中或者在孵出几天内死亡的原因。

把这些研究实验成果应用到鹰身上的时候，却遇到了难以克服的困难，然而野外研究还是在佛罗里达州、新泽西州等地进行下去了，因为这些地方希望找到数量众多的鹰所患的症状明显的不孕症的确切原因。这样，根据现有的情况判断，原因指向了杀虫剂。鱼儿数量大的地方，鱼儿成了鹰的主要食物，占的比例很大，譬如在阿拉斯加约占65%；在切萨皮克湾（Chesapeake Bay）地区约占52%。毫无疑问，布罗雷先生（Mr. Broley）长期研究的那些鹰绝大多数都是以食鱼为生的。自1954年以来，这片特殊的沿海地区被反反复复地喷洒了溶解了滴滴涕的燃油。空中喷药的主要目标是盐沼里的蚊子，这种蚊子生长在沼泽地和沿海地区，而这些地方正是典型鹰的猎食地区。大量的鱼和蟹被毒死了，实验室的分析结果显示：鱼和蟹的身体组织里含有浓度高达46ppm的滴滴涕。与清水湖中的鸊鷉一样（鸊鷉由于吃湖里的鱼，体内的积累了高浓度的杀虫剂），鹰的身体组织里当然也有滴滴涕存留。与那些鸊鷉一样，野鸡、鹌鹑和知更鸟也都越来越难以繁殖后代，保证种群延续了。

现代社会，鸟儿面临着危险，这是全世界达成的共识。这些报告的细节各不相同，然而，都是在重复着同一个主题内容：使用杀虫剂以后，野生动植物死亡。例如，在法国，用含砷的除草剂喷洒葡萄树残枝以后，有几百只小鸟和鹧鸪死亡。在一度以鸟类众多而闻名于世的比利时，给农场喷洒药物，致使鹧鸪蒙难。

在英国，主要问题看来是一个专业问题，与在播种前用杀虫剂喷洒种子的做法与日俱增有关系。对于种子的处理倒不是什么新举措，可是在早期，使用的主要药物却是杀菌剂（fungicide）。对鸟儿产生的影响一直没有引起人们的注意。后来，到1956年，出现了一种双重目的的处理方法，杀菌剂、狄氏剂、艾氏剂或七氯都被用来以对付土壤昆虫。这样一来，情况变得每况愈下。

1960年的春天，鸟类死亡的报告像决堤的水一样涌到了英国管理野生动植物的权威机构，包括英国鸟类信托基金会（British Trust for Ornithology）、皇家鸟类保护学会（Royal Society for the Protection of Birds）和猎鸟协会（Game Birds Association）。一位诺福克（Norfolk）的产业主写道："这地方就像一个战场，看地的人发现了无数的尸体，包括大量的小鸟——苍头燕雀（chaffinch）、金翅雀（greenfinch）、赤胸朱顶雀（linnet）、岩鹨（hedge sparrow）、还有家雀（house sparrow）……野生动物被毁，太可怜啦。"一位猎场看守写道："我的松鸡因为吃了药物处理过的谷物死光了，有种野鸡和其他鸟类，好几百只全被毒死了……我在猎场干了一辈子看守人了，这样的经历真让人太痛苦啦，看到一对对松鸡死去，真是太难受啦。"

在一份英国鸟类信托基金会和皇家鸟类保护学会的联合报告中，

描述了67例鸟儿被毒死的情况，这一数字仅仅是1960年春天死亡鸟儿数量的不完全统计结果。在67例死亡的鸟儿，其中59例是由于吃了药物处理过的种子中毒身亡，8例由于毒药喷洒中毒身亡。

第二年，新的一波中毒报告接踵而至。上议院接到报告说，在诺福克一片独立的地区中有600只鸟儿死亡，在北艾赛克斯（North Essex）一个农场，有100只野鸡死亡。随即不言自明，有更多的县郡已被卷入其中，比1960年有过之而无不及。（1960年被卷入的有23个郡，1961年卷入的有34个郡。）看来，以农业为主的林克兰舍郡受害最为严重，报告显示已有10000只鸟儿死亡。可是，整个英格兰农业区却无一幸免，从北部的安格斯（Angus）到南部的康沃尔（Cornwall），从西部的安哥尔斯（Anglesey）到东部的诺福克（Norfolk），全部被毁。

1961年的春天，对问题的关注已达到了这样的高度，来自众议院的一个特别委员会开始着手对该问题进行调查，从农民、地主、农业部代表以及各种与野生生命有关的政府和非政府机构处取证。

一位目击者说："有一些鸽子突然从天上掉下来了。"另一位目击者报告说："你在伦敦市外开车行驶一二百英里，都看不到一只茶隼。"自然保护局的官员们作证："在20世纪，据我所知，在任何时期都没有发生过类似情况，这是该地区对野生动植物和野鸟的一次最大的危害。"

对这些死鸟进行化学分析的实验设备相当短缺，在国内，只有两个化学家会做这种分析（一位是政府的化学师，另一位受雇在皇家鸟类保护学会工作）。目击者描述了焚烧鸟儿尸体的熊熊烈焰。不过，他们还是努力地收集了鸟儿的尸体去进行检验，分析结果表明，所有鸟儿都含有杀虫剂的残毒，只有一只鸟例外。而这唯一的例外是一只沙鹬鸟（snipe），而沙鹬却是一种不吃种子的鸟啊。

可能是由于间接吃了有毒的老鼠或鸟儿，狐狸也与鸟儿一起受到了影响。受到兔子困扰的英国非常需要借用狐狸来捕食兔子，然而，在1959年11月到1960年的4月间，至少有1300只狐狸死亡。在捕雀鹰、茶隼及其他被捕食的鸟儿实际上已经消失的县郡里，狐狸的死亡率最高，从而证明毒物是通过食物链传播的，从以种子为食的动物体内传到有毛皮和羽毛的食肉动物体内。垂死的狐狸在突发惊厥死亡之前，神智昏迷，双眼半明半瞎地转圈，四处游荡。而氯化烃杀虫剂中毒的动物都有这样的症状。

听到这一切，该委员会确信野生生命受到的威胁“惊人的严重”；因此，建议众议院让“农业部长和苏格兰州秘书处应该采取措施，保证立即禁用含有狄氏剂、艾氏剂、七氯或相当有毒的化学物质来处理种子。”与此同时，该委员会还推荐了许多控制方法，来确保化学药物在投入市场之前经过大量的野外和实验室实验。值得强调的一点是，不论在哪里，这都是杀虫剂研究上的一个巨大的空白点。一些厂商用普通实验动物——老鼠、狗、豚鼠所进行实验，而并不是野生动物，原则上不会用鸟儿，也不用鱼，都是在可控制的人造环境下进行的，这样的实验结果应用在野外的野生动植物身上时是非常缺乏保障的。

在处理种子过程中发现鸟类保护问题，英国绝对不是的唯一国家。无独有偶，在我们美国，在加利福尼亚及南方水稻种植区，这个问题更加让人头痛。多少年以来，加利福尼亚种植水稻的人们一直用滴滴涕来处理种子，来控制有时损害稻秧的蝌蚪虾（tadpole shrimp）和羌螂甲虫（scavenger beetle）。以往，加利福尼亚的猎人们常常很享受收获颇丰的打猎过程，因为稻田里常常聚集着大量的水鸟和野鸡。然而，在过去的十年里，种植水稻的县城上交了大量郡鸟儿死亡的报告，特别是野鸡、鸭子和椋鸟死亡的报告。“野鸡病”已成了妇孺皆知的现象，一位观察家报告说：“野鸡到处找水喝，身体瘫痪了，被发现时在水沟旁和稻田埂上颤抖个不停。”这种“鸟病”多发生在春天，正值水稻田的种植季节，所使用的滴滴涕浓度可以毒死成年野鸡数量的许多倍。

几年过去了，人们发明出了毒性更大的杀虫剂，处理种子所造成的毒害更加严重了。对于野鸡来说，艾氏剂的毒性相当于滴滴涕的100倍，现在被广泛地用于拌种。在德克萨斯州东部的水稻种植区，这种做法造成了褐黄色的树鸭（一种沿墨西哥湾海岸分布的茶色、像鹅一样的野鸭）的数量锐减。确实，我们有理由相信，削减椋鸟数量的水稻种植者们如今已经找到了削减黑鸭数量的方法，正在以双倍的效果使用杀虫剂毒杀生活在产稻区的各种鸟类。

“根除”可能使我们感到烦恼或不中意的生物，这样的杀戒一开，鸟儿们就渐渐明白自己已经不再是毒剂的连带被害者，而是毒剂的直接毒杀目标了。在空中喷洒诸如对硫磷这样的致命毒物，这一趋势在日益增长，目的就是为了“控制”农民不喜欢的鸟儿集中起来。鱼类和野生动植物服务处已经感到有必要特别关注这一趋势，并且指出“对硫磷已对人类、家畜和野生动植物构成了致命的危害可以分区域进行处理。”例如，1959年的夏天，印第安那州南部的一群农民在共同雇佣一架喷药飞机向河岸地区喷洒对硫磷。这一地区是成千上万只以庄稼为食的椋鸟称心如意的栖息地。实际上只要略微调整一下种植的农作物，这一问题就迎刃而解了——改种一种麦芒比较长的，鸟儿无法靠近的麦种就完事大吉了，可是，那些农民却听信宣传、迷信毒物的杀伤力量，所以让那些洒药飞机来执行死亡令。

其结果可能让农民们心满意足了，因为死亡清单上有大约6500百只红翅黑鹂（red-winged blackbird）和椋鸟（starling）。至于其他那些没有被注意到的和没有记录的野生动植物死亡情况如何，就无人知晓了。对硫磷不独对椋鸟才有效，它还是一种碰着死、沾着亡的杀手，譬如可能漫无目的地闲逛到这个河岸地区漫游的野兔、浣熊或负鼠，也许它们根本就没有侵犯过这些农民的庄稼，却被法官和陪审团判处了死刑，这些法官们既不知道这些动物的存在，也不关心它们的死活。

那人类呢？在加利福尼亚喷洒了对硫磷的果园里，一个月前，跟喷过药的叶丛有过接触的工人们病倒了，休克了，只是由于精心的医护，才总算死里逃生。可是，在印第安那州成长的孩子，是不是也有一些喜欢在森林和田野闲逛，甚至到河滨去探险的孩子们呢？如果有，如果有孩子要去寻找未被破坏的大自然，谁来守着这些有毒的区域，阻止可能误入的孩子们呢？谁来保持高度的警惕，蹲守在那里，告知那些无辜的游人们：田地里的农作物上面有一层可以致死的药膜，这些田地会要命呢？然而，农民们冒着骇人的风险，发动了一场对椋鸟的不必要的战争，却无人干预。

在这些情况中，人们都回避，拒绝认真思考这个问题：谁是始作俑者？谁做的主？就像一块石子投进了平静的水塘荡起的涟漪一样，这个决定把死亡不断扩大、扩散，造成一系列的中毒事件，形成连锁反应。是谁，在天平的一个盘中放了一些可能被某些甲虫吃掉的树叶，却在天平的另一个盘中放入成堆的、各种颜色的可怜羽毛——在不加选择的杀虫剂大棒下牺牲的鸟儿的遗物？是谁，面对无数民众独断专行？是谁，有权力做出的决定，认为世界最高的价值是无昆虫的世界，就连飞鸟耷拉的翅膀都会让世界暗淡无光？这个决定是一个被暂时手握重权的独裁主义者做的，是趁成千上万民众一时疏忽的时候做的，对成千上万民众来说，自然的美丽和秩序仍然具有深远和必不可少的意义。

9. 死亡的河流

在大西洋碧绿的海水深处，有许多“小路”通向海岸。这是鱼类巡游的小路，虽然看不见，也摸不着，却与陆地河流的水体的流动息息相关。几千年来，鲑鱼（salmon）早已熟悉了这些由淡水形成的水线，还会沿着这些淡水线返回支流，在那里度过它们生命中的最初的几个月或者几年。1953年的夏秋两季，一种在新布兰兹维克（New Brunswick）被称为“米拉米奇”（Miramichi）的河鲑从遥远的大西洋觅食地区回来了，游进了故乡的河流。这里有许多由绿荫掩映的溪流，溪流组成河网。秋天，鲑鱼把卵产在河床的碎石间，溪水在河床上流过，流水匆匆又清凉。这些地方由云杉（spruce）、香脂树（balsam）、铁杉（hemlock）和松树（pine）构成了一个巨大的针叶林流域，为鲑鱼提供了合适的产卵地。

这些事件形成了一个模式，从古至今一直被重复。该模式使在美国北部的米拉米奇河成为一个出产最好的鲑鱼的产地之一。可是到了这一年，这一模式遭到了破坏。

在秋冬两季，鲑鱼把又大又厚的卵就产在满是碎石的浅槽里，这些浅槽是鱼妈妈事先在河底已经挖好了的。在寒冷的冬天，鱼卵发育十分缓慢，只有当春暖花开，林中小溪的冰雪彻底消融的时候，小鱼才会孵化，这就是鲑鱼的习惯。起初，小鱼藏身于河底的碎石子间，只有半英寸长。小鱼进食，只靠一个大蛋白囊活下来，直到这个蛋白囊被完全吸收了，小鱼才在溪流里找小昆虫吃。

1954年的春天，新的小鱼孵出来了，米拉米奇河中既有一两岁的鲑鱼，也有刚孵化出的幼鱼。这些小鱼有的用条纹和鲜艳红色斑点装饰着的灿烂外衣，它们搜寻溪水里的各种各样奇特的昆虫，贪婪地吞食着。

当夏天来临时，这一切都彻底改变了。前一年，加拿大政府策划的大规模喷雾杀虫计划也包括米拉米奇河西北部流域，目的是为了保护森林免受云杉食心虫（the spruce budworm）的侵害，这种云杉食心虫是一种本地昆虫，专门侵害多种常绿树木。看起来，这种虫害在加拿大东部每隔35年就要有一次大爆发。20世纪50年代初期出现过一次云杉食心虫剧增的现象。为了除虫害，开始喷洒滴滴涕。开始在小范围内实施，到了1953年，喷洒的范围突然扩大了。政府为了尽力挽救纸浆生产和造纸工业的主要原料——盛产香脂的树木，喷洒除虫的范围由原来的几千英亩扩大到了几百万英亩。

就这样，喷药飞机于1954年六月飞临米拉米奇西北部的林区，在云间往来穿梭，白色的雾状药水密集喷洒下来，含有滴滴涕的药水随着燃油喷雾浸入了香脂树的树林，一些杀虫剂最后落到地面，溶进了河流。飞行员们只管完成分配给自己的任务，在飞越这些地区的时候，并没有采取保护措施，没有尽量避开河流，也没有在飞过河流时关闭喷药枪。不过，其实，这些有毒的喷雾传播得范围太广，在极微弱的气流中都会飘浮很远，进入到了每一寸空气，所以，就算飞行员采取了上述保护措施，结果也可能不会有什么不同。

杀虫喷洒以后没多长时间，毫无疑问，森林随即就出现了一些不对头的苗头。不到两天的时间，河流沿岸就出现了大量死鱼儿和奄奄一息的鱼儿，其中包括许多幼鲑鱼，也不乏鳟鱼。树林里，道路两旁，到处都有奄奄一息的鸟儿。河流中的生命绝迹了。在喷洒毒雾之前，河流里有大量丰富的水生生物供鲑鱼和鳟鱼食用。例如：有生活在树叶、树茎和碎石间的毛翅蝇幼虫，它们生活在用黏液胶结起来的松散而又舒适的保护体中。有依附在河里涡流间岩石上的虫蝇蛹。还有分布在沟底石头旁边或者从陡峭的斜石上倾泄的溪流处的蚊蚋幼蠕虫。可是，现在河里的昆虫都已被滴滴涕毒杀殆尽，小幼鲑已经没有什么可吃的了。

在这幅死亡和毁灭的图画里，幼鲑们很难企望自己可以死里逃生，幸免于难，而事实正是这样。八月里，小幼鲑们里没有一条在春意阑珊的河床浅滩上出现。整整一年的繁殖努力都付之于东流。那些孵出一年大或更长时间的小鲑鱼繁殖得一点点。由于飞机的光临，1953年小河里孵出的鲑鱼中每6条只有一条存活下来，其余都在毒雾中丧生。而1952年孵出的鲑鱼在几乎都快要进入海洋的时候功亏一篑，痛失了1/3的亲人。

因为加拿大渔业研究委员会（Fisheries Research Board of Canada）自1950年起就开始了米拉米奇西北部的鲑鱼专项研究，这些数据才得以公布于世。该研究会每年都对在这条河流里生存的鱼群进行一次普查。生物学家的记录，包括当年河流大到产卵的成年鱼，小到各个年龄段的幼鱼，鲑鱼和其他在这条河里生存的鱼类的正常数量。根据这一喷药前的完整记录，才能比任何地方都精确地测定喷药后所造成的破坏程度。

调查显示了，不仅幼鱼受到了影响，毒雾还严重破坏了这条河流。今天，反复喷药已经彻底改变了河流的环境，作为鲑鱼和鳟鱼食料的水生昆虫均被毒死。就算只喷一次药，等大多数昆虫繁衍出足够数量满足正常数量鲑鱼的食用，也需花费很长时间，这一恢复时长要以“月”而非“年”来计算。

比较小的品种，诸如蠓、蚋之类的昆虫恢复的时长比较短，它们是几个月大的最小的鲑鱼苗最好的食材。比较大的水生昆虫是两三岁大的鲑鱼赖以为生的食物，而这些水生昆虫却恢复得不会这么快，这些昆虫是石蛾（caddis fly）、石蝇（stonefly）和蜉蝣（mayfly）的幼体。即使在滴滴涕进入河流一年之后，觅食的幼鲑只能偶尔碰到小石蝇，仍然很难找到其他昆虫，根本没有大石蝇、蜉蝣和石蛾。加拿大人竭尽全力给鲑鱼提供天然食材，想要把石蛾幼虫和其他昆虫移植到米拉米奇这片未开发的区域，但是，显而易见，这种迁移还会被反复喷药毁灭。

事实证明，云杉食心虫的数量非但没有像预料的那样减少，抵抗力反而增强了。从1955年到1957年，对新布兰兹维克和魁北克的各个不同的区域进行反复喷药，有些地区喷洒了三次之多。截止到1957年，对近1500万英亩的土地进行了喷洒。可是，每当喷洒暂停的时候，蚜虫就迅速繁殖，终于酿成1960年和1961年的那场卷土重来。确实，哪里也找不到证据，可以证明化学喷洒作为控制蚜虫只不过是一个权宜之计，挽救由于因多年连续落叶而死亡的树木是多此一举。这样一来，只要喷药不止，副作用就会渐渐被人们感觉到。在渔业研究会的建议下，加拿大林业局为了把对鱼类的危害减小到最低限度，已经下令把滴滴涕的施放量由从前的每英亩0.5磅降低到0.25磅。而在美国，每英亩施用标准和致死量上限还在执行。几年过去了，通过对喷药效果的观察，加拿大人发现情况复杂。然而，只要还是继续喷洒，给从事鲑渔业的人也不会带来多少安慰。

虽然早有预测，说米拉米奇西北部会遭到破坏，可是一个迄今为止罕见的自然界共同作用的事件使它幸免于难，这样的事件在20世纪不会发生第二次。我们需要了解那里发生了什么及其原因，这很重要。

正如我们所看到的那样，1954年，给米拉米奇支流流域喷洒了大量的药物。此后，除了在1956年给一个狭窄地带重复喷药，再没有给这个流域喷洒过药物。1954年秋天，一场热带风暴改变了米拉米奇鲑鱼的命运，这就是艾德纳飓风（Hurricane E’dna）。这一强风暴到达了北上路线的终点，把狂风暴雨带到了新英格兰和加拿大海岸。滔滔洪水与河流淡水奔流入海，吸引了大量鲑鱼回来。结果，在鲑鱼的产卵地——河流的碎石河床上的鱼卵量出乎意料地爆增。1955年春天米拉米奇西北部孵出的幼鲑鱼发现这里是自己理想的生存环境：去年，滴滴涕毒死了河中所有昆虫，而一年之后，最小的昆虫——蠓（miolge）和蚋重新恢复原有的数量，它们是幼鲑的正常食材。这一年出生的幼鲑发现食物充裕，还发现很难遇到争抢食材的对手，这是因为较大一些的鲑鱼已经在1954年被喷药毒死。因此1955年幼鲑生长的速度极快，存活率也奇高。它们迅速地度过了在河流中的生长阶段，早早地进入了大海。其中还有很多鲑鱼于1959年重返河流，给故乡的溪流生产出大量的幼鲑。

米拉米奇西北部（Northwest Miramichi）幼鲑相对来说状况良好，只是因为这里只喷了一年药。该流域的其他河流多年反复喷药的后果也清清楚楚地显示出来了，那里鲑鱼的数量骤减，十分惊人。

在所有喷过药的河流，大小不同的幼鲑都显不足。据生物学家报告，最小的鲑鱼“实际上已被彻底消灭”。1956年和1957年给米拉米奇西南（Southwest Miramichi）全部地区都喷了药，1959年孵出的小鱼数量处于10年来的最低水平。渔夫们特别指出，洄游鱼中最小的幼鲑在急骤减少。在米拉米奇河口的取样捕捞中，1959年幼蛙的数量只有前一年的1/4。而1959年，整个米拉米奇流域的产量只有60万尾幼鲑（这是正在迁移入海的二三岁的鲑鱼），这一数量还不到前三年平均产量的1/3。

面对这一状况，新布仑兹维克（New Brunswick）的鲑渔业的未来也许只能另寻它法，来代替渗透森林的滴滴涕了。

加拿大东部的情况不是什么个案，与其他地区相比，唯一不同的就是喷药的森林面积大，采集到的第一手资料多。缅因州也有云杉林和香脂树林，也遇到过控制森林昆虫的问题。缅因也有鲑鱼洄游的问题，虽然只是过去大量洄游的鲑鱼残留下来的鱼群。但是，由于河流受到工业污染和木材堵塞，因此河里的残存的鲑鱼单靠生物学家和保护主义者的保护，还是很难保证存活下去。虽然尝试着把喷药作为一种利器，来对抗无处不在的蚜虫，但受影响的范围相对来说还不算大，甚至没有把鱼产卵的重要河流纳入其中。不过，缅因州内陆渔猎部在一个区域河鱼身上所观察到的也许是未来的一个先兆。

据这个部门报告，1958年喷洒药物以后不久，在大戈达德河（Big Goddard Brook）中发现了大量奄奄一息的亚口鱼。这些鱼表现出典型的滴滴涕中毒症状，它们四处乱窜，露出水面喘气，表现出颤栗和痉挛。在喷药后的5天里，在两个河段的鱼网里捕捞到668条死鱼。在小戈达德河（Little Goddard）、卡利河（Carry）、阿尔德河（Alder）和布莱克河（Blake Brooks）中均有大量的鲦鱼（Minnows）和亚口鱼中毒身亡。常常可以看到身体虚弱、奄奄一息的鱼随波逐流，顺流而下。一些实例表明，在喷药之后一周，还能发现双目失明和奄奄一息的鳟鱼在河面上漂浮，随波逐流。

已经有各种各样的研究确凿证明，滴滴涕可以导致鱼双目失明。一个加拿大生物学家在北温哥华海岛地区对1957年的喷药情况进行观察，他报告说，原本凶猛的鳟鱼现在在河里可以轻而易举地用手抓到，这些鳟鱼行动迟缓，一点逃跑的意思也没有。经检查发现，鳟鱼的眼睛上蒙上了一层不透明的白膜，视力受损或者完全丧失。加拿大渔业部所做的实验表明，几乎所有的鱼（银鲑）实际上并不是被低浓度的滴滴涕（3ppm）毒死的，却会出现眼水晶体不透明的失明症状。

哪里有广袤的森林，哪里就有控制昆虫的现代化方法威胁着鱼类的栖息地——树荫下的溪流。在美国，一个鱼类毁灭的流传最广的例子发生在1955年，那是在黄石公园（Yellowstone National Park）及其附近施用杀虫剂的结果。那一年的秋天，在黄石河（Yellowstone River）中发现了大量死鱼，使户外运动的人们和蒙大拿州渔猎局大为震惊。约90英里的河流受到影响：据统计，有600条死鱼横尸于一段300米长的岸边，其中包括褐鳟（brown trout）、白鲑（whitefish）和亚口鱼（sucker）。鳟鱼的天然饵料——河里的昆虫已经销声匿迹了。

林业署宣称他们是按照建议的每英亩喷洒1磅滴滴涕的“安全标准”进行的。然而，喷药的实际后果使所有人都确信这一标准非常不合理。1956年，由蒙大拿州渔猎局（Montana Fish and Game Department）及两个联邦办事处——鱼类和野生动植物服务处、林业署共同参与，合作开展了一项研究。这一年，给蒙大拿州喷药，覆盖范围90万英亩，1957年又处理了80万英亩，因此，生物学家们不用担心找不到研究场所了。

鱼类死亡模式总是呈现出一种典型性景象：森林中弥漫着滴滴涕的味道，水面上漂浮着油膜，河岸上是死去了的鳟鱼。不管是死鱼还是活鱼，都做了检查和分析，发现它们的体内组织贮存着滴滴涕。譬如，在加拿大东部，喷药的最严重后果是有机食料的急剧减少。作为研究对象，有许多地区的水生昆虫和其他河底动物种群已减少到正常数量的1/10。水生昆虫对于鳟鱼的生存至关重要，一旦遭到毁灭，要恢复原来的数量需要很长时间。甚至在喷药后的第二个夏末，也只有极少量的水生昆虫出现。从前，一条曾经拥有大量河底动物的河流，现在什么都找不到。在这种特别的河流里，鱼捕获量减少了80%。

鱼儿当然不会当场死亡。事实上，延缓死亡比当场死亡更加严重。正如蒙大拿的生物学家们所发现的那样，由于延缓死亡是在捕鱼季节以后发生的，所以可能没有人把鱼儿的死亡情况上报。在作为研究对象的河里，产卵鱼在冬季大量死亡，其中包括褐鳟（brown trout）、河鳟（brook trout）和白鲑（whitefish）。这并不足为奇，因为不论是鱼还是人，生物在生理高潮期，都会积蓄脂肪，作为能量来源。由此可见，存留于脂肪组织中的滴滴涕给鱼儿带来了致命的影响。

因此，显而易见，以每英亩1磅滴滴涕的比例喷药，对林间河流里的鱼儿构成了严重威胁。而更糟糕的是，控制蚜虫的初衷也没有实现，民众却计划给大量土地继续喷药。蒙大拿州渔猎局强烈反对继续喷药，表示不愿以“以损害渔猎资源为代价实施喷药计划，因为这些计划的必要性和有效性非常可疑”。该局宣布，无论如何，它都要与林务局继续合作，来确定“尽量减少副作用的途径”。

然而，这项合作确实能够成功拯救鱼类吗？在这一问题上，不列颠哥伦比亚省（British Columbia）的一个经历与此相关。黑头蚜虫在那里大量繁殖，肆虐多年。林务署害怕即将到来的季节性树叶脱落可能造成大量树木的死亡，于是决定于1957年执行蚜虫控制计划。林务局与渔猎局商量了多次，但渔猎局管理处更关心鲑鱼的洄游问题。森林生物司同意修改喷药计划，采用各种各样可能的方式消除喷药造成的影响，减少对鱼类的危害。

尽管采取了这些预防措施，尽管事实证明做出的努力有目共睹，可是至少四条河里的鱼差不多都被毒死啦！

在其中一条河里，4万尾洄游的成年小银鲑鱼（Coho salmon）几乎被全歼。几千条小虹鳟鱼（steelhead trout）和其他鳟鱼的遭遇也是如此。银鲑鱼有着3年的生活周期，而参加洄游的鱼几乎全都是一个年龄段的。与其他类属的鲑鱼一样，银鲑有着强烈的归巢本能，它们会回到自己出生的那条河。不同河里的鲑鱼都会走正确的洄游路线，不会游到别的河里。换句话说，只有通过管理部门耐心细致地使用人工繁殖以及其他方法，恢复这一重要洄游环境，鲑鱼才能每隔3年洄游入河，产下大量的鱼卵。

既保护森林又拯救鱼儿，这个问题还是有解决办法的。假若任由我们的河流都变成死亡之河，那就是向绝望和失败主义低头。我们必须更广泛地利用现在已知的、可替代的方法，必须发挥聪明才智，利用我们的资源去完善新的方法。据记载，有一些用天然寄生性生物成功征服蚜虫的例子，控制效果比喷洒药物要好。还需要把这一控制方法发挥到极致。我们可以使用低毒杀虫剂，或更好的办法是引进会使蚜虫发病却不会影响整个森林系统的微生物。在本书后面我们会看到什么可替代的方法，以及它们会产生的效果。现在，我们应该认识到对森林昆虫的喷洒化学药物既不是唯一的办法，也不是最好的办法。

给鱼类带来威胁的杀虫剂可以分为三类。正如我们上面所看到的那样，一种是与喷药林区有关的单一杀虫剂，已影响到北部森林中迴游入河的鱼，差不多完全是滴滴涕的作用结果。另一种是数量大、具有蔓延、扩散性质的杀虫剂，影响到大量不同种类的鱼，如鲈鱼（bass）、太阳鱼（sunfish）、美国翻车鱼（crappy）、亚口鱼等，这些鱼栖息在美国各地的包括流动水和静水在内的各种各样水域里。这类杀虫剂几乎囊括了今天的农业所使用的全部杀虫剂，但只有诸如异狄氏剂、毒杀芬、狄氏剂、七氯等这样的少数罪魁祸首容易被检测出来。现在，我们还必须深思熟虑另外一个问题，那就是我们可以按照逻辑预测未来将会发生什么，因为披露事实的研究工作才刚刚才开始，这与盐化沼泽、海湾和河口里的鱼类有关。

随着新型有机杀虫剂的广泛应用，不可避免地对鱼类造成严重损害。鱼类对氯化烃高度敏感，而现代的杀虫剂大多是由氯化烃组成的。当几百万吨化学毒剂被喷洒到大地表面的时候，一些毒物必然就会随之进入陆地和海洋间的无限水循环之中。

鱼类被悲惨毒杀的相关报告现已经成为老生常谈，因此，美国公共卫生署（United States Public Health Service）不得不设立专门的办公机构去各州收集这种报告，作为水污染的参照指标。

这是一个关系到大量民众的问题。近2500万美国人把钓鱼视为主要的娱乐项目。此外，至少有1500万人是偶尔的钓鱼爱好者，这些人每年在执照、滑车、小船、营帐装备、汽油和住宿上的花销达30亿美元。剥夺人们的钓鱼场所的问题也同样影响到许多人的经济利益。以渔业为生的人们把鱼看做一种重要的生活来源，他们代表着一种更重要的利益。每年，内陆和沿海渔民（包括海上捕鱼者）的捕鱼量至少是30亿磅。然而正如我们所看到的那样，杀虫剂对小溪、池塘、江河和海湾的污染，已经给消遣性质的和盈利性质的捕鱼活动造成了威胁。

向农作物喷药水或药粉而造成鱼类毁灭的例子无处不在，四处可见。譬如，在加利福尼亚州，人们试图用狄氏剂控制稻叶小螟（rice leaf miner），结果损失了近6万尾可供捕捞的鱼儿，其中主要是蓝鳃太阳鱼（bluegill）和其他的太阳鱼。在路易斯安那州，人们在甘蔗田里喷洒了异狄氏剂，结果仅1961年一年时间，就发生了20多起严重的鱼类死亡的事件。在宾夕法尼亚州，人们为了消灭果园中的老鼠，被异狄氏剂毒杀的还有大量的鱼儿。在西部高原，人们用氯丹控制草跳蚤，结果却杀死了大量生活在河溪里的鱼。

在美国南部，为了控制火蚁，他们实施了一个农业计划，在几百万英亩土地上广泛地喷洒了化学药物，恐怕没有比这个规模更大的计划了。他们使用的主要化学药物是七氯，而七氯对鱼类的毒性仅次于滴滴涕。狄氏剂是另一种可以毒死火蚁的化学药物，据记载，对所有水生生物都有极大损害。仅仅异狄氏剂和毒杀芬就已经给鱼类造成很大危害了。

在对火蚁分布区进行控制的每个地方，不论是使用七氯还是狄氏剂，无一例外地报告说给水生生物带来了灾难。只需引用寥寥数语，就可以嗅出这些研究化学药物危害的生物学家们所上交的报告的气味：来自德克萨斯州的报告说，“为了努力保护运河，水生生物损失惨重”“在所有处理过的水域中都出现了死鱼”，“鱼类死亡问题严重，并且持续了3个多星期”；来自阿拉巴马州的报告说，“在喷药后的几天内，大部分成鱼都被毒死了（在维尔克斯县[Wilcox County]）”“看来在临时性水体和小支流中的鱼类已经全部灭绝。”

在路易斯安那州，农场主抱怨着农场池塘所遭受的损失。一条运河沿河而下，在不到1/4英里的距离内，就发现了500多条死鱼漂浮在水面或躺在河岸上。在另一个教区，死了150条太阳鱼，占原来数量的1/4，而5种其他种类的鱼则被彻底消灭了。

在佛罗里达州，在喷过药的地区池塘取样，发现鱼体内含有七氯残毒和一种派生出的化学物质——氧化七氯（heptachlor epoxide）。这些鱼中包括太阳鱼和鲈鱼，当然，太阳鱼和鲈鱼都是钓鱼人的最爱，也最常出现在人们餐桌上。但是，烟雾管理局认为，如果人类食用了这些鱼，哪怕只是少量食用，这些鱼体内所含的这些化学物质都会非常危险。

来自很多地区的都报告说，鱼、青蛙和其他水中生物被杀死了，因此美国鱼类学家和爬行类学家协会（American Society of Ichthyologists and Herpetologists）（这是一个专门研究鱼、爬虫和两栖动物非常权威的科学组织）于1958年通过了一项决议，呼吁农业部及其在各州的办事处，"在造成不可挽回的损害之前，中止七氯、狄氏剂及此类毒剂的区域性喷洒"。该协会呼吁，要关注生活在美国东南部那些种类繁多的鱼类和其他生物，包括那些世界其他地方没有的种类。该协会警告说："这些动物中有许多种类只生活在一些很小的区域内，因而会迅速灭绝。"

人们使用杀虫剂消灭棉花地里的昆虫，南部各州的鱼类也受到了沉重的打击。1950年的夏天，阿拉巴马州北部产棉区遭了灾。在1950年之前，人们为了控制象鼻虫（boll weevil），使用有机杀虫剂还是有节制的。可是，由于一连几个冬季气候都很暖和，于是在1950年出现了大量的象鼻虫。就这样，约有80%～95%的农民听信本地掮客商的宣传，使用杀虫剂除虫。这些农民使用得最多的化学药物是毒杀芬，这是一种对鱼类杀伤力最强的药物之一。

这一年的夏天，雨水丰沛而集中，这些化学药物被雨水冲进了河里。农民见状，就向田地里喷洒更多的化学药物。这一年，每英亩农田平均喷洒了63磅的毒杀芬。有些农民竟在一英亩地里喷洒了高达200

磅的化学药物。有一个农民矫枉过正地往一英亩地里喷洒了1/4吨以上的杀虫剂。

结果不难预测。弗林特河（Flint Creek）在流入惠勒水库（Wheeler Reservoir）之前，在阿拉巴马州农业地区流经了50英里，在这一地区的在弗林特河上所发生的一切都具有典型意义。8月1日，弗林特河流域大雨滂沱，农田里的雨水通过细流、小河和滚滚洪流倾泄到了河里，弗林特河水水位上涨了6英寸。第二天清晨，人们看到被带进河里的除了雨水，还有大量的鱼儿。鱼儿在附近的水面上漫无目的地转圈，有时鱼会自己从水里往岸上跳，人们要抓鱼的话，只需举手之劳。一个农民捡了几条鱼，把鱼放进了活泉形成的水塘里。在那里，在干净无毒的水里，这几条鱼活了过来。可是，在河里，整天都有死鱼顺水漂流。但这一次只是一个序曲，后来，每次下雨就会把更多的杀虫剂冲进河流，就会有更多的鱼儿死亡。8月10日的那场雨给整个河流造成了严重后果，鱼几乎全被毒死了。等到8月15日又有降雨，再一次把毒物冲进大河的时候，鱼儿几乎全部丧生，再也没有牺牲品了。可是，化学药物造成鱼儿死亡的证据却是通过实验得到的，具体做法是把金鱼笼放进河里，结果发现金鱼在一天内全都死亡了。

弗林特河在劫难逃的鱼类包括大量的白刺盖太阳鱼（white crappy），而这也是钓鱼者们喜爱的鱼类。在弗林特河水流入的惠勒湾里，也发现了大量死去的鲈鱼和太阳鱼。这些水域中所有的杂鱼——鲤鱼（carp）、胭脂鱼（buffalo）、石首鱼（drum）、真鰶（gizzard shad）和鲶鱼（catfish）等也都被消灭了。而鱼都没有表现出患病的症状，只有死亡时的反常活动，鱼鳃上出现了奇怪的深葡萄酒色。

如果附近使用杀虫剂的话，对于在农场圈起的那些温暖的养鱼塘里的鱼儿来说，很可能也是致命的环境。正如大量实例所显示的那样，毒物是从周围的土地随着雨水和径流带到河里来的。有些时候，给这些鱼塘带来污染的不仅是径流，还有给农田喷药的飞行员在飞越鱼塘上空忘记关喷洒器的时候，直接投放进鱼塘的毒药。情况甚至没有这么复杂，在农田正常使用杀虫剂的情况下，也会使鱼类接受大量化学药物，数量已远远超过使其致死下限。也就是说，即使大量缩减用药经费，也很难改变这种置鱼类于死地的情况，因为人们普遍认为，对于鱼塘来说，每英亩0.1磅多的用量已属有害。这种毒剂一旦引入池塘，就很难清除。曾经有一个池塘为了除掉不想要的银色小鱼，就使用了滴滴涕来处理，而池塘在反复排水和流动过程中贮存了毒物，毒物后来越积越多，最终毒死了94%的太阳鱼。显而易见，化学毒物是积存在池塘底部淤泥里的。

现在的情况显然并不比这些现代杀虫剂刚刚付诸使用时强多少。1961年，俄克拉荷马州野生动植物保护部（Oklahoma Wildlife Conservation Department）宣称，以往农场鱼塘和小湖鱼类损失的报告至少一周报一次，现在这类报告是越来越多了。在俄克拉荷马州，这种情况多年来反复出现：通常都是给农作物喷洒杀虫剂以后，紧接着就是一场暴雨，毒物被冲进池塘，造成了损失。

在世界一些地方，养塘鱼是为了给人们提供必不可少的食物。在这些地方，由于无视对鱼类的影响而使用了杀虫剂，随即出现了问题。譬如，在罗得西亚（Rhodesia），浓度只有0.04ppm的滴滴涕杀死了浅水里的一种重要的食用鱼——卡富埃鳊鱼（Kafue bream）的幼鱼。其他许多杀虫剂，就算剂量更小，也同样能置鱼儿于死地。这些鱼儿所生活的环境——浅水，恰好是蚊子滋生的好地方。既要消灭蚊子，同时又要保护中非地区食用鱼，这一问题显然始终没有得到妥善的解决。

在菲律宾、中国、越南、泰国、印度尼西亚和印度养殖的遮目鱼（milkfish），也面临着同样的问题。这些国家把遮目鱼养在海岸带的浅水池塘里。遮目鱼的幼鱼群会突如其来地出现在沿岸海水中（没有人知道它们是从哪里来的），人们把它们捞起来，放进蓄养池，它们就在蓄养池里慢慢长大。东南亚和印度有几百万人以大米为主食，对于这些人来说，遮目鱼是非常重要的动物蛋白来源，因此，太平洋科学代表大会建议全世界都来努力研究这一至今尚不为人知的产卵地，从而大规模发展遮目鱼的养殖业。可是，喷洒杀虫剂已给现有的蓄养池造成了严重损失。在菲律宾，为了消灭蚊子，进行区域性喷药，已经让鱼塘主人们付出了高昂的代价。喷药飞机从一个养了12万尾遮目鱼的池塘上空飞过之后，养鱼者拼命奋力用清水稀释池塘里水也于事无补，一半多的鱼儿被毒死。

1961年，在奥斯汀（Austin），德克萨斯州下游的科罗拉多河（Colorado River）发生了近年来最大的一次鱼类死亡事件。1月15日，那是一个星期天，拂晓刚过，突然在奥斯洒汀的城湖（Town Lake）和该湖下游约5英里范围内的河面上出现了死鱼。在此之前，没有人发现过这样的现象。星期一，下游5英里处报告说出现死鱼。此时情况已经昭然若揭，原来是某些毒性物质正顺流而下扩散开来。到1月21日，在下游100英里处拉格兰奇（La Grange）附近的鱼儿也被毒死了。而在一个星期之后，这些化学毒物在奥斯汀下游200英里的地方又显示了它们对鱼儿致命的杀伤力。在元月的最后一周里，人们关闭了内海岸河道的水闸，避免有毒的河水进入马塔戈达海湾（Matagorda Bay），并扩散到墨西哥湾。

当时，奥斯汀的调查人员闻到了杀虫剂氯丹和毒杀芬的气味，这种气味在一条下水沟的污水里尤其浓烈，以前这条下水沟就因为排放工业废物出现过问题。德克萨斯州渔猎协会的官员溯流而上，追溯到这个湖泊，他们注意到好像是六氯苯的气味，气味是从一个遥远的化学工厂的一个支线飘过来的。这个工厂以生产滴滴涕、六氯苯、氯丹和毒杀芬为主，同时还生产少量其他杀虫剂。近期，工厂厂长放任大量杀虫药粉冲洗到下水沟中。更有甚者，他承认在过去的10年，一直是这样处理杀虫剂的溢流和残毒的，这种处理方式属于常规措施。

经过进一步的调查研究中，渔业官员发现其他工厂的雨水和日常生活用水也有可能携裹杀虫剂进入下水沟。然而，这一连锁反应的最后一环是下列事实：在河湖的水质还没有变成鱼儿的索命水之前的几天，整个排雨水系统已经有过几百万加仑的水流过，在加压的情况下，这些水强烈冲刷了雨水排泄系统。毫无疑问，水流已经把砾石、砂和瓦块沉积物里贮存的杀虫剂冲刷出来了，然后带进了湖里，接下来带进了河里。

当这么多的致命毒物顺流而下到达科罗拉多湖的时候，也给当地带来了死亡的阴影。科罗拉多湖下游140英里以内的鱼几乎全都被毒死了，后来，人们曾用大围网去捕捞，想看看是否有幸存的鱼儿，结果却一无所获。人们发现，河岸上，每英里平均有27种死鱼，总计有死鱼1000磅。在这条河上，斑点叉尾鱼是人们的主要捕捞对象，此外，还有蓝色的和扁头的鲶鱼、鳅鱼（bullhead）、四种太阳鱼、小银鱼（shiner）、鲦鱼（dace）、大口黑鲈鱼（largemouth bass）、鲤鱼（carp）、鲻鱼（mullet）、亚口鱼（sucker）、黄鳝（eel）、雀鳝（gar）、河吸盘鲤（river carpsucker）、鲸鱼和胭脂鱼。其中有一些鱼，根据其尺寸大小，可以判定一定是上了年纪的，是这条河里的长者。许多鲶鱼重量超过了25磅。据报告，当地沿河居民还捡到过重达60磅的。根据官方记录记载，一种巨大的蓝鲶鱼可重达64磅。

该州渔猎协会曾经预言：即使不再产生进一步的污染，要改变这条河里鱼类的数量可能需要多年的时间。一些在天然区域中仅存的品种可能永远无法恢复了，而其他鱼类也只有依靠州扩大养殖活动范围，才有可能恢复。

奥斯汀鱼类的这场大灾难现在已经广为人知，但可以肯定，灾难还没有结束，有毒的河水向下游流了200英里之后对于鱼儿还有杀伤力。如果允许这一极其危险的有毒水流进入马塔戈达海湾的话，就会影响那里的牡蛎产地和捕虾场，所以，人们就把这带毒的洪流转引到了宽阔的墨西哥湾水域。它在那里会产生什么的影响呢？也许那里还有从其他河流来的，同样带有致命的污染物的洪流吧？

目前，我们对这些问题给出的答案大部分还处在猜测阶段。不过，河口、盐沼、海湾和其他沿海水中杀虫剂的污染问题，已经得到了更多关注。这些地区不仅流入了被污染的河水，为了消灭蚊子及其他昆虫，直接喷洒杀虫剂的现象更是司空见惯。

佛罗里达州东海岸的印第安河沿岸乡村证实了杀虫剂对盐沼、河口和所有宁静海湾里生命的影响，再也找不到比这更典型的例子了。1955年的春天，为了消灭沙蝇幼虫，人们用狄氏剂对圣露西县（St. Lucie County）的一块2000英亩的盐沼进行处理，每英亩盐沼有效用药量为1磅。此举给水生生物带来了一场浩劫。州卫生部昆虫研究中心的科学家们考察了喷药后造成的屠戮现场，他们报告说：鱼类的死亡是“千真万确，完全彻底的”。海岸上到处乱堆着死鱼。从空中俯瞰，可以看到鲨鱼游过来吞食着水中奄奄一息、无助的鱼儿。没有哪一种鱼类得以幸免，包括鲻鱼、锯盖鱼、银鲈鱼和鳉鱼。

来自调查队哈林顿（R.W. Harrington）和彼得林迈耶（Bidlingmayer）等的报告说：“在整个沼泽区，除印第安河（Indian River）沿岸外，直接被毒死的鱼儿总重量至少有20～30吨，或者说是大约117.5万条，至少有30种。看上去软体动物并没有受到狄氏剂的伤害。实际上，本地区的甲壳类已经被彻底消灭。水生蟹种群被彻底毁灭。除了在显然漏喷的沼泽小块地里暂时苟活的招潮蟹（fiddler crab）外，其余的招潮蟹已被全歼。”

“体形较大的捕捞鱼和食用鱼迅速死亡……蟹爬过腐烂的鱼身，吞食鱼的尸体，而第二天它们自己也都死了。蜗牛狼吞虎咽地不停地吃着鱼的尸体，两周之后，死鱼的残体一点儿也不剩了。”

后来，米尔斯博士（Dr. Herbert R.Mills）在佛罗里达西岸的塔帕湾（Tampa Bay）考察之后，也描绘出同样悲惨的图景，美国奥杜邦学会在那里建立了一个包括威士忌树桩据点在内的海鸟禁猎区。具有讽刺意义的是，当地卫生部门的当权者发动了一场驱赶盐沼地蚊子的战役之后，禁猎区变成了一个荒凉的栖息地，鱼和蟹再次成了主要的牺牲品。招潮蟹是一种小巧玲珑、别致生动的甲壳动物，当它们成群结队地在泥地或者沙地上爬过时，那情景好像放牧的牛群。它们现在已经无力抵御喷洒的药物了。在这一年，经历了夏秋两季大量喷药（有些地方喷了多达16次）之后，米尔斯博士（Dr. Herbert R.Mills）总结了招潮蟹的状况："这一次，招潮蟹的数量明显又减少了。今天也就是10月12日，在这样的季节和气候条件下，本应有100万只招潮蟹群居在这里，可是，实际上在海滨看到是还不到100只，而且都是已经死了的和染病在身的，残存着蟹颤抖着，抽动着，步履沉重地勉强地爬着。可是，在附近没喷过药的地区，还有很多的招潮蟹。"

招潮蟹生存的地方是生态学世界不可缺少的一个地方，不会轻而易举地被取代。对于许多动物来说，招潮蟹是一种重要的食物来源，海岸浣熊（coastal raccoon）以它们为食，诸如长嘴秧鸡（clapper rail）、鹬类（shore birds）这样一些居住在沼泽地中的鸟儿和一些客居的候鸟也以它们为食。在新泽西州的一个喷洒了滴滴涕的盐化沼泽里，笑鸥鸟（laughing gull）的正常数量在几周内减少了85%。据推测，其原因可能是喷药以后，这些鸟再也寻觅不到充足的食物了。在浅滩方面，这些沼泽招潮蟹也具有重要的意义：它们到处挖洞，为沼泽泥地起着清理和通气的作用。它们也给渔人提供了大量饵料。

在潮汐沼泽和河口，招潮蟹并不是遭受杀虫剂威胁的唯一生物，一些对于人来说更为重要的生物也同样受到危害。切萨皮克湾（Chesapeake Bay）和大西洋海岸（Atlantic Coast）其他地区闻名遐迩的蓝蟹（blue crab）就是一个这样的例子。蓝蟹对杀虫剂极为敏感，在潮汐沼泽、小海湾、沟渠和池塘中的喷药，结果那里大部分蓝蟹都被毒死了。被毒死的不仅是当地的蟹，就连从其他海洋来到洒药地区的蟹也全被毒死了。有些时候，中毒是间接起效的，譬如在印第安河畔

（Indian River）的沼泽地，那里的珍宝蟹（scavenger crab）清理了死鱼以后，自己也很快中毒身亡了。人们还不太了解龙虾（loberster）受危害的情况，不过，龙虾与蓝蟹一样，同属于节肢动物，在本质上具有相同的生理特征，所以，可以推测可能会受到同样影响。对于蟹以及其他甲壳类这些对于人类的食物具有直接经济意义的生物来说，也可能出现同样的情况。

包括海湾、海峡、河口、潮汐沼泽在内的近岸水域，构成了一个至关重要的生态单元。这些水域对许多鱼类、软体动物、甲壳类来说，关系是这么密切，这么不可缺少，所以，当这些水体不再适宜于生物居住时，这些海味也就从我们的餐桌上消失了。

甚至那些广泛地分布和生活在海岸水中的鱼类，有许多都依靠受到保护的近岸区域，把那里作为养育幼鱼的场所。在所有栲树（mangrove）成行的河流及运河的迷宫里，都有大量幼小的大海鲢鱼，这些河流环绕着佛罗里达州西岸1/3的低地。在大西洋海岸，海鳟、黄花鱼（croaker）、平口鱼（spot）和石首鱼在岛和“堤岸”间的海湾沙底浅滩上产卵，这条堤岸如同一条保护带环绕在新约克南岸大部分地区的外围。这些幼鱼孵出以后，被潮水携裹着穿过海湾，在这些海湾和海峡（柯里塔克海峡、帕姆利克海峡、博铭海峡和其他许多海峡）中，幼鱼可以找到大量的食物，迅速长大。假如没有这些受到保护的水域养育区温暖的水流、丰富的食物，各种鱼类种群是不可能保存下来的，而我们明明知道，这些鱼儿在幼年阶段比成年阶段更容易化学中毒，现在却任由喷洒过杀虫剂的河流入海，或者直接向海边沼地喷洒杀虫剂。

另外，小虾在幼年时期就靠近海岸觅食，品种丰富而又到处巡游的虾类是沿大西洋和墨西哥湾各州所有渔民的主要捕捞对象。虽然它们在海中产卵，但几周大的幼虾却游进河口和海湾，从而经历连续不断的蜕皮和形体变化。从五六月份到秋天这段时间里，它们就暂时在那里停留，在水底的碎屑中觅食。在它们近岸生活的这个时间段，河口的适宜条件，自始至终都是小虾的安全和捕捞业利益的基本保障。

杀虫剂的出现是不是对捕虾人和市场供应的一个威胁呢？近期商业捕渔局所做的实验可能会为我们提供答案。研究表明，那些刚刚过了幼年期、具有商业价值的小虾，对杀虫剂的抵抗力非常低，其抗药性要用10亿分之几（10^{-9}）来衡量，而不是通常使用的百万分之几（10^{-6}）的标准。例如，在实验中，当狄氏剂浓度为10亿分之十五（1.5×10^{-8}）时，就有半数的小虾被毒死。其他的化学药物的毒性更大。异狄氏剂总是最致命的杀虫剂之一，只要10亿分之零点五（5×10^{-10}）的异狄氏剂就可以导致半数小虾死亡。

这种威胁对牡蛎和蛤蜊更为严重，这些动物的幼体也都是最脆弱的。这些贝壳栖居在海湾和海峡的底部，栖居在从新英格兰地区流向德克萨斯的潮流中，也栖息在太平洋沿岸的保护区。虽然成年的贝壳定居下来，可是它们还是把自己的卵排在大海里。不出几个星期，幼体就可以自由自在地生活了。在夏天的日子里，把一张细密拖网拖在船的后面，就能网到这种小巧玲珑，跟玻璃一样脆弱的牡蛎和蛤蜊的幼体啦。顺带收入囊中的还有许多漂流植物和动物，它们都是浮游生物。这些牡蛎和蛤的幼体跟尘土的颗粒一般大，这些透明的幼体在水面上游泳，以微小的浮游植物为食。如果这些细微的海洋植物枯萎了，这些幼小的贝壳就会活活饿死，而杀虫剂恰可以有效地毒死大多数浮游生物。一般喷洒在草坪、耕地、道路两侧，甚至沿海湿地的除草剂，只需10亿分之几的浓度，就是这些浮游植物的剧毒药剂，而浮游生物却是贝壳幼虫赖以为生的食物。

大量的常用杀虫剂，虽然剂量微小，已经把这种娇弱的幼体置于死地。就算浓度不够，只要一接触到这些杀虫剂，最后也是死路一条，因为它们的生长速度不可避免地会受到阻滞，这必将延长幼贝在致命的浮游生物环境中生活的时间，也就降低了发育成为成鱼的概率。

当然，成年软体动物对某些杀虫剂直接中毒的危险要小得多。不过，这也不一定绝对保险。牡蛎和蛤蜊可能把毒素积聚在消化器官及其他组织里，人们吃这两种贝壳的时候，通常都是不挑不拣全部吃掉，有时还生吃。商业捕渔局的菲利浦·巴特勒博士（Dr. Philip Butler）曾经打过一个不吉利的比喻，在这个比喻中，我们可能发现自身的处境已经跟知更鸟一样。他提醒我们，知更鸟倒没有被滴滴涕的直接喷洒过，可是还是被毒死了，原因是它们吃了蚯蚓，而蚯蚓的体内富集了杀虫剂。

使用杀虫剂消灭昆虫的后果既直接又明显。它造成一些河流和池塘中成千上万的鱼类或甲壳类的突然死亡。虽然后果很戏剧化，很惊悚，但间接蔓延到江湾、河口的杀虫剂，却可能带来更大的灾难，因为这些影响看不见摸不着，无法衡量，人们还不了解。整个形势涉及到许多问题，而这些问题至今还没有令人满意的答案。我们知道，从农场和森林流出的径流中含有杀虫剂，这些杀虫剂现正通过许多河流，也许是所有的河流，被挟裹着入海。可是，我们却不知道这些杀虫剂的特性是什么，总量是多少。一旦它们汇入海洋被高度稀释以后，我们目前还没有任何可靠的方法来检测。尽管我们知道，化学物质在长时间的迁移过程中肯定发生了变化，但我们却不知道，变化后的物质的毒性比原来的毒性更强了还是更弱了。还有一个几乎未探索过的领域是化学物质之间的相互作用问题，考虑到毒药进入海洋之后，那里有大量矿物质与其混合和传递，这个问题就更显得迫在眉睫。所有这些问题急需得到准确无误的回答，而只有进行广泛的研究才能提供答案，然而用于这一目的的活动经费却少得可怜。

淡水渔业和咸水渔业是一项关系到大量民众收入和福利的至关重要的资源。这些资源现在已经受到污染水域的化学物质的严重威胁，这一情况已经毋容置疑了。如果我们能把每年花在研发毒性更大的喷洒剂上的经费的一小部分，用在上述建议的研究工作上去，我们就可以发明危险性更小的喷洒剂，避免我们的河流被有毒物质污染。什么时候公众才能充分认清这些事实，并要求政府行动起来呢？

10. 祸从天降

最初在农田和森林上空喷药是在小范围进行的，但是，空中喷洒的范围一直在不断扩大，喷药量也不断增加，正如一位英国生态学家最近所描绘的那样，喷药已经变成了撒向地球表面的“令人难以置信的死亡之雨”。我们对于这些毒物的态度已经发生了微妙的变化。毒药一旦装入标有死亡危险标记的容器里，我们偶尔使用也会小心翼翼，知道只施用于那些要毒死的目标，而不让毒药碰到其他任何东西。但是，随着新的有机杀虫剂的研发成功，随着第二次世界大战后飞机的大量过剩，所有关于毒药的禁忌都被人们抛到九霄云外了。虽然今天毒药的危险性已经超过了以往人们所熟知的任何毒药。让人惊心动魄的是，人们把含毒的杀虫剂从天空不分青红皂白地喷洒下来。在那些喷过药的地区，不仅是那些要消灭的昆虫和植物领教了毒物的厉害，其他生物，包括人类和非人类，也都深受其害。不仅荼毒森林和耕地，大小城镇也无一幸免。

现在，有相当多的人对从空中向几百万英亩土地喷洒有毒化学药剂表示焦虑不安，而在20世纪50年代后期进行的两次大规模喷药运动大大加深了人们的疑虑。这些喷药活动的目的是消除东北各州的舞毒蛾（gypsy moth）和美国南部的火蚁。这两种昆虫都不是本土原有的，但是却已经在这个国家存活了多年，并没有造成那么严重的灾害，需要我们采取决绝的措施。然而，长期以来，我们的农业部害虫控制科本着为达到目的可以不择手段的思想，突然采取了极端的行动消灭害虫。

消灭舞毒蛾的这一行动计划反映出的问题，是用不计后果的大规模的喷药代替了局部有节制的控制，会造成多么巨大的损害。消灭火蚁计划就是一个严重夸大了必要性，而后贸然采取行动的典型例子。在不具备消灭害虫所需毒物剂量的科学知识的情况下，人们就贸然盲动，结果两个计划都没有达到预期目的。

原来生长在欧洲的舞毒蛾，已经在美国生存近一百年了。法国科学家利奥波德·察乌罗特（Leopold Trouvelot）在马萨诸塞州的梅德福（medford, Massachusetts）建立了实验室。1869年，他正试图让舞毒蛾与家蚕（silkworm）杂交，却不小心让几只蛾子从实验室飞走了。就这样，舞毒蛾一点点地繁衍，遍及整个新英格兰。舞毒蛾得以扩展势力范围，其主要动力是风。舞毒蛾在幼虫（或毛虫）阶段体重是非常轻的，可以御风而行，飞得天高地远。另一个原因是大量蛾卵依附在植物上，舞毒蛾借助于这种形式挨过冬天。每年春天，舞毒蛾的幼虫都有几个星期时间会侵蚀橡树和其他硬木的树丛，现在这种情况在新英格兰各州随处可见，在新泽西州也偶尔发现。1911年，从荷兰进口的云杉又把舞毒蛾带入了美国。还有，人们在密歇根州也发现舞毒蛾，但是进入的途径还不清楚。1938年，新英格兰的飓风把舞毒蛾带到了宾夕法尼亚州和纽约州，但是，阿迪朗达克山脉（Adirondacks）成为阻挡舞毒蛾西行的屏障，那里的森林密布，生长的树木对于舞毒蛾来说没有吸引力。

人们采用了多种多样的手段，成功把舞毒蛾限制在了美国东北部。一百多年以来，自从舞毒蛾登上这块大陆，人们一直担心它侵蚀南阿巴拉契山区广阔的硬木森林，然而这种担心并没有变成现实。新英格兰地区从国外成功引进了13种寄生虫和捕食性生物，现已在新英格兰地区安家落户。农业部本身充分信任这些舶来品可以有效地减少舞毒蛾爆发的频率和危害性。使用这种天然的控制方法，再加上检疫隔离手段和局部喷药，正如农业部在1955年所描述的那样，已经取得了“出色地抑制害虫的分布和危害”的成果。

农业部的植物害虫控制处表示对上述情况非常满意，可是一年以后，却又开始着手一项新的计划了。这项计划在号召人们要彻底“扑灭”舞毒蛾，在一年中对几百万英亩的土地进行了地毯式的喷药。(“扑灭”的含义是在害虫分布的区域中完全彻底地消灭和根除这一物种。）然而，这一计划接连不断地遭遇失败，农业部发现自己不得不一而再再而三地向该地区的人们宣传“扑灭”舞毒蛾害虫的必要性。

农业部对舞毒蛾的展开的大规模化学战争全力以赴。1956年，在宾夕法尼亚、新泽西、密歇根、纽约州的近100万英亩的土地上喷洒了杀虫剂。在喷药区，人们纷纷抱怨说药物危害严重。目睹大面积喷药的方式开始形成了模式，环境保护者越来越忐忑不安。1957年，当宣布要对300万英亩土地实施喷药计划以后，反对的呼声更加强烈。州和联邦的农业官员以其标志性的耸肩，表示他们认为来自个别人的抱怨不足为虑。

长岛（Long Island）地区也属于1957年的灭蛾喷药的范围，主要包括大量人口密集的城镇和郊区，还有一些被盐化沼泽包围着的海岸区。长岛的那沙郡是纽约州除了纽约以外，人口密度最大的郡。“害虫舞毒蛾在纽约大都市蔓延形成的威胁”一直是被当做一个重要的原因来证明喷药计划是正当防卫，看起来荒唐至极。舞毒蛾是一种生长在森林的昆虫，自然不会在城市里生存，不可能生活在草地、田地、花园和沼泽中。可是，1957年，美国农业部和纽约州农业和商业部雇用的飞机把指定的油溶性滴滴涕均匀地喷洒下来。滴滴涕被喷洒到了菜地、制酪场、鱼塘和盐沼里。当喷洒到了郊外街区的时候，药水打湿了一个家庭妇女的衣裳。原来她想赶在轰隆隆的飞机到达之前，尽量把自己的花园覆盖起来。杀虫剂也喷洒到了正在玩耍的孩子们和火车站的乘客们的身上。在锡托基特（Setauket），一匹精良的赛马在一条被飞机喷过药的田野小沟里喝过水，结果10小时之后暴毙。汽车被油类混合物喷得斑斑驳驳。花木和灌木凋零枯萎了。鸟、鱼、蟹和益虫都被毒死了。

世界著名的鸟类学家罗伯特·库什曼·墨菲（Robert Cushman Murphy）带领的一群长岛居民曾经向法院提出诉讼，试图阻止1957年喷洒杀虫剂的计划。由于他们的最初要求被法院驳回，这些提出抗议的居民不得不忍受规定量的滴滴涕喷洒。然而，自那时起，他们仍然锲而不舍地争取喷药的长期禁令，然而由于这一次喷药已经完成，法院只能认为这一申诉“有待讨论”。这一案件被一路送至最高法院，但最高法院拒绝接受申诉。法官威廉·道格拉斯（William O.Douglas）对法院拒绝重审的决定表示强烈反对，他认为“许多专家和有责任感的官员对滴滴涕的危险性提出过警告，说明这一案件对于民众非常重要”。

长岛居民提出的诉讼起码引起了民众对于大量使用杀虫药这一愈演愈烈的趋势的关注，引起了民众对于昆虫控制管理处等权力机构漠视居民个人神圣财产权利和倾向的关注。

对于许多人来说，舞毒蛾喷洒的过程中出现的牛奶和农产品的污染是一个填堵的意外。在纽约北部韦斯切斯特郡（Westchester County）沃勒牧场的200英亩土地上发生的事情也很说明问题。沃勒夫人（Mrs. Waller）曾经明确要求农业部官员不要向她的牧场喷药，因为向森林喷药时，是不可能避开牧场的。她主动提出检查地里的舞毒蛾，用点状喷洒来阻止蛾虫的蔓延。尽管人们向她保证，不会把杀虫剂喷到牧场上，但她的土地还是两次直接喷到了杀虫剂，还有两次受到飘来的杀虫剂的污染。取自沃勒牧场的纯种噶立斯母牛的牛奶样品表明，在喷药48小时以后，牛奶中滴滴涕含量就达到了14ppm。从母牛吃草的田野上取来的饲料样品证明田野也被污染了。尽管这个县的卫生局接到了通知，却没有指示牛奶不能上市。这是消费者缺乏保护的一个典型事例，不幸的是，这种情况普遍存在。尽管食品和药物管理处不允许牛奶中有一滴杀虫剂的成分，却监管不力，而且只有在州际间交换货物的时候才会执行。州政府和郡政府的官员在没有强制的情况下，是不会遵循联邦政府规定的杀虫剂用药标准的，除非当地的法令和联邦规定恰好一致，而其实却很少一致。

菜园的菜农也遭了难，一些蔬菜的叶子枯萎焦黄，还出现了斑点，那品相根本就不可能拿到市场上去卖。剩下的蔬菜含有大量残毒，在康奈尔大学（Cornell University）农业实验站检测的一个豌豆样品里，检测出滴滴涕含量高达到14～20ppm，而法定最高容许值是7ppm。因此，菜农们要么不得不承受巨大的经济损失，要么明白自己的处境，知道自己在贩卖含超标残毒的产品。他们中间一些人寻找和收集了被污染的证据。

由于滴滴滴在空中喷洒日益增多，到法院上诉的人数也日益增加了。其中包括纽约州几个地区的养蜂人。早在1957年喷洒计划实施以前，养蜂人就由于在果园中使用滴滴涕遭受了巨大损失。其中一位养蜂人不无嘲讽地说："1953年以前，我一直想当然把美国农业部和农业学院所提出的每一项计划都认为是毋庸置疑的。"可就是在那年的5月，在纽约州进行大面积喷药以后，这个养蜂人损失了800个蜂群。损失范围这么广，程度这么严重，有14个养蜂人损失了25万美元，于是，他们也加入了纽约州控告的队伍。另一位养蜂人，他的400个蜂群在1957年的喷药行动成了一个附带目标，他报告说，林区蜜蜂的野外工蜂已经被百分之百毒死，而在喷洒密度略低的农场也有高达50%的工蜂死亡。他写道："五月份走到院子，却听不到蜜蜂的嗡嗡声，这是一件令人十分懊丧的事情。"

这些控制扑灭舞毒蛾的计划和行动打上了大量不负责任的烙印。由于给喷药飞机付费是根据喷洒的杀虫剂的数量而不是喷洒的亩数，所以飞行员就没有必要去节约杀虫剂，这样一来，大量土地喷药的次数就不止一次，而是多次。至少在有一个案例是这样的，签订空中喷药合同的对象是一个外州的公司，在本地区没有分公司，注册条件与纽约州政府官员建立合法责任体系的要求不符。在这样一种非常微妙的情况下，在苹果园和养蜂业上遭受直接经济损失的居民们发现自己都不知道该去控告谁。

在1957年灾难性的喷药之后，很快缩小了这个行动计划，并发表了一个含糊其辞的声明，说要对过去的工作进行“评估”，对杀虫剂进行检查。1957年的喷药面积是350万英亩，1958年减少到50万英亩，而1959年、1960年、1961年年又减少到10万英亩。在此期间，控制害虫处一定获悉了来自长岛那令人不安的消息，大量舞毒蛾又在那里卷土重来了。这一费用高昂的喷药行动原本计划彻底根除舞毒蛾，不料却使得农业部大大失去了公众的信誉，也让公众的良好愿望化为泡影。

与此同时，农业部的植物害虫控制人员似乎已经暂时性遗忘了舞毒蛾事件，他们转而又忙于在南方着手一个更加野心勃勃的计划。“扑灭”这个词仍然很容易从农业部的油印机上印出来，这一次散发的印刷品向人们承诺要扑灭火蚁。

火蚁，是一种因火红色而得名的昆虫，好像是通过阿拉巴马州的莫比尔港（Mobile）从南美洲舶入美国的。在第一次世界大战以后，人们很快在阿拉巴马州发现了这种昆虫。到了1928年，火蚁已经蔓延到了莫拜尔港的郊区。以后，它继续入侵，现在已经进入到了南方的大多数州。

在火蚁到达美国这40多年里，好像并没有受到多少关注，只是因为火蚁建立了巨大的窝巢，形如土丘，高达1英尺或者更高，在火蚁最多的州里才把火蚁视为一种讨厌的昆虫。这些火蚁窝巢妨碍农业机械操作，尽管如此，也只有两个州把火蚁列为最重要的20种害虫之一，并且几乎排在名单的最后一位。看来，不论是官方或者私人，都没有感觉到火蚁是对农作物和牲畜的一种威胁。

随着杀伤力更为广泛的化学药物的研发，官方对火蚁的态度突然出现了一个180°的大转弯。1957年，美国农业部发起了一个有史上最吸引眼球的宣传行动。火蚁瞬间成为大量的政府宣传、政府授意的故事和电影联合打击的对象，火蚁被描绘成南方农业的掠夺者和杀害鸟类、牲畜和人类的凶手。

一个声势浩大的行动宣布开始了，在这一行动中，联邦政府与受害的州通力合作，要在南方九个州内一次性地处理2000万英亩的土地。1958年，当扑灭火蚁的计划正如火如荼的时候，一家商业杂志兴高采烈地报道说："随着美国农业部执行的大规模灭虫计划不断扩大，美国的杀虫剂制造商们似乎开辟了一条发财之路。"

没有哪个喷药杀虫计划像这一计划这样实际上到了人人喊打，人人得而诛之的地步，当然，那些在"发财之路"上大发横财的人除外。这是一个典型的大规模控制昆虫实验的反面例证：考虑不周，执行不力，有害无益，劳民伤财，残害动物，使公众对农业部丧失信任，很难理解为什么还会有基金投入。

后来失信于公众的那些主张，最初却赢得了国会的支持。火蚁被描绘成对南方农业的一个严重威胁，据说它毁坏庄稼和野生动植物，侵害了在地面上筑巢的幼鸟，火蚁刺给人类健康造成严重威胁。

这些主张听起来合理吗？那些想挪用资金的官方证人做出的陈述与农业部重要出版物的内容有出入。如果农业部还相信自己的宣传的话，那么，1957年，在专门报道侵犯农作物和牲畜的昆虫的"杀虫剂介绍通报"上，并没有很多地提及火蚁——这一"遗漏"是令人吃惊的。甚至在1952年的农业部百科全书年鉴（该年鉴登载的全部都是关于昆虫的内容）这本150万字的书中，关于火蚁的内容也只有很小的一段。

农业部的一份未正式行文的意见，认为火蚁不仅会毁坏庄稼，而且伤害牲畜。而阿拉巴马州与这种昆虫有过密切接触和切身体会，该州的农业实验站进行了认真仔细的研究，所持意见与农业部相左。据阿拉巴马州科学家的说法，火蚁“对庄稼的危害非常罕见”。1961年，时任美国昆虫学会（Entomological Society of America）主任的阿拉巴马州理工学院的昆虫学家埃伦特博士（Dr. F. S.Arant）说，他所在的部门“在过去五年中，从来没有收到过关于火蚁危害植物的报告……也从来没有观察到火蚁对牲畜的危害。”这些长期在野外和实验室中对火蚁进行观察的人说，火蚁以吃各种各样的昆虫为主，而这些昆虫被大多数认为是对人不利的。他们观察到，火蚁能从棉花上寻找食棉子象鼻虫的幼虫，火蚁的筑巢活动有助于土壤疏松和透气。阿拉巴马州的这些研究成果，已经被密西西比州立大学的考察证实了。这些研究成果远比农业部的证据更有说服力。显而易见，农业部收集到的这些证据，要么根据农民的口头访问而成的，而这些农民很容易把不同种类的蚁混为一谈；要么就是根据陈旧的研究资料得出的。一些昆虫学家相信，火蚁的饮食习惯已经随着它们数量的日益增加发生了改变，所以在几十年前的观察结果现在已经没有什么价值了。

火蚁对人类的健康和生命威胁的论点，也需要做相应的重大修正。为了增加人们对灭虫计划的支持，农业部赞助拍摄了一个宣传电影，在这部电影中，围绕着火蚁的叮咬有大量恐怖的镜头。不可否认，火蚁叮咬疼痛难忍，也一再告诫人们要避免被刺伤，正如人通常要躲开黄蜂或蜜蜂的刺一样。比较敏感的人的身上偶尔也可能出现严重反应，医学文献也记载过一例可能是因火蚁中毒死亡的病例，尽管这一点还没有得到证实。相反，据人口统计办公室报告，1959年，因蜜蜂和黄蜂蜇刺死亡的人数有33人，然而似乎还没有一个人会提出要“扑灭”这些昆虫。此外，当地的证据是最有说服力的，虽然火蚁在阿拉巴马州已经居住了40年，阿拉巴马也是大量火蚁的聚居地，阿拉巴马州卫生官员却声明："本州从来没有一例被火蚁叮咬身亡的记录。"不仅如此，他们还认为火蚁叮咬所引发的病例是"偶发性的"。草坪和游戏场上的火蚁巢丘可能增加那里的儿童被叮咬的可能性，不过，这很难成为用毒药浸泡几百万英亩土地的借口。面对这种情况，只要对这些巢丘进行单独处理，就很容易解决。

同样，对于火蚁危害作为狩猎对象鸟类的判定也缺乏证据。对此问题最有发言权的当属阿拉巴马州奥本野生动物研究室（Wildlife Research Unit at Auburn, Alabama）的带头人莫里斯·F. 贝克博士（Maurice F. Baker），他有在该地区多年的工作经验。他的观点却与农业部的论点大相径庭，他声称："我们在阿拉巴马南部和佛罗里达西北部可以收获许多猎物，鹑（bobwhite）的种群与大量迁入的火蚁并存。火蚁在阿拉巴马南部已经存在了近40年，而鸟类的数量一直保持稳定，并且还有实质性的增长。如果外来的火蚁对野生动物真形成了严重威胁的话，这些情况根本就不可能存在。"

使用杀虫剂来消除火蚁，对野生动植物会产生什么影响，这完全是另外一回事了。使用的化学药物是狄氏剂和七氯，这两种药相对来说都比较新，人们在土地上应用的经验还不多，没人知道当大范围使用的时候，会对野生鸟类、鱼类或哺乳动物产生什么影响。不过，人们已经知道的，是这两种毒物的毒性都是滴滴涕许多倍。滴滴涕投入使用已经有大约10年左右的时间，即使以每英亩1磅的比例使用滴滴涕，也会毒死一些鸟类和许多鱼。而使用狄氏剂和七氯的剂量要大很多，在大多数情况下，每英亩用到两磅。如果要把白边甲虫也控制住的话，每英亩要用到3磅狄氏剂。以它们对鸟类的效果计算，使用七氯的话，每英亩相当于20磅滴滴涕，而狄氏剂相当于120磅的滴滴涕！

该州的大多数自然保护部门、国家自然保护局、生态学家、甚至一些昆虫学家提出了紧急抗议，他们向时任农业部部长的埃兹拉·本森（Ezra Benson）呼吁，要求推迟这一计划，至少等到做完一些研究，确定了七氯和狄氏剂对野生及畜禽有哪些影响，确定了控制火蚁所需的最低剂量以后再开始实施。农业部长对于这些抗议置之不理，喷药计划于1958年开始实施。第一年，喷洒了100万英亩的土地。显而易见，这样一来，任何研究工作的性质都只能是马后炮了。

随着这一计划的实施，在州、联邦的野生动植物局和一些大学的生物学家的研究工作中被逐渐积累起来大量的事实，研究揭示出一些地区喷药以后所造成的损失之大，甚至导致野生动物彻底灭绝；家禽、牲畜和宠物也都被毒死了。农业部以“夸大其辞”和容易造成“误导”为托辞，将一切受损的证据都一笔抹掉。

然而，事实还在继续累积。例如，在德克萨斯州哈丁县（Hardin County），在喷洒化学药物以后，负鼠、犰狳（armadillos）、大量的浣熊实际上已经难觅踪迹了。甚至在第二个秋天，这些动物依然还是寥寥无几。在这一地区发现的几头劫后余生的浣熊，其体内组织里都有杀虫剂的残毒。

在用药的地区发现的死鸟吞食或者吸收过用来消灭火蚁的毒药，通过对死鸟体内组织进行化学分析，清楚地证实了这是事实。(唯一残存了一定数量的鸟类是家雀，家雀可能对灭蚁的毒药有相对强的抗药性，其他地区也有证据证明了这一点）1959年，在阿拉巴马州的一块喷过药的开阔地上，有一半鸟类被毒死，那些生活在地面上或多年生低植被中的鸟类则无一幸免，百分百地死亡。甚至在喷药一年以后，还没有任何鸣禽出现，大片的鸟类筑巢地区变得沉寂无声，成为不毛之地，春天再没有鸟儿的歌唱。在德克萨斯州，发现黑鹂（blackbird）、美洲雀（dickcissel）和草地鹨（meadowlark）死在自己的窝旁，大量鸟窝被荒废。德克萨斯、路易斯安娜、阿拉巴马、乔治亚和佛罗里达州把死鸟样品送到鱼类和野生动植物服务处进行分析，发现超过90%的样品都含有狄氏剂和一种七氯的残毒，总量达到38ppm。

在路易斯安那（Louisiana）过冬，但孵育于北方的野鹬，现在它们的体内已含有用来消除火蚁的毒物残留。污染的来源是一目了然的。野鹬大量地捕食蚯蚓，用它们那细长的嘴在土里寻寻觅觅。在路易斯安那的一个地区，施药后的6～10个月，发现在蚯蚓的体内组织里含有20ppm的七氯，一年之后，含量依然还在10ppm以上。野鹬间接中毒死亡的后果，现在能在幼鸟与成鸟的比例明显下降上看出来，而第一次注意到这一明显的变化是在处理火蚁后的来年。

最让南方的狩猎者们心烦意乱的是与北美鹑（bobwhite quail）有关的一些消息。这种在地面上筑巢、觅食的鸟儿已经在喷药区被彻底消灭了。例如，在阿拉巴马州，野生动植物研究中心联合开展了一项初步的调查，调查被处理过的3600英亩土地上北美鹑的数量。原来共有13群、121只北美鹑分布于这个地区。在喷药后的两个星期，能见到的北美鹑都是死了的。所有的样品被送到鱼类和野生动植物服务处去进行分析，结果发现其体内所含杀虫剂的总量足以致死。发生在阿拉巴马州的这一幕在德克萨斯州再次重演，该州用七氯处理的2500英亩的土地，也因此失去了他们所有的鹑。90%的鸣禽也随北美鹑死亡，化学分析再次揭示出在死鸟的体内组织中存在七氯。

除了鹑以外，野火鸡（wild turkey）的数量也由于扑灭火蚁的计划锐减。在阿拉巴马州维尔科克斯郡（Wilcox County, Alabama）的一个区域，在使用七氯之前发现过80只火鸡，可是，在喷药以后的那个夏天，却一只也没发现。一只也没发现的意思是就是说，只剩下一堆堆没有孵出的蛋和一只死去的幼禽啦！野火鸡遭遇的厄运大概跟家养的同类是一样的，在用化学药物处理过的区域，农场火鸡也很少能生得出小鸡，很少能孵出蛋来，几乎没有幼鸟能存活下来。这种情况在邻近没有用化学药物处理过的区域从来没有发生过。

倒不是只有这些火鸡遭受过这样的厄运，无独有偶，美国最负盛名、最受人尊敬的野生动植物学家之一，克拉伦斯·科塔姆博士（Dr. Clarence Cottam）召集了一些土地被喷药处理过的农民，他们除了谈到

“所有树上的小鸟”好像在土地喷药之后都已经消失外，大部分农民都报告说损失了牲口、家禽和家养宠物。科塔姆博士报告说：有一个人“对喷药人员非常恼火，他说他的母牛已被毒死，他只好掩埋或用其他方法处理这19头死牛，除此之外，他还知道还有三头或者四头母牛也死于这次喷药处理。初生牛犊就因为吃了母牛的牛奶也死了。”

被科塔姆博士采访过的这些人都感到大惑不解，在他们的土地被药物处理后的几个月，到底出了什么问题。一个妇女对他说“在她周围的土地喷洒了杀虫剂以后，她放出几只母鸡”，她不知道为什么，怎么就没有一只小鸡孵化出来，活下来。另外一个农民，他“是养猪的，在大面积喷洒毒药以后的整整9个月里，他没有小猪可喂，小猪仔要么是一生下来就是死的，要么是生下以后很快就死了。”还有一个农民说37头猪本来生了250头小猪，但只有31头活了下来。自从他的土地被毒药喷洒化以后彻底无法再养鸡了。

农业部自始至终坚持否认牲畜损失与扑灭火蚁的计划有关。而乔治亚州班布里奇（Bainbridge, Georgia）的一位兽医波特维特博士（Dr. Otis L.Poitevint）则认为牲畜死亡是由于杀虫剂的使用，依据是他经常被叫去给中毒的牲畜看病。在消灭火蚁的喷洒药物以后的两星期到几个月，耕牛、山羊、马、鸡、鸟儿和其他野生动植物开始受到致命的神经系统疾病的折磨。受影响的只有那些已经吃了被污染的食物，或者喝了被污染的水的动物，圈养的动物并没有受到影响。这种情况仅仅是在处理火蚁的地区才能看得到。对这些疾病的实验室实验也驳斥了农业部的意见。波特维特博士与其他兽医所观察的症状就是权威著作中被描述的狄氏剂中毒或者七氯中毒。

波特维特博士还描述了一头两个月大的小牛犊七氯中毒的病例。在这个小牛犊身上做了各种各样的实验室测试，结果有了唯一一个意义重大的发现，就是在它的脂肪里发现了79ppm的七氯，而此时已经是在施用七氯的5个月之后。小牛犊是在吃草时直接中了七氯的毒呢，还是从母乳间接中毒，或者是在出生之前在母体里就中了毒？波特维特问道：“如果七氯来自牛奶，那么为什么不采取特别措施来保护我们饮用本地牛奶的孩子们呢？”

波特维特博士的报告提出了一个关于牛奶污染的重大问题，消灭火蚁计划所包括的区域主要是田野和农田。那么，在这些土地上的放牧的奶牛又会怎样呢？在喷洒过化学药物的田野上，青草不可避免地带有某种形式的七氯残毒，如果母牛吃了这些残留物，那么，在牛奶里就肯定会出现有毒物质。早在执行火蚁控制计划以前的1955年，就有实验证实七氯毒物可以直接进入牛奶。后来，又有报告说给狄氏剂做了同样实验。与七氯一样，狄氏剂也被用于火蚁控制计划。

农业部的年鉴列出过一个化学药物的黑名单，现在也把七氯和狄氏剂列入其中，认为这些化学药物不适合喷洒在产奶动物和食肉动物的草料上。然而农业部门的害虫控制处还在推广和执行南方的牧场上喷洒七氯和狄氏剂的计划。谁来保护消费者，不让他们在牛奶中再发现狄氏剂和七氯残毒呢？美国农业部会毫不犹豫地回答说，它已经建议农民把牛赶出喷了药的牧场，等30～90天再回来。你不妨想想，许多农场这么小，而控制计划的规模又这么大，许多化学药物是用飞机喷洒的，因此，人们接受并按照这一建议去做的可能性十分可疑。以残毒的稳定性而言，这一规定的期限也是不够的。

虽然食品与药物管理处对牛奶里出现的任何杀虫剂残毒都会大皱眉头，但它在这种情况下，权力却非常有限。在大多数实施火蚁控制计划的州里，牛奶业都萎缩了，牛奶产品无法在其他州出售，联邦灭虫计划造成的问题，给牛奶供应带来了危机，却抛给各州自己去解决。1959年寄给阿拉巴马、路易斯安那和德克萨斯州卫生官员和其他有关官员的调查问卷显示，他们没有进行过实验研究，甚至完全不知道牛奶是否已经被杀虫剂污染。

同时，与其说在控制火蚁计划开始执行之后，不如说在其执行之前，就已经有人做了一些关于七氯特殊性质的研究。也许，更准确地说，在发现联邦政府的灭虫行动带来危害的前几年，已经有人查阅了当时发表的研究成果，企图阻止这一控制计划的实行。七氯在动植物的组织或土壤中经过短时存留，就会摇身一变，以一种毒性更大的环氧化物的形式出现，通常还被误以为是风化作用产生的氧化物，这是一个事实。自1952年以来，人们就已经对这种转化心知肚明，食品与药物管理处发现，用30ppm的七氯喂养的雌鼠，短短在两星期过后，雌鼠的体内就贮存了165ppm的环氧化物，毒性也更强了。

上述事实只在1959年的生物学文献有所披露。当时，食品与药物管理处采取措施禁止食物有任何七氯及其环氧化物的残毒。这一禁令起码对控制计划起了暂时的缓冲作用。尽管农业部仍在继续催讨控制火蚁的年度款，但是地方的农业管理机构已经越来越不愿意劝说农民使用化学杀虫剂，农民如果使用这些杀虫剂，可能使他们的农产品无法在市场上进行合法买卖。

简而言之，农业部没有对所使用的化学药物的已有知识进行最起码的调查，就贸然实施计划。或者说，即使调查过了，也会无视所发现的事实。对于化学药物灭虫所需要的最低含量的初步研究一定失败了。在化学药物大剂量使用长达三年之后，突然在1959年把使用七氯的用量降低下来，从每英亩2磅减少到了1.25磅，后来，又减少到每英亩0.5磅，在3～6个月期间的两次喷洒中，每次的施用量为0.25磅。农业部的一位官员把这一变化描述为“一个有进取性的方法改善计划”，这种改善说明，使用小剂量依然有效。假如人们在扑灭害虫计划实施之前就掌握了这些信息，那么，就有可能避免巨大的损失，纳税人也能节省一大笔钱。

1959年，大概是农业部企图抵消人们对该计划与日俱增的不满情绪吧，所以，主动提出给德克萨斯州的土地的主人免费提供化学药物，条件是土地的主人签署文件，注明联邦、州及地方政府对所造成的损失免责。同年，阿拉巴马州对于化学药物所造成的损失感到震惊和愤怒，所以，拒绝为进一步执行该计划拨款。一位官员对于整个计划特征概括如下：“这是一个愚蠢、草率、考虑不周的行动，是一个对其他公共和私人的职责横行霸道的典型例子。”尽管阿拉巴马州政府没有划拨资金，联邦政府的资金还是源源不断地流入阿拉巴马州，1961年立法部又被说服拨出了一小笔经费。与此同时，路易斯安那州的农民们越来越不情愿签署相关的文件，显而易见的原因就是，使用化学药物对付火蚁，造成了危害甘蔗的昆虫大量繁殖。不仅如此，显而易见，这一计划并没有达到预期的目的，1962年，路易斯安那州大学农业实验站、昆虫学研究领军人物纽瑟姆（Dr. L. D. Newsom）教授对这一灾难性的状况作了简明扼要的总结：“迄今为止，一直在州政府和联邦代办处指导下的‘扑灭’外来火蚁的计划是彻底失败的计划。在路易斯安那州，今天虫害为患的地区与控制计划开始之前相比，反而更大了。”

看来，一种采取更为深思熟虑、更为稳妥办法的倾向和趋势已经开始出现。据报告，“在佛罗里达州，现在的火蚁数量比控制计划实施前还要多。”佛罗里达州宣布，拒绝采纳任何关于大规模扑灭火蚁计划的意见，准备集中力量采取小区域控制的办法。

多年来，高效而节约的小区域控制方法已经广为人知。火蚁具有建巢而居的特性，这使得对个别巢丘的进行化学药物处理变得简单易行。这样处理的费用，每英亩大约1美元。在那些巢丘多，同时还准备实行机械化的地方，耕作者可以首先把土地铲平，然后直接向巢丘喷洒杀虫剂，这种办法已由密西西比农业实验站研发出来了。这种办法可以控制90%～95%的火蚁，每英亩成本只有2.3美元。相比来看，农业部的那个大规模控制计划每英亩的成本高达3.5美元，可见，农业部的计划是所有计划里造价最高、危害最大、效率最低的计划。

11. 超越波尔吉亚家族的梦想

我们所在世界的污染不仅仅源于大规模的喷洒杀虫剂。的确，对于我们中的大多数人来说，大规模喷药与我们日复一日、年复一年所遭受的那些无数小规模毒剂危害相比，就没有那么重要了。正如滴水穿石的过程，人类与危险的化学药物从小到老，相伴终生，最终会证明造成的危害十分严重。不论每一次的危害有多么轻微，然而，反复的危害终将导致化学药物在我们体内留存，导致累积性中毒。可能没有人可以避免与日益扩大的污染接触，除非他生活在想象中的世外桃源。被软广告和别有用心的劝说者蒙蔽了双眼的普通公民，很少意识到对方正在用剧毒物质把自己包围起来，甚至可能都没有意识到自己正在使用剧毒的物质。

广泛使用毒物的时代已经铺天盖地来临，所以，任何一个人可以在商店里随随便便地买到比隔壁药店的药毒性更大更致命，而不会遭到质疑；相反，如果他要去买有毒性的药，却可能按要求在药房的有毒物登记本上签名。只要对自己所购买的化学药物具备最起码的常识，即便是胆子最大的顾客，也会被任何一家超级市场的调查吓得魂飞魄散。

如果在杀虫剂商店的上面挂起一个画有骷髅和交叉大腿骨的死亡标记，那么，顾客进入商店时起码会像人们通常对待致死物质那样，心存敬畏。可是，恰恰相反，在这样的商店里，商品陈列得温馨如家、喜气洋洋，一排排的杀虫剂与其他商品同样地陈列着，没有区别。杀虫剂与洗澡、洗衣用的肥皂紧挨在一起，过道里有泡菜和橄榄。装在玻璃容器中的化学药物放在一个儿童伸手可及的地方，如果被哪个小孩或者粗心大意的大人不小心碰掉在地板上的话，那么，周围的任何人都可能被溅上有毒的药物，而这些药物会让被溅到的人染病。买主把药物带回家，也会把这种危险带回家里。例如，在一个含有滴滴涕的防虫物质的罐子上印着印刷精美的警告，说明是高压储藏，如果受热或者遇见明火，就可能爆炸。一种具有多种用途（包括在厨房里使用）的常见家用杀虫剂是氯丹（chlordane）。然而，食品和药物管理处的一位重要药物学家宣称：在氯丹喷洒过的房子里面居住，危险性“特别大”。其他一些家用杀虫剂中甚至含有毒性更强的狄氏剂。

厨房使用的毒剂制作得既很方便又诱人。厨房的架子纸，无论是白色的或者人们所喜爱的其他颜色的，全都可以用杀虫剂来浸透，不仅可以浸透单面的，还可以浸透双面的。制造商们向我们提供了一个小册子，教我们自己动手消灭臭虫。一个人可以对着小房间、犄角旮旯，以及护壁板上最不容易够得到的角落和裂缝里喷洒狄氏剂药雾，就像按电钮一样便捷。

如果我们被蚊子、沙蚤或者其他害虫困扰，我们则可以有更多的选择：各种各样的洗涤剂、乳霜和喷雾用在衣服和皮肤上，尽管商品说明会告诫说其中一些物质会溶解于清漆、油漆和人工合成物，但我们仍然幻想这些化学物质不会渗透人类的皮肤。为了保证我们随时随地都能击败各种昆虫，纽约一家高级商店推销一种随身携带的杀虫剂袖珍散装包，它既能装在钱包里，也适用于海滨和高尔夫球场，甚至适用于钓鱼竿。

我们可以用药蜡涂抹在地板上，来保证杀死在地板上活动的每一只昆虫。我们可以在我们的壁橱和外衣口袋里悬挂一条浸透了林丹（lindane）的布条，或者把这样的布条放在写字台的抽屉里，这样就可以使我们半年之内都不用担心虫害。可是广告里并没有同时说明林丹的危险，公司推销员也没有说电子雾化器喷洒的林丹对人体有害，他们告诉我们这种药物安全、无味的。然而事实却是，美国医学协会（American Medical Association）认为林丹挥发物非常危险，所以医学协会开展了一个广泛的运动，在其杂志上抵制使用林丹雾化器。

农业部在《家庭与花园通讯》（*Home and Garden Bulletin*）上建议我们用油溶性的滴滴涕、狄氏剂、氯丹或者用各种其他杀虫毒剂喷洒衣服。农业部说，如果喷洒过量，在衣服纤维上留下了杀虫剂的白色沉淀物的话，一刷就能刷掉，可是农业部却忘了告诫我们要注意刷的位置和刷的方法了。凡此种种，最终会导致了这样一个结果：就连我们晚上睡觉时都要与杀虫剂相偎相依，盖着浸透了狄氏剂的防虫毛毯入眠了。

现代园艺与高级毒剂是密不可分了。所有的五金店、园艺店和超级市场，都为园艺工作中可能产生的各种需要提供了一排排的杀虫剂。那些没有大量使用众多致死喷雾和药粉的人被视为疏忽大意的人，因为差不多每种报纸上的园艺专栏和大多数园艺杂志都认为，使用这些药物是理所当然的。

甚至速效致死的有机磷杀虫剂也被广泛地用于草坪和观赏植物，因此，1960年，佛罗里达州卫生委员会（Florida State Board of Health）发现有必要禁止任何人在居民区对杀虫剂进行商业性应用，除非他首先征得同意并符合既定要求。在这一规定实施之前，由于对硫磷中毒引起的死亡已有多例。

很少出现警示，提醒正在接触极其危险的药物的花园主人和房主，相反，一些新奇的器械纷纷涌现，使得在草坪和花园中使用毒剂变得更加容易了，从而增加了花园主人与毒物接触的机会。例如，一个人买一个药瓶附加在浇花园的水管上，人给草坪浇水的时候，借助于这种装置，诸如氯丹和狄氏剂这样的剧毒杀虫剂，就会跟着水喷洒出去。这种装置不仅对使用水管的人是一个危险，对公众也是一个威胁。对此，《纽约时报》发现有必要在园艺专栏上提出警告，即除非安装一个特殊的保护性装置，否则毒药就会由于水的回吸功能使得毒药进入供水管网。考虑到这种装置使用广泛，数量巨大，考虑到很少有人发出这样的警告，所以，面对我们的公共用水被污染的问题，我们无需讶异！

花园主人身上可能会出现什么问题，我们来看看一个内科医生的病例。这个内科医生是一个热情的业余园艺爱好者。起初，他每星期有规律地在自家的灌木丛和草坪上使用滴滴涕，后来，又使用马拉硫磷杀虫剂（malathion）。他有时用手洒喷药，有时借助于水管上的附件直接把药加入水管。当他这么做的时候，皮肤和衣服常常被药水打湿。这种情况持续了大约一年之后，他忽然病倒了，被送进医院治疗。对他的脂肪活组织取样进行的检查，显示已经存留23ppm的滴滴涕。他的大面积神经受到损伤，给他治疗的内科医生认为这种损伤是永久性的。随着时间的推移，他的体重减轻，身体感到极度疲劳，患上了罕见的肌肉无力症，这是典型的马拉硫磷杀虫剂中毒的症状。所有这些长期症状已经非常严重，使得这位内科医生无法继续行医了。

除了花园以往使用的喷水龙头以外，为了方便施放杀虫剂，给机动割草机也装配了附件，主人在自家的草地上进行收割的时候，这种附加装置就散发出蒸汽般的白雾，这样一来，易散发的杀虫剂微粒就融入了具有潜在危险的汽油废气中，郊区居民对此从来没有过疑虑，他们依旧选择用机动割草机喷洒杀虫剂，杀虫剂的微粒随废气一起播散，他在自家的土地上空加重了空气的污染，污染程度之高，没有几个大城市可以与之匹敌。

还要说一点，就是使用毒剂进行园艺修理，以及在家庭里使用杀虫剂的时尚带来的危害。商标上印刷的警告字体很小，也不醒目，结果就是几乎没有人自找麻烦去读或者照着去做。一家企业现在正在调查那为数不多地认真对待这种警告的人有多少，调查结果表明，在使用杀虫剂时，只有不到15%的人知道容器上有警告。

现在，郊区居民已经习惯了只要能去除野草，可以不惜付出任何代价。装有化学药物的袋子几乎成了一种地位的象征，袋子里的除草杀虫剂可以清除草坪上人们不喜欢的野草。商品的名字绝对不会让人们联想到商品的实质和属性。要想知道这些袋子里是否含有氯丹还是狄氏剂，人们必须仔细地去读袋子上面最不醒目的地方上的那印刷精美小巧的文字。处理和使用杀虫剂的相关技术资料，只要涉及到危害的事实，就很难在五金店或者园艺用品商店里找到。相反，顾客得到的资料却是典型的说明书，描绘了一个阖家欢乐的景象：父亲和儿子笑盈盈地准备给草坪喷洒杀虫剂，小孩子们和宠物狗正在草地上打滚。

我们食物中的杀虫剂残毒问题一直在争论不休。工厂淡化残毒的存在，要么说无所谓，要么矢口否认。同时，现在存在着一种强烈的倾向，即要给所有坚持要求食物避免受到杀虫毒剂污染的人扣上“盲从者”“迷信”的帽子。那么，拨开这些争论的迷雾，事实真相是什么呢？

医学已经确认，作为一种常识我们也知道，那些生于和死于滴滴涕时代（大约在1942年）的人，他们的身体组织中不含滴滴涕以及其他同类物质。正如我们在第三章所提到过的那样，1954—1956年间，对普通人身上所采集的人体脂肪样品进行检测，发现含有的滴滴涕平均为5.3～7.4ppm。有证据证明，从那时起，人体内的滴滴涕平均含量一直在持续上升，已经到一个较高的程度。当然，对那些由于职业和其他特殊原因而经常接触杀虫剂的个别人，他们体内的含量就更高了。

在接触不到严重杀虫剂污染的普通人那里，可以假设留存在脂肪里的滴滴涕是通过食物进入人体的。为了证实这一假设，美国公共卫生署（United States Public Health Service）组成一个科学团队对餐馆和大学食堂的膳食进行抽样检查，结果发现每一种膳食样品中都含有滴滴涕！据此，调查人员有充分理由得出这样的结论："人们可以信赖的、完全不含滴滴涕的食物寥寥无几。"

这样被污染的食物数量庞大。在一项公共卫生服务处的独立研究中，监狱膳食分析的结果显示，煮酥的干果含有69.6ppm滴滴涕，面包含有100.9ppm的滴滴涕！

在普通家庭的日常饮食中，肉类食物和任何由动物脂肪制成的食品都含有氯化烃（chlorinated hydrocarbons）的大量残毒，原因是这类化学物质可以在脂肪里溶解。相比较而言，在水果和蔬菜中的残毒要少一些，冲洗能起的作用非常有限，最好的方法还是摘掉和扔掉诸如莴苣、白菜这样的蔬菜所有外层的叶子，水果去皮，并且不要再利用果皮或者任何外壳。高温烹调也无法消除残毒。

食品和药物管理条例规定少数食品不允许含有杀虫剂残毒，牛奶是其中之一。可是，实际上，只要进行检查，不论什么时间，都会查出残毒。黄油和其他大规模生产的奶酪制品中的含毒量最高。1960年，对这类产品的461个样品进行抽检，结果发现1/3含有残毒，食品与药物管理处把这种状况描述为"与鼓舞人心相去甚远"。

看来，要想找到不含滴滴涕和相关化学药物的食物，必须到一块遥远、荒蛮的土地上去了，一块缺乏现代文明的种种便利设施的土地上去。这样的土地好像还存在吧，起码存在于遥远的阿拉斯加北极海岸（Arctic shore）的边缘地带吧？可是，就算在那里，都会看到正步步迫近的污染的阴影。科学家对该地区爱斯基摩人（Eskimos）所食用的当地的日常饮食进行调查时，发现不含杀虫剂。鲜鱼和干鱼，从海狸（beaver）、白鲸（beluga）、美洲驯鹿（caribou）、驼鹿（moose）、北极熊（polar bear）、海象（walrus）身上所取得的脂肪、油或肉，蔓越橘（cranberry）、美洲大树莓（salmonberry）和野大黄（wild rhubarb），所有这一切都全都没有被污染。这里只有一个例外——来自波因特霍普（Point Hope）的两只白猫头鹰含有少量的滴滴涕，大概是它们是在迁徙过程中摄入的。

对一些爱斯基摩人体内的脂肪样品进行抽样分析的时候，发现了少量滴滴涕残毒（0～1.9ppm）。原因是再也清楚不过了：这些脂肪样品是从那些离开家乡到安克雷奇（Anchorage），在美国公共健康服务处医院做手术的人身上取来的。这里流行“文明”的生活方式。正如大多数人口稠密的城市的食物一样，这所医院的食物里也发现含有大量的滴滴涕。当他们在文明世界逗留的时候，这些爱斯基摩人已被打上了杀虫剂污染的印记。

由于对农作物普遍喷洒了这些毒物，必然会呈现出的事实和结果就是，我们所吃的每一顿饭里都含有氯化烃。假如农民细心地按照标签上的说明去做，那么，使用杀虫剂所产生的残毒也不会超过食品与药物管理处所规定的标准。暂且抛开这些残毒标准究竟是否如他们所说的那样“安全”不谈，一个众所周知的事实是，农民们经常地在临近收获的时候超量使用杀虫剂，本来用一种就够了，实际却用了几种。从这些方面也可以看出，人们没有看到那些精致小巧的印刷文字和商品说明。

甚至连制造杀虫剂的工业部门也认识到农民会经常滥用杀虫剂，需要进行教育。一家主要贸易杂志最近声称：“看来许多使用者不懂，如果使用杀虫剂超过了所推荐的剂量，就会产生耐药性。另外，农民还会一时心血来潮，就随随便便在许多农作物上使用杀虫剂。”

食品与药物管理处的卷宗所记载的这种胡作非为已经上升到了一个令人不安的数量。有忽略药剂说明的几个例子：一个种莴苣的农民，在临近莴苣收获的时候，同时使用了8种杀虫剂。一个运货的人在芹菜上使用了剧毒的对硫磷，剂量相当于最大容许值的五倍。尽管规定莴苣上不允许带有残毒，种菜的人还是使用了氯化烃中毒性最大的异狄氏剂。在收获的前一周，给菠菜喷洒了滴滴涕。

也有偶然和意外造成污染的情况。装在粗麻布袋中的大量绿咖啡也被污染了，因为在船上运输的时候，船上同时还装有一些杀虫药货物。存放在仓库里的带包装的食品受到滴滴涕、林丹和其他杀虫剂多次空中喷洒处理，这些杀虫剂可以进入包装的食品，而且累积到一定的数量。这些食物在仓库中存放的时间越长，被污染的危险就越大。

“难道政府就不保护我们免受这些危害吗？”回答是：“能力有限。”在保护消费者免遭杀虫剂危害的活动中，食品与药物管理处由于两个原因受到严重的局限。第一个原因是，食品与药物管理处只有权过问在州际进行贸易运输的食品，却完全没有权力管辖在州内部种植和买卖的食物，不论其中有多少违规行为。第二个原因是一个一目了然的事实，就是在食品与药物管理处的办事员人力不足，他们还不到600人，却要从事各种各样繁杂的工作！据食品与药物管理处的一位官员透露，只有极少量的州际贸易的农产品（远小于1%）能用现有设备进行抽样检查，这样取得的统计结果是没有统计学意义的。至于在每个州内生产和销售的食物，情况就更糟了，因为大多数州在这方面根本没有完善的法律条文。

由食品与药物管理处规定的污染最大容许限度（称为“容许值”）存在明显的缺陷。在这种现今使用杀虫剂风气盛行的情况下，这一规定不过是一纸空文罢了，反而造成了一种假象，好像安全限制已经确定下来，而且大家都在遵照执行。至于允许毒剂喷雾洒到我们所吃的食物上，这个上洒一点，那个上洒一点，这么做的安全性有多大，有很多人有充分的理由争辩，认为食物里没有哪一种毒剂是安全的，或者是人们想要加在食物里的。为了确定容许值的标准，食品与药物管理处重新审查了毒剂对动物的毒物实验的结果，然后确定了一个污染的最大容许值，这个最大容许值大大小于引起实验动物出现中毒症状的需要量。用来确保安全的这一系列容许值，忽略了大量重要的事实。一个生活在高度人工控制环境里的实验动物，食用一定数量特定的杀虫剂，结果与接触杀虫剂的人是有很大区别的。人接触的杀虫剂不仅种类繁多，而且大部分是不熟悉的、无法测量的，不可控制的。就算一个人午餐色拉里的莴苣含有7ppm的滴滴涕是“安全的”，可是在这顿饭上，人还会吃其他食物，其他食物中的每一种食物都含有一定量的残毒，这些残毒并非不超标。另外，正如我们所了解的那样，通过食物摄入的杀虫剂仅仅是人的摄入总量的一部分，还可能是很少的一部分。多种渠道摄入的化学药物的叠加就构成了一个难以测算的总摄入量。因此，讨论在任何单独一种食物中残毒量的“安全性”，这是毫无意义的。

另外，还存在一些缺陷。有时，这些确定下来的容许值与食品与药物管理处的科学家所做出的更为准确的判断相反，这些科学判断会在本书后文加以引证。或者这些容许值是依据不全面的化学药物知识确定下来的。在对实际情况有了更多的了解之后，这种容许值后来就不再受到重视，甚至被弃之如敝履，不过，那已经是公众遭受化学药物明显危害多少个月或多少年以后才出现的现象。不是给七氯确定了一个容许值吗？后来又不得不把这个容许值取消了。在某种化学物品登记使用之前，由于没有野外实用分析方法，因而，寻找残毒的检查总是受挫。这一困难极大地阻碍了对“氨基三唑”（aminotrazole）残毒的检查工作。同样，某种普遍应用于种子处理的灭菌剂（fungicide）也同样缺少分析方法。如果在种植季节结束之前这些种子还没有在地里下种的话，则非常可能成为人类的食物。

可是，从结果上看，确定容许值就意味着允许给公众提供的食物受到有毒化学物质污染，这样一来，农民和农产品加工者会为质次价高而欢喜，而对消费者却不利，消费者必须增加纳税额，以支付警察局查证消费者食用的剂量不会致死的费用。不过要做这项查证工作的工资可能要比立法法官还要高，这样他们才有勇气去了解杀虫剂的现用量与毒性的情况。最后的结果就是，倒霉的消费者白白付了税，却照旧摄入那些不受人们注意的毒物。

解决方案是什么呢？首先是取缔氯化烃、有机磷和其他剧毒化学物质的容许值。这一建议会立刻遭到反对，因为会给农民身上增加一个难以承受的负担。但是，正如现在所要达到的目标那样，如果能按7ppm的滴滴涕、或1ppm的对硫磷、或0.1ppm的狄氏剂的要求，在各种水果蔬菜上使用杀虫剂，留下的毒量合乎容许值，那么，为什么不可以加倍小心彻底杜绝残毒呢？事实上，现在对一些化学药物正是这样要求的，例如用于某些农作物的七氯、异狄氏剂、狄氏剂等。既然上述杀虫剂可以实现既定目标，为什么不对所有的杀虫剂都做同样的要求呢？

然而，这并不是一个一了百了的终极解决方案。纸上谈兵的容许值并没有什么价值可言。正如我们所知道的那样，如今99%以上的州际运输的食物查也不查，直接过关了。因此，急需成立一个警惕性高，态度积极主动的食品与药物管理处，扩大检查人员的队伍。

然而，这样一种制度，它先是故意地污染了我们的食物，然后又对造成的恶果进行司法管理，让人不由自主地想起了刘易斯·卡罗尔（Lewis Carroll）的“白骑士”（White Knight）：白骑士想出“一个计划，把一个人的络腮胡子染成绿色，然后再让他一直摇一把巨大的扇子，这样一来，络腮胡子就不会被人看见了。”终极答案就是少用有毒化学物质，这样一来，滥用化学物质所引起的公众危害就会迅速减少。现有的化学物质有：如除虫菊酯（pyrethrins）、鱼藤酮（rotenone）、鱼尼丁（ryania）和其他来自植物体的化学药物。近期，除虫菊酯的人工合成代用品也已经研发出来了，一些生产国可以应市场的需要随时准备增加天然产品的输出。针对出售的化学物质的性质，对公众实施宣传教育是燃眉之急。普通顾客都会面对可以选择的一排排一行行各种各样的杀虫剂、灭菌剂和除虫剂而早已晕头转向，没有办法知道哪些是致命的，哪些是比较安全的。

此外，为了把高毒杀虫剂转换成危险性较小的农业杀虫剂，我们应该努力探索非化学方法的可能性。现在加利福尼亚正在进行实验，研究对一定类型昆虫身上高度专一的一种细菌所引起的昆虫疾病在农业上的应用。对于这种生物防治方法的扩大实验目前正在进行中。现在存在着极大的其他可能性，既对昆虫进行有效的控制，又不会在食物里留下残毒（请参阅第17章）。以人之常情为标准，在这些新方法大规模地代替旧方法之前，我们不可能从这种不可容忍的情况中得到任何慰藉。从目前的情况来看，我们所处的地位比波尔吉亚家族的客人们好不到哪里去 。

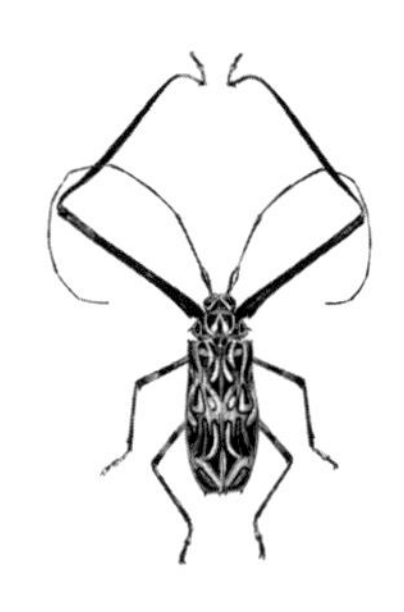

12. 人类付出的代价

化学药物的生产浪潮诞生于工业革命时代，现在这一浪潮已经在我们的环境里风起云涌了。伴随着这一浪潮，最严重的公共健康问题上出现了一个戏剧性的变化。就在昨天，人类还生活在对天花、霍乱和鼠疫等天灾的恐惧之中，他们曾经眼睁睁地看着这些天灾横扫了各个民族，无往而不胜。我们现在主要关心的，已经不再是那些一度给全世界带来疾病的生物。由于有了卫生设施，更好的生活条件，新研发的药物，我们在很大程度上已经控制住了传染性疾病。今天我们所关心的是一种潜伏在我们环境里的类型完全不同的灾害——这种灾害是伴随着我们的现代生活方式发展起来的，由我们人类自己引入人类世界的。

引发环境健康的一系列新问题的原因是多种多样的——有各种形式的辐射，有源源不断生产出来的化学药物，杀虫剂只是其中的一部分。现在，化学药物正在我们所生活的世界畅行无阻，它们以单个或者集群的方式，直接或间接地毒害着我们。这些化学药物的存在，给我们投下了长长的阴影，这一阴影是不祥的，因为它无形而朦胧；这一阴影依然令人恐慌，因为简直不可能预测一生都要受到化学药剂和物理药剂污染的后果，人类还从未有过这种生物体验。

美国公共健康服务处的大卫·普赖斯博士（Dr. David Price）说："我们的生活都时常伴随着挥之不去的恐惧，担心什么恶化我们的环境，它能一招致命，使人类作为一种过时的生命形式而被淘汰，去与恐龙为伍。"有的人认为，也许在明显危害症状出现之前的20年或更早我们的命运就已经被决定了，对此，人们更加忐忑不安。

杀虫剂与环境疾病分布之间交集的图景出现在哪里呢？我们已经看到，杀虫剂现在已经污染了土壤、水和食物。它们让溪流无鱼，林园无鸟，四周寂寂无声。人虽然总是愿意假想大自然是人的一部分，然而事实上，人却是大自然的一部分。现在杀虫剂的污染已经这样彻底地弥散在我们的整个世界，人类还能逃得过吗？

我们知道，人与这些化学药物只接触过一次，即便摄入的总剂量不大，也会急性中毒。但急性中毒并不是主要问题。农民、喷药者、飞行员和其他接触一定量杀虫剂的人，他们突然发病或死亡是令人痛心的，更是不应该发生的。因为杀虫剂在不知不觉间污染了我们的世界，而被人少量摄入后所造成的危害是有潜伏期的，因此，为全人类着想，我们必须更加关注这个问题。

负责公共健康的官员们曾经指出：化学药物对生物的影响是可以长期积累的，而对一个人的危害取决于这个人一生所摄入的总剂量。正因为这些因素，带来的危险很容易被人忽视。对于未来可能发生的灾难的那种模模糊糊的危险，人们总是一笑而过，这是人的本性。一位睿智的医生勒内·杜博斯博士（Dr.Rene Dubos）说："人们总是对症状明显的疾病非常重视，不知道此时，人类一些最危险的敌人已悄然上身。这是人的本性。"

对于我们每个人来说，这一问题正如密歇根州的知更鸟或者对米拉米奇（Miramichi）的鲑鱼一样，是一个互相联系、互相依存的生态问题。我们毒杀了河里讨厌的石蛾（cadolis fly），鲑鱼就渐渐衰弱而死。我们毒死了湖里的蚊蚋（gnat），这些毒物就在食物链里环环相扣传递，湖畔的鸟儿们很快就变成了毒物的受害者。我们给榆树喷洒了药物，在接下来的那个春天里，知更鸟的歌声也就沉寂了，倒不是因为我们往知更鸟身上直接喷洒了药物，而是因为毒物藉由现在已熟知的链条循环——从榆树叶到蚯蚓，再从蚯蚓到知更鸟，一步步地传递。上述这些事故都是有案可查的，是可以观察得到的，是我们周围看得见、摸得着的世界的一部分，是生命与死亡相互纠结之网的反映，科学家们把这个网作为生态学来研究。

然而，在我们身体内部也存在着一个生态世界。在这个不可见的世界里，一些细微的病原会带来严重的后果，而后果却常常看起来与病原无关，因为病原在身体出现的部位，距离最初出现损伤的部位很远。最近，一个对当前医学研究动态的总结说："在一个点上的变化，甚至在一个分子上的变化，都可能影响到整个系统，给那些看来似乎无关的器官和组织带来变化。"对一个关注人类身体神秘而又奇妙功能的人来说，他会发觉原因和后果之间的联系很少能够简单明了地表现出来。它们可能在空间和时间上相去甚远，毫不相干。为了发现发疾病与死亡的原因，要在广阔的、各不相同的许多领域中进行大量的研究工作，取得事实材料，再依据大量看起来似乎截然不同的、毫不相干的事实，耐心地把它们串在一起。

我们习惯于去找寻那些明显的、直接的影响，而忽略其余，除非这一影响突然迸发，而且无可否认，否则我们就会否认危险的存在。就连研究人员也苦于缺乏恰当的方法，难以发现危害的起源。在症状出现之前，缺少充分精密的方法去发现危害，这是医学中亟待解决的一个大问题。

有人会反驳说："可是，我多次将狄氏剂喷洒到草地上，却从来没有像世界卫生组织的喷药人员那样发生过惊厥，所以，狄氏剂并没有伤害到我。"事情可没有那么简单。处理这类药物的人，虽然并未发生急性、戏剧性的症状，毒物却在体内留存起来，这一点毋庸置疑。正如我们所知道的那样，氯化烃在人体的贮存是从最小的摄入量逐渐累积起来的，这些毒性物质进入身体的所有脂肪组织里。只要脂肪在人体内贮存，毒物很快就会如影随行。一个新西兰的医学杂志最近提供了一个例证：一个正在接受肥胖症治疗的人突然出现中毒症状。经过检查，发现他的脂肪里含有累积的狄氏剂，而这些狄氏剂在他减轻重量的过程中已发生了新陈代谢。由于疾病造成体重减少的人身上也会发生这样的情况。

另一方面，毒物积累的影响也可能没有那么明显。几年之前，针对留存在脂肪组织里的杀虫剂产生的危害问题，《美国医学学会杂志》（*Journal of the American Medical Association*）提出严正警告，指出，那些在脂肪组织中具有积累性的药物和化学物质比起没有积累倾向的物质更加需要认真对待。还警告说，脂肪组织不仅是脂肪堆积的地方（脂肪本身占体重大约18%），而且还具有许多重要的功能，而留存的毒物会干扰这些功能。况且，脂肪非常广泛地分布在全身的器官和组织中，甚至可以成为细胞膜的组成部分。因而，牢记这一点非常重要，那就是：脂溶性杀虫剂可以贮存到每个细胞里，它们在那里会干扰氧化和能量生产，而这些是人体最活跃和必不可少的功能。关于这个问题的重要性，我们将在下一章再谈。

氯化烃杀虫剂最重要的毒害之一是它们对肝脏的影响。在人体所有器官中，肝脏是最特别的。从功能的广泛性和必要性来看，肝脏的作用无可匹敌。肝脏控制着许多关键的机体活动，所以，哪怕是受到一点点危害，也会带来大量严重的后果。肝脏不仅为消化脂肪提供胆汁，而且占据重要的位置和特殊的循环通道，这些通道都齐聚肝脏，这样一来，肝脏就能够直接得到来自消化道的血液，得以深度参与了所有主要食物的新陈代谢。肝脏以胆糖的形式来贮存糖份，以葡萄糖的形式释放出严格定量的糖份，以保持血糖的正常水平。肝脏构造体中的蛋白质，其中包括一些至关重要的、与血液凝结有关的血浆基本要素。肝脏使血浆中的胆固醇维持在正常的水平，当雄性激素和雌性激素超标的时候，肝脏就会起钝化激素的作用。肝脏是许多维生素的宝库，一些维生素反过来也有助于肝脏发挥正常的功能。

人如果缺乏功能正常的肝脏，就会被解除武装，换句话说，就再也无法防御各种毒物的持续入侵，其中一些毒物是新陈代谢正常的副产品，肝脏能够迅速、有效地回收并去除毒物中的氮元素，从而把这些毒物转为无毒物质。不过，那些在体内找不到正常位置的毒物也可能被肝脏解毒。“无害的”杀虫剂马拉硫磷和甲氧滴滴涕（methoxychlor），它们的毒性比它们的亲戚要小，就是因为肝脏酶可以对它们进行处理，经过处理，它们的分子结构随之发生了改变，杀伤力也被削弱了。肝脏用同样的方式，处理了我们所摄入的大部分有毒物质。

现在，我们抵御外来毒物和体内毒物的这道防线已经被逐渐削弱，并且正在走向崩溃。一个受到杀虫剂危害的肝脏，不仅再也无法保护我们免受毒害，肝脏的多方面的作用也在受到广泛的干扰。这一后果不仅影响深远，而且由于这种后果的多样性，已经不会立即显示出来的特性，导致人们很难看出引起这些后果的真正诱因。

由于全世界都在使用危害肝脏的毒药杀虫剂，所以，去观察肝炎发病率的急骤上升是很有意思的。肝炎发病率的上升是从20世纪50年代开始的，并且一直持续地波浪式上升。据说肝硬化也在增加。虽然证明原因A产生结果B是公认的难事，而在人类身上证明这一点比在实验动物上还要艰难，简单的常识表明：肝炎发病率的增长与肝脏毒物在环境中的增长之间的关系不是偶然的。不论氯化烃是不是主要诱因，但已经证实这些毒剂具有毒害肝脏的能力，还很有可能减低肝脏对疾病的抵抗力。在这种情况下，我们让自己去接触毒药，似乎是相当不明智的。

氯化烃和有机磷酸盐（organic phosphates），这两种主要的杀虫剂，虽然使用方法略有不同，却都对神经系统有直接影响，这一点通过大量的动物实验以及对人类的观察已经查明了。至于滴滴涕，作为第一种广泛使用的新型有机杀虫剂，它的作用主要是影响人的中枢神经系统。人们认为，主要受到影响的区域是小脑和高级运动神经外鞘。根据一本标准的毒理学教科书说，接触了大量滴滴涕以后，随后就会出现诸如刺痛感、发热、搔痒，还有颤栗，甚至惊厥等不正常的反应。

我们对滴滴涕引起的急性中毒症状的初步认识，是由几位英国调查人员提供的。为了了解滴滴涕造成的后果，他们有意主动接触滴滴涕。两个英国皇家海军生理实验室（British Royal Navy Physiological Laboratory）的科学家与墙壁的直接接触，让皮肤吸收滴滴涕，墙壁上涂过含有2%滴滴涕的水溶性涂料，并且用一层薄薄的石油膜覆盖。滴滴涕对神经系统的直接影响表现得很清楚："疲乏，沉重，四肢疼痛的感觉很真实，精神状态也十分沮丧……还有十分易怒……厌倦任何工作……做最简单的脑力劳动，都觉得脑子不够用。时儿出现剧烈的关节疼痛。"他们说。

另外一位英国实验者曾经在自己皮肤上涂抹滴滴涕丙酮（acetone）溶液来治疗皮肤病。他报告说，他感到四肢沉重和疼痛，肌肉无力，而且有"明显的神经性紧张痉挛"。他休息了一个假期，身体有所好转。可是当他回到工作岗位以后，他的身体状况再度恶化。而后，他在床上躺了三星期，期间一直四肢疼痛、失眠、神经紧张，感觉极度的焦虑。当他全身颤栗的时候，看起来似曾相识，与鸟儿滴滴涕中毒的样子十分相似。这位实验者10周都没能上班工作，一直到那年的年底，当他的病例被在一家英国医学杂志上报道出来的时候，他还未完全康复。（还有一个证据，一些进行滴滴涕实验的志愿者诉苦，说头痛，以及和"明显由于神经问题引起"的"每一根骨头都疼"，让美国的研究者疲于应付。）

现在有许多记录在册的病例，病情的症状和整个发病过程都把发病原因指向了杀虫剂。已知的情况是，这样的典型患者都曾经接触过某种杀虫剂，在采取了一系列措施，从环境中消除所有的杀虫剂以后，病状就会减轻。最为意味深长的是，只要再和这些来犯的化学物质接触，病情就会再度复发！这类证据不仅仅是其他海量疾病病历的依据。我们没有理由不把这当作一个警告，不应该“故意冒险”，愚昧地让我们的环境里充斥着杀虫剂。

为什么所有处理和使用过杀虫剂的人表现出的症状不尽相同呢？这就涉及个体敏感度的问题了。一些证据表明，女性比男性更敏感，年轻人比成年人更敏感，那些经常在室内久坐不动的人比那些在露天劳动或者过艰苦生活的人更敏感。除却这些差别之外，还有一些真实的客观存在，虽然没有规律可循。是什么原因使得一个人对于灰尘或花粉过敏，或者对某一种毒物敏感，或者对某一种传染病容易感染，这是一个医学上的不解之谜。然而这一问题却客观存在着，还影响着大量的人群。根据一些医生估算，1/3或者更多的病人表现出一些过敏症状，并且这个数量还在增长。不幸的是，过敏反应可以在原本不过敏的人身上急性发作。事实上，一些医学人员相信，间歇性接触化学药物正是产生这种敏感的原因。如果这是真实可靠的，那么，就可以解释这一现象：对职业性持续接触化学药物的人进行的一些研究发现，几乎没有中毒的迹象。由于与这些化学药物持续地接触，这些人产生了抗过敏性，正如一个过敏治疗者通过给病人反复注射小剂量致敏药物，使他的病人产生抗过敏性一样。

现实情况更加复杂，人跟实验动物不同，人不是在严格控制下生长的，也绝对不会一直只接触一种化学药物，使得杀虫剂致毒的问题更加棘手。在几种主要的杀虫剂之间，在杀虫剂和其他化学物质之间，都存在着相互作用和潜在的严重危害。另外，当杀虫剂进入土壤、水或人体血液之后，这些化学物质不会保持孤立状态，反而发生了、看不见的神秘变化，借助于这些变化，一种杀虫剂可以改变另一种杀虫剂的危害能力。

甚至在两种主要的杀虫剂之间也存在着相互作用，而通常人们认为它们都是在完全独立地发挥作用。如果人体事先接触过伤害肝脏的氯化烃的话，对神经保护酶——胆碱酯酶（cholinesterase）起作用的有机磷类毒物的能力可能会变得更强。原因是肝功能被破坏以后，胆碱酯酶的水平就会降低到正常值以下。那时，这一外加的、有抑制作用的有机磷就可能强大到引发严重症状。正像我们所知道的那样，成对的有机磷用这种方式相互作用，毒性会增长百倍。或者，有机磷可以与各种药物、人工合成物质、食物添加剂相互作用——对当前给我们世界提供的无穷无尽的人造物质，夫复何言？

一种被认为具有无毒性质的化学物质会在另一种化学物质的作用下瞬间恶变。有一个最好的例子，滴滴涕的近亲“甲基氯氧化物”（methoxychlor），（实际上，甲基氯氧化物并不像人们通常所说的那样没有毒性，最近对实验动物的研究证明它对子宫有直接作用，并对一些很有用的垂体激素有阻碍作用——这也再一次提醒我们：这些化学物质具有极大的生物学影响。其他研究工作表明，甲基氯氧化物对肾脏有潜在的致毒能力。）由于在只摄入甲基氯氧化物的时候，它无法大量存留在体内，人们告诉我们说甲基氯氧化物是一种安全的化学物质。可惜未必如此，如果肝脏已经被其他物质损害，甲基氯氧化物就会以高于正常含量100倍的含量存留在人体体内，此时它与滴滴涕一样，会对人的神经系统产生长期的持续影响。不过，这一肝脏损害的后果可能很轻微，所以不容易被人察觉。这也可以是一个司空见惯的结果——譬如使用了另一种杀虫剂，使用了一种含有四氯化碳的洗涤液，或者服用一种所谓的镇静药，这些东西大部分（不是全部）是氯化烃类，具有损伤肝脏的能力。

对神经系统损害并不仅仅局限于急性中毒，也会受到接触后的遗留影响。与甲基氯氧化物和其他化学物质有关的，对大脑和神经的长期后遗损害已经有过报道。狄氏剂除了急性作用结果外，还有长期的后遗影响，诸如健忘、失眠、做恶梦、直至癫狂。医学研究发现，林丹大量存留在大脑和重要的肝组织中，可以诱发“对神经系统产生深远长效的后遗作用”。然而，六氯联苯这种化学物质还是被大量地用于喷雾器，这种设备能源源不断地把挥发性杀虫剂的蒸气倾泄进家舍、办公室和饭店。

通常，人们会认为，急性中毒引起的剧烈的临床表现与有机磷有关，有机磷也具有对神经组织产生长期后遗性物理损害的能力，近期研究发现，它可能引发神经错乱。随着这种或者那种杀虫剂的使用，各种各样后遗性的麻痹症纷纷涌现。约在20世纪30年代的禁酒时期，美国发生了一件奇闻，预兆了未来之事。这件奇闻的起因不是杀虫剂，而是一种在化学上与有机磷杀虫剂同类的物质。在那段时间，为了逃避法律的制裁，一些医用物质被当作酒的替代品。牙买加姜汁酒就是其中的一种。由于“药用酒精之类”产品昂贵，于是，一些私自造酒的人想出了用牙买加姜汁酒作为代用品的点子。他们做得太成功了，他们的假货通过了一系列化学检测，骗过了政府的化学家。为了给他们的姜汁假酒增加必不可少的强烈气味，他们又加入了一种叫做三原甲苯基磷（triorthocresyl phosphate）的化学物质。这种化学物质与马拉硫磷及其同类一样，能够破坏保护性的胆碱酯酶（enzyme cholinesterase）。饮用私造酒的后果，是大约15000人因腿肌肉麻痹而成了永久性的瘸子，现在把这种病状称为“姜汁酒中毒性麻痹”。这种麻痹症会伴随两种症状，就是神经鞘的损伤和脊髓组织的原有触突的细胞变性。

大约20年以后，其他各种各样的有机磷作为杀虫剂付诸使用了，正如我们所看到的，很快就出现了一系列病例，让人回想起“姜汁酒麻痹”这个历史插曲。有一个德国温室工人的病例，他在使用了几次马拉硫磷以后，不时出现轻微的中毒症状，几个月之后，便出现了麻痹症。接下来，有一群分别来自三个化学工厂的工人由于接触有机磷类杀虫剂，发生了急性中毒。经过治疗，他们恢复了健康，可是10天以后，其中两人出现了腿部肌肉萎缩。这一症状在其中一个人身上持续了10个月。还有一个病例是一个年轻女化学家，她中毒更加严重，不仅双腿瘫痪，还影响到手和胳膊。两年之后，她的病例在一个医学杂志上报道出来的时候，她还是不能走路。

造成这些病例起因的那些杀虫剂已经退出了市场上，不过目前还在使用的一些杀虫剂可能具有同样的杀伤力。用小鸡做的实验表明，园丁工人的好帮手马拉硫磷会导致严重的肌肉萎缩。与“姜汁酒瘫痪”一样，这一症状也是由坐骨神经鞘和脊骨神经鞘损伤引起的。

所有这些由于有机磷酸盐中毒造成的后果，就算没有带来死亡，也是进一步恶化的前奏。从神经系统承受的这些严重危害来看，这些杀虫剂可能最终必然会与精神疾病联系起来。最近，墨尔本大学（University of Melbourne）和在墨尔本亨利王子医院（Prince Henry's Hospital）的研究人员已发现并证实了这一点，他们报告了16例精神病病例。所有这些病例都有着长期接触有机磷杀虫剂的病史，其中3人是检查喷洒药物效果的科学家，8人是温室工人，5人是农场工人。他们的症状从记忆衰退、抑郁反应，到精神分裂，不一而足。在接触化学药物之前，他们的病史记录显示一切正常，他们使用的化学药物像回旋镖一样最后又打到了自己身上，把他们击倒了。

正如我们所看到的那样，类似的事件在各种医药文献里比比皆是，有的与氯化烃有关，有的与有机磷有关。错乱、幻觉、失忆、狂躁——这就是为了暂时消灭几种昆虫所付出的沉重代价。只要我们依然坚持使用那些化学药物，我们还将继续付出沉重的代价，等待那些化学药物来直接摧毁我们的神经系统。

13. 透过一扇狭小的窗户

生物学家乔治·沃尔德（George Wald）曾经把他从事的一项极为专门化的研究课题——“眼睛的视觉色素”，比作是“一扇狭小的窗户，一个人离这扇小窗户比较远的时候，他就只能看见窗外一点亮光。但当他走近些时，他所看到的窗外景象就越来越多。直到最后，当他贴近窗户时，透过这扇狭小的窗户他能够看到整个宇宙”。

这就是说，我们应该把研究工作的焦点先放在人体的单个细胞上，再放在细胞内部的细微结构上，最后再放在这些机构内部的基础反应上——届时，我们才能够理解把外部化学物质引入我们体内环境所带来的深远重大的影响。

仅仅在最近的医学研究中，才发现单个细胞在提供能量过程中的功能，这是生命存在必不可少的能量。人体内能量创造的非凡机制不仅仅对于健康来说是根本问题，对于生命来说也是根本问题。它的重要性甚至胜过了最重要的器官，因为没有正常而有效地产生能量的氧化功能，身体的任何机能都无法发挥作用。然而，许多用于消灭昆虫、啮齿动物和野草的化学药物都具有这样的性质：它们可以直接打击这一系统，扰乱系统奇妙的运转功能。

使我们对细胞氧化作用能有现在这样认识的研究工作，也是全部生物学和生物化学中最令人难忘的成就之一，就是对于细胞氧化作用的认识，为这一研究工作作出贡献的人员中不乏许多诺贝尔奖获得者。在25年间，以早期工作作为奠基石，研究工作一直在一步步地不断向前推进。现在，几乎在所有细节方面都还有待深入。在刚刚过去的10年里，各种各样的研究成果才化零为整，使生物氧化作用成为生物学家所熟知的普通知识中的一部分。而更重要的一个事实是，在1950年以前，甚至连受过基本训练的医学人员，都很少有机会去认识这个过程的至关重要性，以及干扰这个过程所带来的危害。

能量的产生并不是由某个专门化的器官完成的，而是由身体的所有细胞来完成的。一个活的细胞就像火焰燃烧燃料，去释放生命所必需的能量。这一比喻虽然富有诗意，却有欠精确，因为细胞"燃烧"提供的只是人体维持正常体温所需的适当热量。于是，千千万万个小小的火焰就这样温和地燃烧着，为生命提供了所需的能量。化学家尤金·拉宾诺维奇说：如果这些小火焰都停止燃烧，那么，"心脏将会停止跳动，植物再也不能抵抗重力向上生长，变形虫都不再游泳，感觉再也不能通过神经奔跑，思想再也不能在人的大脑中灵光乍现"。

在细胞里，物质转化为能量是一个川流不息的过程，是自然界的一种更新循环，就像轮子一样不停地转动。碳水化合物燃料以葡萄糖的形式一粒儿一粒儿地、一个分子一个分子地加入这个轮子，在循环的过程中，燃料分子经历了分解以及一系列细微的化学变化。这些变化很有规律地一步步地进行着，每一步都由一种具有专业化功能的酶支配和控制着，酶只做这一项工作，其余的工作一律不过问。在能量产生的每一步，废弃物质二氧化碳和水排放出来，改头换面了的燃料分子又被输送到下一阶段。当转动的轮子转够一圈以后，燃料分子已经被脱得一丝不挂而进入一种新状态，随时可与新进入的分子结合起来，重新开始循环。

细胞运作的过程就像化工厂进行生产活动，这个过程是生命世界的一个奇迹。所有的功能零件都是很微小的，也就更增加了奇迹的色彩。细胞几乎全都微小至极，不借助显微镜都看不见。最有奇迹色彩的是，氧化作用的大部分过程是在一个很小的空间内完成的，就是在细胞内部被称为“线粒体”（mitochondria）的极小颗粒内完成的。虽然人们了解线粒体已经有60多年了，然而它们以往一直被视为细胞内部寂寂无名，可能功能也是无关紧要的元素，所以被忽略。直到20世纪50年代，对于它们的研究才变成了一个激动人心、富有成果的科学领域，它们突然开始引起了高度的关注，5年间发表的相关主题论文就有1000篇之多。

人类揭开了线粒体的神秘面纱，是出色的创造才能和顽强的耐力的又一体现，令人敬畏。想象一下，这样一个微小微粒，用一个放大300倍的显微镜都难以看见。再想象一下，竟然有这样一种技术，能把微粒与其他组成部分分开，把颗粒单独取出，对它的组成部分进行分析，确定这些组成部分高度复杂的功能。现在借助电子显微镜和生物化学家的技术，这项研究终于完成了。

现在我们已经知道，线粒体是一个极小的多种酶的包裹体，也是各种各样酶的混合体，包括对氧化循环所必需的所有酶，这些酶被一排排精确而有序地安排在线粒体的壁和间隔上。线粒体是一个“动力房”，大部分的能量产生的作用都发生在这里。当氧化作用的第一步和最基础的几步在细胞浆内完成以后，燃料分子就被带入线粒体之中，氧化作用就在这里完成，巨大的能量也在这里释放出来。

只有当线粒体旋转不停的轮子为了氧化这一至关重要的目的而旋转的时候，它才具有其全部的意义。氧化循环过程中的每一阶段中所产生的能量，通常被生物化学家称之为“ATP”（三磷酸腺苷），这是一个包括三组磷酸盐的分子。ATP之所以能提供能量，是因为可以把自己的一组磷酸盐转移到其他物质，与此同时，电子键高速往来穿梭，来回传递。这样一来，在一个肌肉细胞里，当一组末端的磷酸盐被输送到收缩肌的时候，就产生了收缩所需的能量。接着开启了另外一个循环，即ATP的一个分子放弃一组磷酸盐，只保存二组，变成了二磷酸盐分子ADP；但是当这个轮子进一步转动时，另外一个磷酸盐组又会被结合进来，于是ATP又恢复了效能。这跟我们使用的蓄电池的原理好有一比：ATP代表充电的电池，ADP代表放了电的电池。

ATP是世间万物通用的能量传递者，从微生物到人，在所有的生物体内都能发现ATP的身影，它为肌肉细胞提供机械能，为神经细胞提供电能。准备进行大规模剧烈活动的受精卵，就是受精卵演变成青蛙、鸟儿或者婴儿的活动，能够产生激素的细胞等，所有这一切都由ATP提供能量。ATP的少部分能量用在了线粒体内部，而大部分能量被及时释放到细胞里，为细胞的其他各式各样的活动提供能量。在某些细胞里，线粒体所在的位置有利于它们发挥功能，合适的位置可以把能量精确无误地传送到所需要的地方。在肌肉细胞里，它们成群地簇拥在收缩肌纤维的周围；在神经细胞里，人们发现它们在细胞与细胞的结合处，为兴奋脉冲的传递提供能量；在精子细胞中，它们集中在尾与头部连接的地方。

给ATP-ADP电池充电的过程，就是氧化作用中的耦合过程：在这个电池中，ADP和自由态的磷酸盐组又被结合成为ATP，这一个紧密的结合就是人们所熟知的耦合磷酸化（coupled phosphorylation）作用。如果这一结合变为非耦合性的，就意味着失去了可以供给的能量，这时，呼吸犹在进行，却无法产生能量，细胞变成了一个空转的马达，发热却无法产生功能。届时，肌肉无法收缩了，脉冲也无法沿着神经通道奔跑了，精子也无法游到目的地了，受精卵也无法完成综合体的分化和细化。非耦合化的结果可能对从胚胎到人的所有有机体来说都是灾难，有时可能引发组织死亡，甚至整个有机体的死亡。

非耦合化是怎样发生的呢？放射性破坏了耦合作用。有些人认为，曾经接触过放射线的细胞的死因就是由于耦合作用被破坏造成的。不幸的是，有相当一部分化学物质也有能力阻断产生能量的氧化作用，而杀虫剂和除草剂都是这类化学物质的典型代表。据我们所知，苯酚（phenols）对新陈代谢作用强烈，会引起的体温升高，具有潜在的致命危险。这种情况是由非耦合作用的结果——“空转马达”造成的。有一组被广泛用作除草剂的化学物质，二硝基苯酚（dinitrophenols）和五氯苯酚（pentachlorophenols）就是其中两例。在除草剂中，2,4-D也会破坏耦合作用。在氯化烃类中，已经被证实的是滴滴涕会破坏耦合作用，进一步研究可能发现这组物质其他的破坏者。

然而，非耦合作用并不是扑灭体内千百万个细胞小火焰的唯一方式。我们已经知道，氧化作用的每一步都是在一种特定的酶的支配和促进下进行的。当这些酶中的任何一种——甚至任何一个酶被破坏或者被削弱的时候，细胞内的氧化循环就会停止。不管哪种酶受到影响，后果都毫无二致。循环中的氧化过程就像是一只转动的轮子，假如我们把一个铁棍插在轮子的辐条中间，不管我们随心所欲地插在哪两根辐条中间，结果都是一样。同样的原因，如果我们破坏了循环中任何一点上起作用的酶，氧化作用就会停止。那个时候，就不会再有能量产生出来，其最终结果与非耦合作用如出一辙。

许多常常被当作杀虫剂使用的化学物质就是破坏氧化作用转轮的铁棍。滴滴涕、甲氧滴滴涕（methoxychlor）、马拉硫磷、酚噻嗪（phenothiazine）和各种各样的二硝基化合物都属于那些一种或多种酶的杀虫剂，它们可以妨碍氧化作用循环。它们就这样作为一种潜在作用而出现了。它们能够阻止能量产生的整个过程，并剥夺细胞中的可用氧。这一危害会带来大量灾害性的后果，在这里能提到只是其中很小的一部分。

在下一章我们将会看到，实验人员只是通过系统地抑制氧供应，就能把正常细胞转化成癌细胞。从正在发育的胚胎的动物实验中可以看出剥夺细胞中的氧造成的其他激烈后果的一些端倪。由于缺氧，组织生长和器官发育的那些常规性的过程被破坏了，接踵而来的是畸形等其他变态。由此可以推测，人类的胚胎也会因为缺氧而发育成先天畸形。

一些迹象表明，人们已经注意到这类灾难正在日益增多，尽管去追根溯源的人却寥寥无几。那个时期让人更加不愉快的凶兆之一来自人口统计办公室：1961年，他们开展了一项全国出生儿畸形统计调查活动，调查表上还附带了一个解释，说统计结果提供了必要的事实，描述了先天畸形发生的范围和出现的环境。毫无疑问，类似研究大都会涉及测定放射性的影响，不过也不应忽视放射性的帮凶——大量化学药物，它们也会产生同样的影响。人口统计办公室的预测让人不寒而栗，他们说，差不多可以肯定，将来，孩子们身上会出现的一些缺陷和畸形，都是由那些渗入我们的体外世界和体内世界的化学药物造成的。

情况很可能是这样，生殖作用衰退的一些症状也与生物氧化作用的紊乱也都有可能影响生殖的数量，与至关重要的ATP积蓄耗尽有关。甚至在受精之前的卵子都需要大量的ATP供给，从而做好准备，准备付出巨大的努力，消耗巨大的能量，一旦精子进入，卵子受精以后就会开始。精子细胞是否能够到达卵子周围，能否进入卵子，都取决于自身ATP的供给情况，这些ATP产生于线粒体，线粒体团团围绕着精子颈部。一旦完成受精，细胞就开始分裂，以ATP形式供给的能量会在很大程度上决定胚胎的发育能否发育成型。胚胎学家研究了一些他们最容易找到的材料——青蛙和海胆的受精卵，结果发现，如果ATP的含量减少到一定的极限值之下，受精卵干脆停止了分裂，并且很快就会死亡。

胚胎学实验室与苹果树之间不一定毫无瓜葛，苹果树上的知更鸟窝里保存着那些蓝绿色的鸟蛋，只是那些鸟蛋现在躺在那里，冰冷冰冷的，生命之火只闪烁了几天就熄灭了。此外，在高耸入云的佛罗里达松树的树冠上，有一大堆排列整齐无序的树枝和木棍，窝里托着3个白色的巨蛋，这些蛋也是冰冷冰冷的，没有生命的。为什么知更鸟和鹰不去孵蛋呢？这些鸟蛋是否像那些实验室中的青蛙的卵一样，就是因为缺少普通的能量传递物——ATP分子，所以才停止发育了呢？ATP缺乏的原因是不是因在母鸟体内和那些蛋中已经贮存了足量的杀虫剂，导致供给能量的氧化作用的小轮停止了转动。

不必再劳神猜测鸟蛋里是否存留杀虫剂了，显而易见，检查鸟蛋比观察哺乳动物的卵细胞要简单方便，不论使用哪里的鸟蛋——实验室里的还是野外的，只要在鸟蛋中检查出杀虫剂，就能发现大量滴滴涕和其他烃类贮存，浓度还挺大。在加利福尼亚州，实验的雉蛋中含有349ppm的滴滴涕。在密歇根州，从死于滴滴涕中毒的知更鸟输卵管中取出的鸟蛋内滴滴涕浓度超过200ppm。老知更鸟中毒死亡，留在鸟窝里的那些无人问津的鸟蛋中也含有滴滴涕。由于邻近农场使用的艾氏剂中毒的小鸡，同样会把化学物质传给自己的蛋。用母鸡做实验，给母鸡喂滴滴涕，结果母鸡下出来的蛋所含的滴滴涕高达65ppm。

滴滴涕和其他的（也许是所有的）氯化烃通过钝化一种特定的酶，或通过破坏产生能量的耦合作用，来中断产生能量的循环。了解了这些以后，我们很难想象，一个含有大量残毒的鸟蛋是怎样完成复杂的发育过程的：细胞的无限多次分裂，组织和器官的细化，合成最关键的物质，最后形成一个活生生的生命。所有这一切都需要大量的能量——ATP的线粒体小囊，而ATP的线粒体小囊只能依赖不断的新陈代谢循环才能产生。

假定这些灾难性事件只会在鸟类身上发生，是没有道理的，ATP是能量的普遍传递者，而产生ATP的新陈代谢循环，无论是在鸟类或在细菌体内，还是在人体或老鼠体内，效果都相同。杀虫剂在任何生物的胚胎细胞中都有存留，这是事实，所以，我们人类也不能幸免，也会困扰人类，对人类也有同样的影响。

化学药物进入了产生胚胎细胞的组织，也就意味着进入了胚胎细胞。在人工控制条件下的雉、老鼠和豚鼠体内，在为消灭榆树病害喷洒过控制榆树病害药物区域内的知更鸟体内，在为消灭云杉食心虫而喷洒过药物的西部森林里奔跑的鹿体内，在各种鸟和哺乳动物的生殖器官里，都已发现了存留的杀虫剂。实验测量显示：在一只知更鸟体内，睾丸中滴滴涕的含量高于身体的任何部位。雉的睾丸中也贮存了大量的滴滴涕，超过了1500ppm。

在实验的哺乳动物身上进行观察，显示睾丸萎缩，这可能是滴滴涕在生殖器官中存留的后果之一。接触过甲氧滴滴涕的小老鼠，睾丸异乎寻常的小。给一只小公鸡喂食滴滴涕以后，睾丸萎缩，只有正常大小的18%，依靠睾丸激素发育的鸡冠和垂肉也只有正常大小的1/3。

精子本身也会受到ATP缺乏的显著影响。实验表明，雄性精子的活动能力由于摄入二硝基苯酚而衰退，能量耦合机制遭到破坏，不可避免地带来能量供应减小。研究发现，其他化学物质也有同样的作用。这些可能给人类带来的影响也出现在少精症，即精子量减少的医学报告里，在喷洒滴滴涕的航空作物喷雾器上一目了然。

人类作为整体来说，比个体生命的价值更有无限性，我们与生俱来的遗传物质，是我们联系过去和未来的纽带。经过了进化漫长的演变，我们的基因不仅把人类塑造成现在这个样子，而且将吉凶未来掌握在它们微小的形体之内。然而，当前，人为因素造成的危害已成为我们时代的一种威胁，“这是人类文明最后，也是最大的危险”。

化学药物和放射作用又一次表现出两者不可避免的酷似和可比性。

活体细胞受到放射性的伤害：正常的分裂能力可能被破坏，染色体结构可能改变，或者带有遗传物质的基因可能发生被称之为“突变”的突然变化，突变会使细胞在后代身上产生新的特征。如果是极为敏感的细胞，那么可能立刻被杀死，或者会在多年以后，最终演变成恶性细胞。

对大量被称为“似放射性”或“似放射作用”化学物质的实验研究，又一次再现了这些放射性作用带来的危害。许多被用作杀虫剂、除草剂的化学物质都属于这一类物质，它们具有破坏染色体的能力，干扰正常的细胞分裂，或者引起细胞突变。这些对遗传物质的伤害导致接触杀虫剂的个体生物患病，也会影响下一代。

就在几十年前，既没有人知道放射性的这些作用，也没有人知道化学物质的作用；在那些日子里，原子还没有被分离出来，可以摹仿放射作用的几种化学物质几乎还没有从化学家的试管里孕育出来。可是，到了1927年，德克萨斯大学动物学教授穆勒博士（Dr. H. J. Muller）发现，把一个有机体放置在X射线中，就能在接下来的几代身上发生突变。随着穆勒的这一发现，一个科学和医学知识新领域的大门敞开了。后来，穆勒以自己的成就荣获诺贝尔医学奖。再后来，世界很快就难以摆脱那令人忧恐的灰色尘埃。如今，用不着是一个科学家，普通民众也了解放射性的潜在危害了。

在40年代初还有一个发现，而注意到的人就更少了。在爱丁堡大学（University of Edinburgh），夏洛特·奥尔巴赫（Charlotte Auerbach）和威廉·罗伯逊（William Robson）在芥子气（mustard gas）的研究中，发现这种化学物质造成了染色体的永久性变态，这种变态与放射性所造成的变态难以区分。他们用果蝇来做实验（穆勒也曾用这种生物进行X射线影响的早期研究），芥子气也引起了果蝇的突变。第一种化学致突变物就这样被发现了。

现在，与芥子气一样也具有致变作用的化学物质，已有了一个长长的名单，众所周知，这些化学物可以改变动物和植物的遗传物质。为了了解化学物质改变遗传过程，我们必须首先了解当生命处于活细胞阶段时的基础演变。身体要生长，生命的源流要代代相传的话，组成体内组织和器官的细胞就必须具有不断繁殖的能力。这需要借助细胞的有丝分裂或核分裂过程来完成的。在一个即将分裂的细胞中，至关重要的变化首先发生在细胞核里，最后扩展到整个细胞。染色体在细胞核里发生了神秘的移动和分裂，按照几亿年来一直如此的模式排列，这种古老的模式可以把遗传的决定因素，也就是基因，传递给子代细胞。它们如同长长的链子，基因就在其中，就像线上串上珠子一样。然后，每个染色体分裂并复制。当一个细胞一分为二的时候，两套新的染色体向各自的子细胞奔去。通过这种方式，每一个新的细胞都将含有一整套染色体，而所有的遗传信息密码就编排在染色体中。通过这种方式，生物种属的完整性就被保留下来了；通过这种方式，龙生龙，凤生凤，老鼠儿子会打洞。

胚胎细胞的形成，源于一种特殊类型细胞（即生殖细胞）的分裂，因为对特定种类的生物来说，染色体的数目是一个常数，所以，卵子和精子分别携带一半的染色体进入受精卵中。借助于染色体，才能精确无误地产生新的个体。受精卵开始生长时，细胞进行有丝分裂，每对染色体复制出的染色体完整地进入每一个子体细胞。

一个细胞就揭示了所有生命的原始密码。对于地球上所有的生命来说，都经历了同样的细胞分裂过程；无论是人还是变形虫，无论是巨大的水杉，还是娇小的酵母细胞，没有这种细胞分裂的作用，就全都不会存在。由此可见，任何妨害细胞有丝分裂的因素，都会对有机体的繁荣及其后代构成严重的威胁。

“诸如有丝分裂这样的细胞组织的主要特征已经存在了5亿年之久，也许将近10亿年啦，”乔治·盖洛德·辛普森（George Gaylord Simpson）和他的同事皮藤德里佛（Pittendrigh）、蒂凡尼（Tiffany）在内容丰富的《生命》（*Life*）一书中写道：“从这个意义上看，生命世界虽然是脆弱和复杂的，然而在时间上已是难以置信的久远——甚至比山脉还要古老。这种持久性是完全依赖准确得几乎令人难以置信的遗传信息，一代又一代地复制下来的。”

可是，在这千百万年整个过程中，这种“难以置信的精确性”从未像20世纪中期这样，受到人造放射性、人造化学物质以及人类散布的化学物质如此直接、沉重的打击和威胁。杰出的澳大利亚医学家、诺贝尔奖获得者麦克法兰·伯内特（Mcfarland Burnet）先生认为，上述情况是我们时代“最有意义的医学特征之一，作为日益有效的医疗手段，没有进行过生命实验的化学药物生产的一个副产品，保护人体内部器官免受篡改的屏障被越来越频繁地突破了。”

人类染色体的研究尚处于早期阶段，所以，到了近期，研究环境因素对染色体的作用才有了可能。直到1956年，由于新技术的出现，才有可能准确地确定人类细胞中染色体的数目——46条，才有可能这样细致地观察染色体，才能查明整个染色体或部分染色体是否存在。由环境中某些因素而引起的遗传危害，这个概念相对来说还是比较新的，除了遗传学家之外，很少有人能理解，所以这些遗传学家的意见也很难为人们所采纳。现在，对以各种形式出现的放射性危害，人们虽然有时在一些意外的场合还会否认，在理性上倒是已经充分理解了。穆勒博士常常感到惋惜的是，“不仅有这样多的政府部门的政策制定者，而且有这么多的医学专业人员拒绝接受遗传原则。”化学物质可以起的作用与放射性毫无二致的这一事实，现在公众还不明就里，甚至连大部分医学工作者和科学工作者也不了解。因此，常用的化学物质（更确切地说，是实验室里的化学物质），其作用至今还没有评估，可对此做出评估事关重大。

麦克法兰爵士（Sir Macfarlane）并不是在孤军奋战，他一直在呼吁评估这种潜在危险。杰出的英国学术权威彼得·亚历山大博士（Peter Alexander）就曾经说过：“与放射性有类似作用的化学物质完全可以比放射性更危险。”穆勒博士根据几十年来在基因方面的出色研究成果，提出了远景警告说，指出：“各种化学物质（包括以杀虫剂为代表的那些物质）能够像放射性提高突变的频率……在人们会接触不常见化学物质的现代环境里，我们的基因受这样的致突变物的影响已达到了相当的程度，然而我们至今对此知之甚少。”

对化学致突变物问题普遍忽视的原因，可能是因为事实上，最初发现化学致突变物仅仅是出于学术兴趣。说到底，芥子气并没有从空中喷洒到所有人的身上；使用芥子气的是实验生物学家或生理学家，他们将其用于癌症治疗（近期有用这种方法治疗染色体破坏的病例报告）。但是杀虫剂和除草剂与大量人群已经有过零距离接触了！

尽管对该问题关注很少，但是，收集这些杀虫剂的大量专门资料还是可以做到的。这些资料显示，这些杀虫剂以多种方式妨碍着细胞的重要过程——从微小的染色体损伤到基因突变，最终导致恶变的灾难性后果。

接触了滴滴涕的几代蚊子已经转变成为一种被称为雄雌同体的奇怪生物——一半是雄性，一半雌性。

被多种苯酚处理过的植物染色体遭到了严重毁坏，基因发生了变化，出现大量的突变和“不可逆的遗传改变”。在苯酚的作用下，在遗传实验学的经典材料——果蝇身上也发生了突变。这些突变，就像接触到普通的除草剂或尿烷（urethane）那样，达到了致死的程度。尿烷属于“氨基甲酸酯”（carbamates）类化学物质，从这类化学物质中正在涌现出越来越多的杀虫剂和其他农用化学物质。有两种氨基甲酸酯已经付诸使用，用于防止储藏的马铃薯发芽，确切地说，是因为业已证实它有抑止细胞分裂的功效。另一种是马来酰肼（maleic hydrazide），估计是一种强大的致突变物。

经六六六（BHC）或林丹处理过的植物会变得奇形怪状，根部长着肿瘤样的块状突起物。它们的细胞的体积变大了，是由于染色体数目的成倍地增加才肿胀起来的。染色体成倍增长的现象在未来的细胞分裂过程中还将持续，直到细胞由于体积过大，细胞分裂不得不停止。

被除草剂2,4-D处理过的植物会产生肿块，使染色体变短、变厚，凝聚成块。细胞的分裂受到严重地阻滞。据说，对其整体影响与X射线辐射十分相似。

这只是少数例子，还可以列举很多。至今还没有开展过一个综合性的研究，旨在检测杀虫剂的致变作用。上述被引证的事实都是细胞生理学或遗传学研究的副产品，专门针对这个问题进行研究已经是刻不容缓了。

一些愿意承认放射性环境对人体存在潜在影响的科学家，却怀疑致变性化学物质是否也具有同样的作用。他们引经据典，证明放射性侵入机体的强大能力，却怀疑化学物质能否达到胚胎细胞。我们因此再次受阻，对于人体内的这一问题，我们缺乏直接的调查研究。但是，在鸟类和哺乳动物的生殖器官和胚胎细胞中发现有大量滴滴涕存留，这是一个有力的证据，至少可以说明氯化烃不仅广泛地分布于生物体内，而且已经与遗传物质有交集。近期，宾夕法尼亚州立大学的戴维斯教授（David E. Davis）发现，能够阻止细胞分裂，并在癌症治疗有限使用的烈性化学物质，也能引起鸟类的不孕不育。这种亚致死水平的化学药物，也能够终止生殖器官中的细胞分裂。戴维斯教授已经成功地进行了野外实验。然而，很明显，想要人们了解或者相信各种生物生殖器官能够避免环境中各种各样化学物质的侵害，这个基础还远远不够。

最近在染色体突变领域所取得的医学发现意义深远，也非常有意思。1959年，一些英国和法国的研究小组，虽然他们进行的是独立研究，却有了一个共同的发现，还不约而同地得出了同一个结论：即人类的一些疾病的起因是正常染色体数目遭到破坏造成的。在这些人所研究的某些疾病和变态中，染色体的数目与正常值不一致。正如现在已经知道的那样，所有典型的蒙古型畸形病人都有一条多余的染色体，这样看来，病因就清楚了。有时多余的染色体附着在其他的染色体上，所以染色体数目还可以保持正常的46条。不过，普遍的规律是，这个多余的染色体会独立存在，从而使染色体的数字增加到47个。这些病人的缺陷最初的病因肯定来自上一辈。

看来，对于患有慢性白血病的某些病人（不管是美国的还是英国的）来说，有另外一种机制在发挥作用。在一些血液细胞中，已经发现了同样的染色体变态。这个变态包括染色体的部分残缺，尽管这些病人皮肤细胞中的染色体数目是正常的。这一结果表明，染色体的残缺并不是发生在这些生物体的组成部分胚胎细胞中，而是仅仅出现在某些特定的细胞中，（在这个例子中，最先受害的是血液细胞）这一危害是在生物个体生命过程中发生的。一个染色体的残缺可能会使细胞丧失指挥正常行为的“指令”功能。

伴随着这一新领域大门的打开，与染色体破坏有关的身体发生缺陷的种类和数量以惊人的速度在迅速增长，迄今为止已经超出医学研究的范畴。只知道有一种叫做“克兰费尔特病”（Klinefelter’s syndrome）的并发症，与其中一种性染色体的倍增有关。发病的生物为雄性，不过，因为它带有两条X染色体（染色体变成了XXY型，而不是正常的雄性染色体XY型），这就变得有点不正常了。身高过高和精神缺陷通常就与这种情况下所发生的不孕症如影随形。相反，只得到一个性染色体（即XO型，而不是XX型或XY型）的生物体实际上是雌性的，不过缺少许多第二性征。由于X染色体是带有各种特征的基因的，所以这种情况常常与各种身体的（而且有时还有精神的）缺陷同时出现，而这就是所谓的“特纳综合症”。在这一病因公布于众之前，这两种情况在医学文献中早就有过描述。

政府的研究人员做了大量以染色体突变的为课题的工作。由克劳斯·帕托博士（Klaus Patau）带领的威斯康星大学（University of Wisconsin）研究组一直在从事各种先天性突变的研究。先天性突变通常伴随着智力发育迟缓，看来是由于一条染色体的部分倍增引起的：可能是在一个胚胎细胞的形成时候，一条染色体被打碎了，而碎片没有重新分配妥当。这种不幸可能会干扰胎儿的正常发育。

根据目前已有知识来看，一条完全多余的染色体的出现通常是致命的，它会阻止胎儿的存活。目前只知道，在3种情况下胎儿能继续生存，其中之一自然是蒙古型畸形病。以此看来，一个多余的染色体碎片的存在虽然造成的伤害是严重的，却不一定是致命的。根据威斯康星州的研究者的观点，对于今天疑难病例的真正原因，这倒是一个很好的解释。

由于这是一个全新的研究领域，所以，到目前为止，科学家一直都在关注与疾病和缺陷发育有关的染色体突变的鉴定工作，而不怎么刨根问底，追本溯源。在细胞分裂过程中，染色体损伤引发染色体突变，假定是由单一的因素引起的，这种想法是非常愚蠢的。我们不可以无视这样的现实——目前化学物质充斥着我们的环境，这些化学物质有能力直接攻击染色体，精确无误地影响染色体，上述情况就是这样出现的。为了得到不生芽的土豆或者没有蚊子的院落，我们付出这样的代价是不是也太昂贵了呢?

如果我们愿意，我们就可以减少对我们遗传基因的威胁。基因历经过20亿年的活原生质的进化和选择之后，才进入我们身体，基因只是在暂时属于我们，将来我们会把它传给子孙后代。我们现在为保护基因的完整性付出的努力微乎其微。虽然化学物质的制造者们依照法律的要求，检验过产品的毒性，但是，法律却没有要求他们去检验这些化学物质对基因的确切影响，所以，他们当然也就乐得袖手。

14. 每4个人中就会有一个癌症患者

生物对抗癌症的斗争由来已久，时间太久了，起因现在已经不甚清楚了。可是，最初的病因一定来自于自然环境。在自然环境中，无论有什么生物居住，地球总归会受到太阳、风暴和地球古代自然界所带来的各种或好或坏的影响。环境中的一些因素制造了灾难，而面对这些灾难，生命要么调整适应，要么死亡。阳光中的紫外线会造成恶性病变，从某些岩石中放射出的射线也会造成恶性病变，从土壤或岩石中淋溶出来的砷也能污染食物或者饮水。

早在生命出现之前，环境中就已经存在着这些敌对因素了；然而，生命出现了，并且在历经几百万年时间之后，数量和种类都实现了无限扩充。经过了那个属于大自然的、时间充裕的时代，生命达到了与破坏力量的协调，有选择地淘汰了那些适应能力差的生命，而只让那些最具有抵御能力的种类存活下来。这些自然致癌因子现在还是产生恶性病变的一个因素，不过数量已经微乎其微，并且对它们那种古老的作用方式，生命已经习惯了。

随着人类的出现，情况发生了变化，因为，与其他所有形式的生命全都不一样的，是只有人类能够创造产生癌症的物质！这些物质在医学术语上被称为“致癌物”。多少个世纪时间流转，一些人造致癌物已成为环境的一部分。烟尘就是一个例子，烟尘含有芳烃。伴随着工业时代黎明的来临，世界成了一个不断加速变化的地方。自然环境迅速被人造环境所取代，而人造环境是由许许多多新的化学和物理因素组成的，其中大量因素具有引起生物变化的强大能力。直到今天，人们还不能保护自己免受人类自身活动所创造出的致癌物的危害，这是由于人类的生物遗传性进化缓慢，所以适应新的情况也很缓慢，结果就是，这些强大的致癌物就能够轻而易举地突破人体脆弱的防线。

癌症的历史悠久，而我们对于癌症起因的认识却一直很迟缓，很不成熟。约2个世纪之前，伦敦的一个内科医生恍然大悟，首次意识到外部或者环境的因素可能引起恶性病变。1775年，珀西瓦尔·波特先生（Percivall Pott）宣称，扫烟囱工人身上的常见病阴囊癌一定与存留在他们体内的煤灰有关。他当时还无法提供我们今天所要求的那种“证据”，然而，依靠现代的研究方法，现在已经把这种致死的化学物质从煤烟中分离出来了，证明了他的看法是正确的。

波特发现，在人类环境中，某些化学物质通过多次皮肤接触、呼吸或饮食，能够引发癌症。在此之后的一个世纪或者更多一些的时间里，人们在这方面的认识并没有多少新的进展。事实的确是这样的，人们已经注意到，皮肤癌常见于康沃尔（Cornwall）和威尔士（Wales）的铜冶炼厂和锡铸造厂里的工人中间，他们时常在砷雾弥漫的环境里工作。人们认识到，在萨克森尼（Saxony）的钴矿和波希米亚（Bohemia）的约阿希姆斯塔尔（Joachimsthal）铀矿中的工人们很容易患上一种肺部疾病，后来确诊为癌症。不过，这些现象都出现在前工业时代，即工业成熟以前，工业产物渗透到了几乎每一个生命体的环境里。

在19世纪最后的25年间，开始对起源于工业时代的恶性病变有所认识。大约当巴斯德（Pasteur）证明微生物是许多传染病微生物来源的时候，另外一些人却正在揭示癌症的化学病因——在撒克逊的（Saxon）新兴褐煤工业和苏格兰（Scottish）页岩工业的工人流行的皮肤癌与其他癌症的都是由于接触柏油和沥青的工作环境。截止至19世纪末，人们已经知道了6种工业致癌物。20世纪创造出不计其数新的致癌化学物质，并且使广大民众进行零距离接触。在波特的研究工作之后，在不到2个世纪期间内的干预活动影响下，环境状况已发生了翻天覆地的变化。人们不仅在工作中接触危险化学物质，这些化学物质已进入了每个人生活的环境——甚至包括未出生的胎儿。所以，现在我们觉察到恶性病在以惊人的速度增加，却一点也不惊讶。

恶性病的增加并非主观印象。1959年7月，人口每月动态统计办公室报道了包括淋巴和造血组织恶变在内的恶性病的增长情况，1958年的死亡率为15%，而1900年仅为4%。根据这类疾病的目前发病率来推断，美国癌症协会（American Cancer Society）预计现在活着的美国人中有4500万人最终会患上癌症。这也就是说，每3个家庭就有2人要遭受恶性疾病的打击。

这种情况出现在孩子身上则更加令人不安。25年前，在孩子身上出现癌症被视为医学上的罕见病例。而今天，死于癌症的美国学龄儿童比死于其他任何疾病的数目都大！形势已变得异常严峻，为此，波士顿设立了美国第一所治疗儿童癌症的专门医院。年龄1～14岁的死亡儿童的总数中，有12%的死因是癌症。临床发现，1岁以下的儿童更容易患恶性肿瘤。而更加可怕的是，恶性肿瘤的患病率在现有已出生婴儿或者待产的婴儿身上也在剧增。最早的环境癌症权威——美国癌症研究所（National Cancer Institute）的休珀博士（W. C. Hueper）指出，先天性癌症和婴儿癌症可能与母亲在怀孕期间接触过致癌因素有关，这些致癌因素进入胎盘，作用于迅速发育的胎儿组织。实验证明，遭受致癌因素作用的动物越是年幼，就愈容易患上癌症。佛罗里达大学的弗兰西斯·雷博士（Francis Ray）警告说："由于食物里添加了化学物质，我们可能正在让今天的孩子们患上癌症……我们无法预测，一代，或者两代以后将会出现什么样的后果。"

在这里，与我们有关的一个问题是，我们试图控制自然时所使用的化学物质，究竟哪些对引发癌症起着直接或间接的作用。根据动物实验得到的证据，我们看到可能有5种或者6种杀虫剂被认定为致癌物质。如果我们再把那些被一些临床医生发现的会引起人类白血球增多症的化学物质加上去，这份致癌物的名单就会加长很多。这里的证据是根据情况推测的，既然我们不能在人体上做实验，也确实不能；然而，这个证据仍然让人印象深刻。如果我们把那些对活体组织或细胞具有间接致癌作用的化学物质也包括在内，那么，名单上的杀虫剂就更多了。

最早使用的与癌症有关的杀虫剂之一是砷，它以砷酸钠（sodium arsenic）的形式，作为一种除草剂，和砷酸钙（calcium arsenic）以及其他各种杀虫合成剂出现。在人体与动物中，癌与砷的关系无论在人类还是动物身上都由来已久。据休珀博士（Dr.Hueper）在他相关主题的经典专著——《职业性肿瘤》（*Occupational Tumors*）中，提到了一个有关接触砷的后果的奇怪例子。西里西亚（Silesia）的雷钦斯坦城（Reichenstein）在近千年里，一直是开采金矿和银矿的地方，也有几百年采砷矿的历史。几个世纪以来，堆积在矿井附近的含砷废料被山上的流水冲刷下去，就这样，地下水也被污染了，砷也进入了人们的饮用水中。在那几个世纪里，当地许多居民染上一种疾病，后来被称为“雷钦斯坦病”（the Reichenstein disease），就是伴有肝、皮肤、消化和神经系统紊乱的慢性砷中毒。恶性肿瘤经常与慢性砷中毒如影随形。现在，雷钦斯坦病已经成了历史。因为25年前，大部分砷已经从水中清除，取而代之的是新的水源。同样，在阿根廷的科尔多瓦省（Cordoba Province），由于来自含砷岩层的饮水已被污染，从而引发了一种慢性砷中毒带来的地方病——砷皮肤癌。

长期使用含砷杀虫剂无异于雷钦斯坦和科尔多瓦的悲剧重演。在美国西北部的种植烟草地区和许多果园地区，以及东部种植越橘的地区，那里浸透了砷的土壤都极易污染水资源。

被砷污染的环境不仅影响人类，同样影响动物。1936年，德国出现了一个非常有趣的报告。在撒克逊的弗雷贝格（Freiberg, Saxon）附近，银和铅的冶炼厂向空气中排放出含砷气体，含砷气体飘向附近的农村，落在植物上。据休珀博士专著描述，马、母牛、山羊和小猪，它们自然都是以这些植物为食的，食用后都毛发脱落，皮肤增厚。栖息在附近森林中的鹿有时也长出不正常的花斑和癌前期的疣。一个疣就是一个癌的显著病变。不管是家养的动物还是野生的动物都不同程度地患上了“砷肠炎、胃溃疡和肝硬化”。在冶炼厂附近放牧的绵羊患上了鼻窦癌，死亡以后，在它们的大脑、肝和肿瘤中发现了砷。在该地区，同样也有“大量昆虫死亡，尤其是蜜蜂。一场雨水过后，雨水把树叶上的含砷尘埃冲刷下来，带入溪流和河塘中，导致大量的鱼儿死亡。”

一种广泛用于对付螨和壁虱（tick）的化学物质是新型杀虫剂的一个很好的致癌例子。这一杀虫剂的历史充分证明了，尽管法律尽量承诺民众以安全保障，但民众还是接触了众所周知的致癌物，直到迟缓的法律进程为控制中毒情况提出的法律诉讼。这个故事从另一个视角来看很有意思，证明了今天要求民众接受的“安全”，明天就可能变得极度危险。

1955年，当这种化学物质被引进的时候，制造商就搞出了一个容许值，容许值允许在用药的粮食作物上有少量残毒。制造商按照法律的要求，已经在实验动物身上用这种化学物质作了实验，把实验结果连同申请一并提交了上去。可是，食品与药物管理处的科学家们认为这些实验正好显示出这种化学物质可能具有致癌倾向，因此，食品与药物管理处的委员提出了一个“零容忍”，即法律上不允许跨州际运输的食物中出现任何残毒。不过，制造商有权上诉，所以，此案被委员会复议。委员会做出了一个折衷的决议：一方面确定容许值为1ppm，另一方面让产品在市场上流通两年，在此期间，继续做实验，来确定这种化学物质是否真是致癌物。

虽然委员会没有这么明说，但它的决定意味着民众必须扮演豚鼠的角色，与实验室的狗、老鼠一块当作实验对象，检测疑似致癌物。不过动物实验很快就有了结果，两年之后，就查清了这种杀螨剂确实是一种致癌物。事已至此，1957年，食品与药物管理处依旧不能立即废除这个已知致癌物的残毒容许值。第二年，还有各种法律程序需要走，又花了一年时间。最后，于1958年12月，食品与药物管理处委员会于1955年提出的零允许值才终于生效了。

这些绝不是唯一的已知致癌杀虫剂。在实验室进行的动物实验中，滴滴涕引发可疑的肝肿瘤。对此，曾经报告过发现这些肿瘤的食品与药物管理处的科学家们，对这些肿瘤评估迟疑不决，却感到“把它们视为一种初级的肝细胞癌肿还是合理的”。休珀博士现在给了滴滴涕一个明确的评估——“化学致癌物”。

人们发现，属于氨基甲酸酯类的两种除草剂IPC和CIPC有引发老鼠皮肤肿瘤的作用，其中一些是恶性肿瘤。恶性病变似乎是由这些化学物质引起的，后来又可能受外界流行的其他种类的化学物质的作用，病变才全部形成。

除草剂氨基三唑（aminotriazole）在实验动物身上已引发了甲状腺癌。1959年，这种化学物质被许多种植蔓越橘的人所滥用，于是在市售的一些浆果中出现了残毒。食品与药物管理处没收了被污染的蔓越橘，四处争论骤起，人们纷纷质疑除草剂氨基三唑实际上是致癌物，甚至包括一些医学界人士。医学与药物管理处所公布的科学事实清楚地证明了氨基三唑对实验鼠类的致癌特性。当这些动物饮用了含有100ppm的氨基三唑的水以后（即每10000匙水中加入1匙氨基三唑），它们于第68周即开始出现甲状腺肿瘤。两年之后，在被检查的老鼠中有一半以上都出现了甲状腺肿瘤，被确诊为不同类型的良性肿瘤和恶性肿瘤。即便给药水平降低，还是会出现，事实上，各种低水平给药同样会引发甲状腺肿瘤！当然，没有人知道氨基三唑达到何种水平时对人会成为一种致癌物，但是，正如哈佛大学的医科教授大卫·拉斯坦博士（David Rutstein）所指出的，看来应当存在这样一个临界水平，这一水平是否有效，与人的利害相关。

到目前为止，还没有充分的时间去弄清楚新的氯化烃杀虫剂和现代除草剂的全部影响。大多数恶性病变发展得及其缓慢，需要受害者经历相当长一段时间之后，方能出现临床症状。在20世纪20年代早期，那些在表盘涂闪光图案的妇女们由于口唇接触毛刷而吞入了少量的镭。其中一些妇女在15年或者更长一段时间以后，患上了骨癌。由于职业需要接触化学致癌物质的人，在15～30年或更长一段时间以后，一些癌才表现出来。

与这些接触工业性质的各种致癌物相比，人首次接触滴滴涕的日期大概是1942年军事人员的接触和1945年市民的接触，直到50年代初期，各种各样的化学杀虫剂才付诸应用。这些化学物质已经播下了各种恶变的种子，而这些种子的全面成熟期正在到来。

对于大多数恶性病变来说，通常都会有一个很长的潜伏期，可是，这里有一个人所共知的例外，这个例外是白血球增多症。在原子弹爆炸刚刚3年以后，广岛的幸存者就开始出现白血球增多症，当然有理由认为这是更短的潜伏期。也许迟早会发现其他类型的癌症有相对更短的潜伏期，但是在目前，看来在癌症发展极为缓慢的一般规律中，白血球增多症是一个例外。

在杀虫剂崛起的现代时期，白血病（leukemia）的发病率一直在稳步上升。国家人口统计办公室提供的数字清楚地表明，血液的恶性病变疾病在恼人地增长。1960年，仅白血病一项，就有12290个受害人。死于所有类型的血液和淋巴恶性肿瘤的在1955年共计有16690人，而到了1960年却猛增到25400人。死亡率由1950年的111ppm增长到1960年的141ppm。这种增长情况不仅仅局限于美国，其他所有国家的记录在案的各种年龄的白血病死亡数，都在以每年4%～5%的比例增长。这意味着什么呢？现在人们是否正在与某些对我们环境来说全新的致命因素朝夕相处呢？

许多诸如梅奥诊所（Mayo Clinic）这样世界闻名的机构，都确诊出患血液器官这类疾病的患者已有数百人。在梅奥诊所血液科工作的马尔科姆·哈格里夫斯（Malcolm Hargraves）及其同事说，这些病人无一例外地都曾接触过各种有毒的化学物质，包括喷洒含有滴滴涕、氯丹、苯、林丹和石油蒸馏物（petroleum distillates）的药剂等。

哈格里夫斯博士认为：由于使用各种各样有毒物质导致的环境疾病一直在增长，"尤其在最近10年里"。他根据大量的临床经验，认为"患有血液不良和淋巴疾病的绝大多数病人都有曾经明显接触过各种碳氢化合物，而碳氢化合物包括现今大部分杀虫剂。一份详细的病历记录几乎可以让人一目了然，确定两者之间的关系。"现在，这位专家现拥有大量病人的病历，记录得相当详尽，他注意到，这些病例中有白血病、发育不良性贫血、霍金斯病及其他血液和造血组织的紊乱。他报告说："他们全都曾经与环境中的致癌因素有过接触，接触得还相当多。"

这些病历说明些什么问题呢？其中有一份是一位家庭妇女的病例，她厌恶蜘蛛。8月中旬，她带着含滴滴涕和石油蒸馏物的空中喷洒剂走进地下室，把地下室彻底喷洒了一遍，包括楼梯下面、水果柜里面和所有围绕着天花板和椽子被保护的地方。刚刚喷洒完，她就开始感到不舒服，感到恶心、神经紧张。在接下来的几天里，她感觉好了一些。然而，很明显，她觉察到发病的原因。9月份的时候，她又重复了上一次喷洒药物的全过程，喷洒了两次，于是再次发病，但暂时地恢复了健康。当她第三次喷洒之后，新的症状出现了：发烧、关节疼痛、心神不宁，一条腿得了急性静脉炎。经哈格莱维斯博士检查，查出患上了急性白血病，并于下个月死亡。

哈格里夫斯博士的另一个病人是一位专业人员，在一所蟑螂猖獗的古旧建筑物里办公。蟑螂让他感到纷扰，于是他就自己动手采取了控制措施。他花了大半个星期天的时间，喷洒地下室和所有隐蔽的地方。喷洒物的滴滴涕的浓度为25%，兑在甲基化萘的溶液里，以悬浊液态存在。没过多久，他就开始出现皮下出血、吐血的症状。他进诊所的时候还在大出血。对他血液的研究表明，这种病症被称为“发育不良性贫血的骨髓机能严重衰弱”。在此后的5个半月里，除了其他治疗外，他共接受了59次输血，结果局部康复，但大约9年之后，他患了致命的白血病。

在病历与杀虫剂有关的地方，扮演着最突出角色的化学物质是滴滴涕、林丹、六六六（benzene hexachloride）、硝基苯酚（nitrophenols）、普通的晶体对位二氯苯（moth crystal paradichlorobenzene）、氯丹，当然，还有它们的溶剂。正如这位内科医生所强调的那样，单纯只接触某一种化学物质的情况是少数，因为这些商业产品通常都是含有多种化学物质的混合物，把这些化学物质制成悬浊液所用的石油分馏物里也夹杂有一些杂质。含有芳香族和不饱和烃的溶剂本身就可能是造成造血器官损害的主要因素。从临床的而非医学的观点来看，这一差别无关紧要，因为这些石油溶剂毕竟是大多数最常见的喷药操作中不可缺少的一部分。

美国和其他国家的医学文献中记载着许多有意义的病例，这些病例都是对哈格里夫斯博士的支持，支持他的观点，坚信这些化学物质与白血病及其他血液病之间存在因果关系。这些病例包括日常生活中的各色人等：如被自己喷药设备或飞机喷洒的药物毒害的农民们，一个在自己书房里喷药灭蚁后继续呆在书房中学习的大学生，一个在自己家里安装了一个便携式林丹喷雾器的妇女，一个在喷过氯丹和毒杀芬的棉花地里工作的工人，等等。这些病历，在专门医学术语的半遮半掩之下，隐藏着大量人间悲剧。例如：捷克斯洛伐克的两个表兄弟，两个男孩住在一个城镇，总是在一起工作和玩耍。他们最后所从事的工作，也是最致命的工作是在一个联合农场里卸运袋装杀虫剂（六六六）。8个月以后，一个孩子病倒了，患上了急性白血病，于9天后死亡。就在这时，他的兄弟开始感到容易疲劳，开始发烧。没出3个月，他的病症变得更加严重。最后也被送进了医院，开始住院治疗，诊断表明，他也患上了急性白血病，最终救治无效，不可避免地死亡了。

另一个瑞典农民的奇特病例，让人回想起金枪鱼渔船“福龙号”上的日本渔民久保山（Kuboyama）的情况。与久保山一样，这个瑞典农民一直是个身体健康的人，他靠土地吃饭，就像久保山靠海吃饭一样，而从天上飘洒下来的毒物却给他们带来死刑判决书，久保山面对的是致命的放射性微尘，后者是化学粉尘。瑞典农民用含有滴滴涕和六六六的药粉处理了大约60英亩土地。他喷洒的时候，阵阵风儿把药粉的烟雾吹起，在他周围旋转舞动。当天晚上，他就感到异常困倦，在接下来的几天里，他一直感到体弱乏力，同时背疼、腿疼，还发冷，只得卧床休息。路德医务所的报告说：“他的情况日益恶化，5月19日（也就是喷药以后的一周）他住进了当地的医院。”他发高烧，血液计数结果也不正常。他被转送到路德医务所，在患病两个半月之后在那里死亡。尸检结果发现，骨髓已经完全萎缩了。

如同细胞分裂这样至关重要的正常运作过程竟然被改变，这种具有毁灭性的现象很反常，当前作为一个难题，已经引起了无数科学家的关注，投入的经费也不计其数。细胞内究竟发生了什么变化，使得细胞有规律的增长变成了不可控制的癌瘤肆无忌惮地增生?

待到找到答案以后，人们会发现答案肯定是多种多样的。正如癌症本身呈现出大量各种各样的伪形态一样，由于病源、发展过程和控制其生长或转归的因素不同，呈现的形式也就相应地各有不同，所以癌症必定会有相应的多种多样的病因存在。然而，隐藏在所有这一切背后的，损害细胞的也许仅仅只是最基本的几种。在世界各地开展的广泛研究，有时根本不是作为癌症专业研究进行的，然而，我们却看到了朦胧的曙光，这曙光总有一天会把这个难题照亮。

我们又一次发现，仅仅对细胞及其染色体这些构成生命的最小单位进行观察，我们就能找到拨开这些神秘之雾所必需的更多的信息。在这里，在这个微观世界中，我们必须去寻找那些改变了细胞奇妙机制并使其脱离正常状态的各种因素。

给人印象最为深刻的关于癌细胞起源的理论，是由一位来自马克斯·普朗克细胞生理研究所（Max Planck Institute of Cell Physiology）的德国生物化学家奥托·沃伯格教授（Otto Warburg）提出来的。沃伯格把自己的毕生精力都奉献给了复杂的细胞内氧化作用的过程的研究。由于他进行了广泛的基础研究，他对正常细胞变成癌细胞的过程作出了一个吸引人的清晰解释。

沃伯格相信，无论放射性致癌物，还是化学致癌物，都是通过破坏正常细胞的呼吸作用剥夺了细胞的能量。这一作用可以由经常、重复施与小剂量造成。这种影响一旦造成，就不可恢复了。那些在这种呼吸致毒剂的冲击下没有被直接杀死的细胞，会去竭尽全力补偿失去的能量。它们再也无法继续进行那种可以产生大量ATP的非凡而有效的循环了，于是，被抛回原始的、效率低下的呼吸方式——借助发酵作用进行。借助于发酵作用维持生存的斗争常常会继续很久。发酵呼吸方式通过接踵而来的细胞分裂传递下去，所以后来产生的所有细胞全都具有了这种非正常的呼吸方式。一个细胞一旦失去了正常的呼吸作用，就不可能失而复得——在1年、10年、甚至许多个10年。但是，在这种为恢复失去的能量而进行的激烈斗争中，那些存活下来的细胞开始一点一滴地通过不断的发酵作用来补偿失去的能量。这就是达尔文的生存斗争，在这场斗争中，物竞天择，适者生存。最后，这些细胞的发酵作用产生的能量像呼吸作用一样多。但癌细胞已经从正常身体细胞中创造出来了。

沃伯格的理论解开了人们心中其他方面的大量谜团。大多数癌症漫长的潜伏期就是细胞无限大量分裂所需要的时间，在这段时间里，由于呼吸作用开始被破坏，发酵作用就逐渐增加。发酵作用要发展到占统治地位还尚需时日，由于不同生物的发酵作用速度不同，所以不同生物所需要的时间也就各异：在老鼠体内，这一时间比较短，所以癌症状在老鼠身上出现的也就快；在人身上，这一时间比较长（甚至长达几十年），所以癌性病变在人身上发展得非常缓慢。

沃伯格的理论还解释了为什么在某些情况下反复摄入小剂量致癌物比单独一次大剂量摄入更加危险的原因。一次大剂量中毒可以立即杀死所有的细胞，而小剂量中毒却容许一些细胞存活，虽然这些存活细胞已处于一种受损的状态。这些存活细胞以后可能发展成为癌细胞。所以，对致癌物来说，“安全的”剂量并不存在，这就是原因。

在沃伯格的理论中，我们也能找到另外一个疑团的答案：对于癌症来说，这种因素既是诱因，也是有用的治疗手段。这就是我们都知道的放射线。目前被用于抗癌的许多化学药物也确是如此，化疗既能杀死癌细胞，也能引起癌症。这是什么原因呢？因为这两类因素都损害呼吸作用。而癌细胞的呼吸作用本来已经受过损害，所以再累加损害，它们就死亡了。当正常细胞的呼吸作用首次受到较轻损害，一般不会被杀死，而是开始走上了一条最终可能导致癌变的道路。

1953年，另外一些研究者只是长时间间歇性地给正常细胞断氧，就把它们变成了癌细胞，这一次，沃伯格的理论就得到了证实。1961年，沃伯格的理论又一次得到证实，这一次是活体动物的实验而非人工培养的组织。往患了癌症的老鼠体内注射放射性示踪物质，然后，仔细测量老鼠的细胞呼吸，发现发酵作用的速度明显地高正于常状况，与沃伯格的预料的相同。按照沃伯格所创立的标准进行测量，大部分杀虫剂都完完全全地符合致癌物的标准。正如我们在上一章中已经看到的那样，许多氯化烃、苯酚和一些除草剂都干扰细胞内的氧化与能量产出。通过这些手段，它们可以创造一些休眠癌细胞，在这种细胞中，一个不可逆转的癌变将会长期处于休眠状态，不会被发现，日久天长，当病因已经被遗忘，甚至不会被怀疑的时候，这些细胞的癌症才惊悚登场。

通向癌症的另一条道路大概是由染色体引起的。在这一领域，许多杰出的研究人员都用怀疑的目光审视着那些破坏染色体，干扰细胞分裂或者引起突变的方方面面的因素。在这些人的眼里，任何突变都是潜在的致癌诱因。尽管他们讨论的突变通常是胚胎细胞的突变，而胚胎细胞的突变要在未来的几代身上才能体现出影响，但是这些突变也可能存在于体细胞里。根据癌症起源于突变的理论，细胞在放射性或化学药物的作用下，也许会发生突变，细胞借助这一突变，摆脱正常机体对细胞分裂的控制，因而，这个细胞就可能自由自在、无拘无束地增殖。由于新细胞是这种分裂的产物，因而也同样具有不受机体控制的能力，因此，只要时间够了，这些细胞积累起来就适时形成了肿瘤。

其他研究者们指出了一个事实，即癌组织中的染色体是不稳定的，它们容易破裂或者受到损害。染色体的数量也是不正常的，甚至在一个细胞中会出现两套染色体。

首次观察到染色体变态发展为真实癌变的全过程的是阿尔伯特·莱万（Albert Levan）和比塞勒（John J. Biesele），他们在纽约的斯隆－凯特林癌症研究所（Sloan-Kettering Institute for Cancer Research）工作。谈到恶性病变和染色体的破坏究竟孰先孰后的时候，这些研究者毫不犹豫地说："染色体的异常变化发生在恶性病变之前。"他们推测，可能，在最初的染色体遭到破坏，造成染色体不稳定性出现之后，需要一段很长的时间，才能让灾难和错误贯彻到许多代细胞中去（这就是恶性病变长时间的潜伏期），期间，突变最终快速积累起来，使细胞摆脱了控制，开始无拘无束地增生，增生出的就是癌肿。

奥吉文德·温格（Ojvind Winge）是染色体稳定性理论的早期倡导者之一，他觉得染色体的倍增现象特别有意义。通过反复观察，已知的六六六（benzene hexachloride）及其同类林丹能引起实验植物细胞中染色体的倍增，而且这些化学物质与许多有可靠诊断证明的致命贫血症病有着千丝万缕的联系。那么，这两种情况之间是否存在内在的联系呢？在许多种杀虫剂中，究竟是哪些杀虫剂干扰了细胞分裂、破坏了染色体，引起突变的呢？

白血病应该是一种由于接触放射性或者与放射性有相似作用的化学物质而引起的最普通疾病，原因不难看出。物理或化学致变因子打击的主要目标，是那些分裂作用特别旺盛的细胞。这其中最重要的是那些制造血液的组织。骨髓是人一生的红血球的主要制造者，它每秒钟向人体血液中派发将近1000万个新的红血球细胞。白血球主要在淋巴腺内形成，也会以多变而惊人的速度在一些骨髓细胞内形成。

某些化学物质再次让我们忆起了放射性锶90，这些化学物质对骨髓具有奇特的亲和性。众所周知，苯，这个杀虫药溶剂中的通常组分，会在骨髓里安营扎寨，在那里潜伏20个月之久。多年以来，在医学文献里，苯本身已经被确认为白血病的病因之一。

儿童迅速发育的身体组织也能提供一种最适宜于癌变细胞发展的条件。麦克华伦·伯内特先生指出，不仅白血病在全世界范围内正在增长，而且在3～4岁年龄段也司空见惯了，而该年龄段的儿童并没有表现出其他疾病的高发，据这位权威的看法：“这种在3～4儿童身上所出现的白血病发病峰值，除了这些儿童在出生前后幼小的身体组织曾经接触过致变的刺激物外，很难再找到其他解释了。”

另一种已知可以引发癌症的致突变物是尿脘。怀孕的老鼠经这种化学物质处理后，不仅母鼠患上了肺癌，幼鼠也同样患上了肺癌。在这一实验中，幼鼠唯一可能接触尿脘的机会是在出生前，从而证明这种化学物质一定透过了胎盘。正如休珀博士（Dr. Hueper）曾经警告过的那样，在接触尿脘及其有关化学物质的人群中，有可能在婴儿时出现肿瘤。

诸如氨基甲酸酯这样的尿脘在化学上与除草剂IPC和CIPC有关。尽管有癌症专家们的多次警告，氨基甲酸酯的使用范围已经非常广泛，不仅用作杀虫剂、除草剂、灭菌剂，还用在增塑剂、医药、衣料和绝缘材料等各种各样的产品中。

通向癌症的道路也可能是间接的。通常看来并非致癌物的物质，却可以以妨碍身体某些部分的正常功能，最终引发恶性病变。一些癌症就是重要的例证，特别是生殖系统的癌症，它们的出现与性激素平衡发生紊乱有一定联系。在某些情况下，这些性激素的紊乱反过来又引起一些后果，这些后果影响了肝脏保持激素正常水平的能力。氯化烃恰好属于这种类型的因素，因为所有氯化烃对肝脏都有一定程度的毒性，因而可以间接地引发致癌作用。

当然，性激素在体内正常存在的时候，可以刺激生殖器官进行必不可少的生长发育。然而，身体具有一种自身的保护来消除积累起来的多余的激素，肝脏起着一种保持雌雄性激素平衡的作用（不管是哪种性别都会产生雄性激素和雌性激素，只是数量比例不同而已），肝脏可以阻止任何一种激素的过多积累。然而，如果肝脏受到疾病或化学物质损害，或者维生素B供应不足的话，肝脏的上述功能就会遭到破坏。在这种状况下，雌性激素就会飙升到一个异常高的水平。

结果怎样呢？至少在动物方面有大量的实验证据。例如：洛克菲勒医学研究所（Rockefeller Institute for Medical Research）的一名研究人员发现，因疾病导致肝脏受损的兔子表现出子宫肿瘤的高发病率。研究人员认为，子宫肿瘤高发的原因是肝脏已经无法继续抑制血液中的雌性激素，导致“最后这些肿瘤发展到癌变的水平”。对小白鼠、大白鼠、豚鼠和猴子的广泛实验表明，长期服用雌性激素，即便剂量很小，同样可以引起生殖器官组织的变化，“从良性蔓延变化到显著的恶性病变”。通过服用雌性激素，仓鼠也患上了肾脏肿瘤。

虽然在这个问题上医学界众说纷纭，但大量证据支持这样一种观点：即同样的影响也会发生在人的组织中。麦吉尔大学（Mcgill University）维多利亚皇家医院（Royal Victoria Hospital）的研究人员发现了证据：在他们研究过的150例子宫癌病人中，有2/3的病人体内雌性激素含量水平异常得高；而后续的20个病例，90%都具有高活跃性的雌性激素。

损害的肝脏无法清除雌激素，尽管动用了所有现代医学的实验手段也检查不出肝脏有什么损害。氯化烃很容易引发这样的状况，正如我们所知道的那样，摄入极少剂量的氯化烃也会引起了肝细胞的变化，同样引起维生素B的流失。维生素B非常重要，因为其他环节的证据证明这些维生素具有保护性的抗癌作用。已故的C. P. 罗兹（C.P.Rhoads），他曾一度担任过斯隆－凯特林癌症研究所的主任，他发现，如果给接触过一种非常强烈的化学致癌物的实验动物喂食酵母的话，它们就不会患上癌症，因为酵母是一种天然维生素B的丰富来源。他还发现，维生素B的缺乏还会伴随着口腔癌，可能还有消化道其他部分的癌症的发生。不仅在美国观察到了这个问题，瑞典和芬兰遥远的北部地区也发现了，因为这些地方的日常饮食通常缺少维生素。容易得早期肝癌的人群，例如非洲班图部落（Bantu tribes of Africa），都是典型的营养不良。男性乳腺癌在非洲一些地方也很流行，这与肝病和营养不良有关。战后，希腊的男性乳房增大是饥饿时期如影随形的常见现象。

简而言之，杀虫剂对于引发癌症有间接作用这一论点的依据是：已经证实杀虫剂具有损害肝脏和减少维生素B供给的能力，从而导致了体内自生雌性激素的增多，也就是说由身体本身产生的。此外，现在我们还要广泛地接触大量各种各样的人工合成雌性激素，那些存在于化妆品、医药、食品和工作环境里的雌激素，也是引发癌症的原因。这种复合的影响是最值得关注的一个问题。

人类难免会接触致癌化学物质（包括杀虫剂），途径也是多种多样的。一个人可以通过许多不同的接触途径摄入同一种化学物质，砷就是一个例子。它以不同的形式存在于每个人的环境里：作为空气污染物存在，作为水的污染物、食物残毒存在，存在于医药、化妆品、木料防腐剂、油漆和墨水中的染料里。只接触其中的一种，可能并不足以引发人类的恶性病变。但是任何单独一种假定的“安全剂量”都可能把已经负载了许多其他种“安全剂量”的天平压翻。

另外，人类的恶性病变也可以由两三种不同致癌物的共同作用引发，因而存在着一个共同作用的综合影响。例如，一个接触滴滴涕（DDT）的人差不多同时也会接触烃类，烃类是作为溶剂、颜料展开剂、减速剂、干洗涤剂和麻醉剂广泛使用着。在这种情况下，滴滴涕的“安全剂量”还有什么意义呢?

一种化学物质可以作用于另一种化学物质而改变其作用的效果，这个事实使得上述情况更加复杂。癌症有时需要两种化学物质互相影响才能发生，其中一种化学物质先使细胞或组织变得敏感，然后，在另一种化学物质或促进因素的作用下，细胞或组织才发生真正的癌变。这样，除草剂IPC和CIPC就在皮肤癌的发生中起了诱发者的作用，它播下了癌变的种子；而当另外一些物质（可能只是普通的洗涤剂）进入人体发生作用时，癌变就会发生。

物理因素与化学因素之间也可能存在着相互作用。白血病的发生过程可以分为两个阶段，恶性病变是由X射线引起的；而摄入的化学物质（如尿脘）则起了促进的作用。现代社会面临着一个严峻的新问题：人群在接触各种来源的放射性和化学物质的机会越来越多。

放射性物质对供水的污染也带来了另外一个问题。由于水中常含有大量化学物质，那些对水造成污染的放射性物质可以通过游离射线的撞击作用，真正改变水中这些化学物质的性质，使这些物质的原子重新自由地排列组合，变成新的化学物质来。

实际上，洗涤剂是一个普遍的污染物，现在成了一个公共供水中让人烦心的问题。全美国的水污染专家们都在关注这个问题，却没有切实可行的办法来解决。现在人们知道的致癌洗涤剂近乎于无，然而，洗涤剂可能通过一种间接的方式促进癌变，它们作用于消化道内壁，使机体组织发生变化，以使这些组织更容易吸收危险的化学物质，从而加重了化学物质的影响。不过，谁又能预见和控制这种作用呢？在这千变万化的万花筒中，除了“零剂量”，还有什么剂量的致癌物质是“安全”的呢？

我们既然容忍致癌因素在环境中存在，我们就要对它可能产生的危险负责。当前发生的情况就是这一危险的清晰写照。1961年的春天，在许多联邦、州和私人的鱼类产卵地，在虹鳟鱼中出现了肝癌的流行。美国西部和东部地区的鳟鱼都受到了影响。3龄以上的鳟鱼实际上无一幸免，百分百地患上了癌症。之所以有了这一发现，是由于全国癌症研究所环境癌症科和鱼类与野生动植物服务处就报告各种鱼类的肿瘤问题有协约在先，这样做的目的是为了以水质污染的名义，向人类发出癌症危险的预警。

尽管在如此广阔地区发生这种流行病的确切原因仍在调查研究中，但最有力的证据指出，在鱼类产卵地事先备好的饵料里就存在问题，饵料含有令人难以置信的各种化学添加物和药用剂，都被混进了基本食料之中。

鳟鱼事件具有重要意义，理由很多，然而，其中最重要的一点是，它作为一个例证，说明了当一个强烈的致癌物被引入环境时，会产生什么样的后果。休珀博士把这一流行病视为严肃的警告，警告人们必须对数量巨大、种类繁多的环境致癌物的控制上加倍重视。他说："如果不采取这样的预防措施，那么，发生在鳟鱼身上的灾难一定会在未来人类的身上出现。"

正如一位研究者所说的，我们正生活在"致癌物的汪洋大海之中"，这一发现当然令人沮丧，还很容易使人产生绝望和失败的反应。一个普遍的反应是："这难道不是一个没有希望的情况吗？""想把这些致癌因素从我们的世界上消除是不是不可能了？最好不要再浪费时间进行实验了，干脆把我们全部力量用于寻找治疗癌症的良药，这样岂不更好？"

这一问题被摆到了休珀博士面前，由于他多年来在癌症研究方面的出色工作，他的意见得到了人们的尊重。他深思熟虑了很长时间，依据一生的研究和经验进行判断，做出了一个全面的回答。休珀博士认为，我们今天遭遇癌症的形势，与19世纪最后几年人类面临传染病时的形势非常相似。病原生物与许多疾病之间的因果关系，通过巴斯德（Pasteur）和科赫（Koch）的辉煌研究工作而清晰起来。当时，医学界人士，甚至普通公众都逐渐意识到，人类环境已被大量引发疾病的微生物霸占，正如今天致癌物遍布我们周围一样。大多数的传染疾病现在已被置于适当的控制之下了，实际上有些已被消灭了。这一辉煌的医学成就是靠两面夹攻实现的，那就是既强调预防，也强调治疗。不论"灵丹"和"妙药"在外行人心目中多么神奇，实际情况却是，在抵抗传染病的战争中，真正具有决定性意义的大部分战役是消灭环境中病原生物的措施。一百多年前的伦敦霍乱大爆发是一个历史实证。一个名叫约翰·斯诺（John Snow）的医生把发病情况绘成了地图，他发现所有病例都发源于同一个地区，这个地区的所有居民都从百老汇街上的同一个泵井里取水使用。斯诺医生迅速而果断地采取了一个预防医学行动——更换了那个泵井的摇柄。霍乱就这样被控制住了，没有用灵丹妙药去杀死（当时还不为人知的）引起霍乱的微生物，而是把它们消除于人类环境之外。甚至从治疗手段来看也是如此，减少传染病的疫源地比治疗病人更有成效。现在，结核病已相对比较稀少，其主要是因为一般人现在很少有机会接触结核病病菌了。

今天，我们发现我们的世界充满了致癌因素。我们把全部或者大部分力量集中到治疗办法（甚至想能找到一种治愈癌的“良药”）上了。根据休珀博士的观点，这场攻克癌症的战斗是注定要失败的，因为这种作法没有考虑到环境是致癌因素的最大的积蓄地，环境中的这些致癌因素继续危害新的牺牲者，其速度将会超过至今还难以捉摸的“良药”制止癌症的速度。

我们在采取以预防为主的常识性对策解决癌症问题的时候，行动为什么迟缓呢？休珀博士说，可能是因为“治疗癌症病人的目标比起预防癌症更加激动人心，更加实在，更加引人注目和更有意义吧。”然而，在癌症形成之前去预防癌症“确实是更为人道”，而且可能“比治疗癌症更有效”。休珀博士几乎无法忍受有些人异想天开要得到一种“灵丹妙药”，我们只要每天早上在早饭前服用一粒，就可保护我们的健康，防治癌症。公众之所以相信可以这样最终控制癌症，部分原因是误会导致的，他们误认为癌症是一种病因虽然神秘莫测却很单一的疾病，所以满心希望能用单一的办法治疗。当然，这和已知的事实南辕北辙，环境性的癌症恰好是由十分复杂多样的化学因素和物理因素所引发的，所以恶性病变本身就表现为多种不同的形式，在生物学上癌症的这种特性是绝无仅有的。

就算哪天实现了这种期望已久的“突破”，也不能指望它是一种能治疗所有类型恶性病变的万灵药。虽然作为一种治疗手段，还要继续寻找真正的“良药”来挽救和治疗那些已经患上癌症的受害者，但是抱有幻想，以为只要有个锦囊妙计，问题就将会立刻迎刃而解，则对人类大大的不利。一步一步慢慢来，才是解决之道。正当我们斥资几百万砸到研究工作上的时候，正当我们把我们的全部希望寄予大规模计划，希望找到医治癌症病人方法的时候，甚至当我们寻求治疗措施的时候，我们都可能忽略了进行预防的黄金时机。

防治癌症的工作不是没有希望的。从一个重要的方面来看，现在的现状比19世纪末控制传染病的时候更加鼓舞人心。当时，世界上充满了致病细菌，正如今天的世界上充满了致癌物一样。但是，当时的人们并没有有意把病菌散布到环境中去，人们当时只是无意识地传播了这些病菌。与之相反，现代人们自己把绝大部分致癌物散布到环境中去，而如果他们有改悔意愿的话，他们是可以消除许多致癌物的。在我们的世界上，致癌的化学因素已经通过两种途径占据了地盘，原因有二：第一，具有讽刺意味的，是由于人们想要追求更好的、更便捷的生活方式；第二，由于制造和贩卖这样的化学物质已经成为我们的经济和生活方式中的一部分被接受下来。

要想让所有化学致癌物现在或将来统统从世界上消失，这可能是不现实的。然而，大部分化学致癌物根本就不是生活的必需品。消除这些致癌物，就会大大减轻生命的总负荷，而每4个人中将有一个人患上癌症的威胁至少也会显著缓解。消除这些致癌物应该坚定不移，不遗余力，因为这些致癌物现在正在污染着我们的食物、供水和大气层，以最危险的接触方式——微量的、年复一年反反复复的方式出现。

在最出色的癌症研究人员中间，有许多人与休珀博士有共同的理念，他们都坚信，只要顽强地努力去查明环境致癌的因素，顽强地去消除或减少它们的影响，那么，恶性病变是可以明显下降的。为了医治那些已经出现潜在或者明显癌症症状的人们，当然还要继续努力寻找治疗的方法。但是，对于那些还没有患上癌症的人们，当然，还有那些尚未出生的后代，进行预防已刻不容缓。

15. 大自然在反击

我们冒着这么大的风险，竭力把大自然改造得合心称意，却没有达到目的，这确实是一个终极讽刺。可是，看来这就是我们的现状。虽然很少有人提及，但人人都看得见的事实：大自然没有那么轻易被塑造，昆虫都能想方设法逃避我们的化学药物的打击。

荷兰生物学家布里杰尔（C. J. Briejer）说过："昆虫世界是大自然中最惊人的现象。对昆虫世界来说，一切皆有可能。通常看来最不可能发生的事情，也会在昆虫世界里出现。一个深入研究昆虫世界奥秘的人，他会为不断发生的奇妙现象目瞪口呆，连连惊叹。他知道昆虫世界里完全不可能的事情也会经常出现。"

这种"不可能的事情"现在正在两个广阔的领域里发生。通过遗传选择，昆虫正在培养应变能力来抵抗化学药物。我们会在下一章讨论这个问题，而现在我们就要讨论的一个更宽泛的问题，是环境本身固有的防御体系可以阻止昆虫蔓延，而我们使用化学物质大举进攻天然防线，天然防线被削弱，每次我们冲破防线，反而会有更大群的昆虫蜂拥而来。

报告从世界各地纷纷传来，清楚明白地揭示了我们所处的艰难困境。在用化学物质对昆虫进行了完全彻底的十几年控制之后，昆虫学家们却发现，那些他们认为早在几年前就已经解决了的问题又卷土重来折磨他们了。不仅如此，还冒出了新的问题，不论出现哪种昆虫，不论数量多么不起眼，都一定会迅速增长，最后泛滥成灾。由于昆虫天赋异禀，化学控制正在弄巧成拙，由于设计和使用化学控制的时候，没有考虑到复杂的生物系统，化学控制方法已被盲目地用到了反生物系统的斗争中去了。人们可以用化学物质对抗少数个别种类昆虫，却无法对抗整个生物群落。

今天，在一些地方，无视大自然的平衡倒成了一种流行。自然平衡在早期的、简单世界里是一种主导状态，现在，这一平衡状态已被彻底打破，也许我们最好还是把美好的过去忘掉。一些人觉得，自然平衡问题只不过是人们随心所欲的臆测罢了，然而，如果把这种想法当作行动指南的话，却是危险的。今天的自然平衡不同于冰河时期的自然平衡，但是这种平衡依然存在着：这是一个各种生命相互联系起来的复杂精密、高度统一的系统，再也不能对它不闻不问，置之不理了。这一现状岌岌可危，就好像一个正坐在悬崖边沿却盲目蔑视重力的人。自然平衡并不是一潭死水的状态！它是一种活动的、永恒变化的、不断调整的状态。而人，也是这一平衡的一部分。有时这一平衡对人有利，有时会变得对人不利。当这一平衡频繁受到人自身活动影响的时候，它总会变得对人不利。

现代人在制订控制昆虫计划的时候，忽视了两个重要的事实。第一个事实是，对昆虫真正有效的控制是由自然界，而不是人类完成的。昆虫的繁殖数量之所以受到限制，是由于存在一种被生态学家们称为“环境防御作用”的东西，这种作用从第一个生命出现以来就一直存在着。可利用的食物数量、气候和天气情况、竞争生物或捕食性生物的存在，这一切都是极为重要的。昆虫学家罗伯特·梅特卡夫（Robert Metcalf）说过：“防止昆虫破坏我们世界安宁的唯一重要因素，是昆虫自相残杀的内讧战争。”可是，现在人类所使用的大部分化学药物都是对昆虫格杀毋论，不分敌友。

第二个被忽视的事实是，一旦环境的防御作用被削弱，某些昆虫的真正具有爆炸性的繁殖能力就会恢复。许多种生物的繁殖能力几乎超出了我们的想象力，尽管我们现在和过去也曾有过一些恍悟的瞬间。从学生时代起，我就记得一个奇迹：在一个罐子里装上简简单单的干草和水的混合物，只要再加进去几滴原生动物的成熟培养液，奇迹就会出现。几天时间，罐子中就会出现一群向前移动的旋转不停的小生命——亿万个鞋样的微小动物草履虫，数都数不清。每一个小生命都微若尘埃，全都在这个温度适宜、食物丰富、没有敌人的临时天堂里无拘无束地繁殖着。这一景象忽而让我想起了一望无际的海边白色岩石和藤壶（barnacles），忽而让我想起了一大群水母游过的景象，它们一英里一英里地移动着，那看起来颤动不停的幽灵般的身体如同海水一样虚无飘渺。

当鳕鱼（cod）穿过冬季的海洋向产卵地迁移的时候，我们看到了大自然是怎样发挥控制作用创造奇迹的。在产卵地，每个雌鳕产下几百万个卵。如果所有鳕鱼的卵都存活下来的话，整个海洋就会肯定变成鳕鱼凝块了。一般来说，每对鳕鱼产下几百万尾幼鱼，只有当这么多的幼鱼全都存活下来发育成成鱼取代双亲的情况下，才会对自然界形成干扰。

生物学家们常常自娱自乐地抱有一种假想：假如发生一场不可思议的大灾难，摆脱了自然界的抑制功能，只有一种类的生物却得以保全繁殖起来，那时将会发生什么。一个世纪之前，托马斯·赫胥黎（Thomas Huxley）曾计算过，一个孤零零的雌蚜虫（它具有无性繁殖的奇技）在一年时间中能够繁殖的蚜虫的总量相当于美国人口总质量的1/4。

所幸这只是一个理论层面上的极端情况。干扰大自然的天然安排产生的可怕结果曾经被动物种群的研究者们领教过。畜牧业者们消灭郊狼的热潮已造成了田鼠成灾的结果，而以往的郊狼是田鼠的天然控制者。在这方面，亚利桑那州的凯巴布鹿（Kaibab deer）[1]的故事是经

[1] Kaibab是美国亚利桑那北部的一个高原地区，南临大峡谷。

常会重演的另外一个版本。曾有一度，凯巴布鹿与环境处于一种平衡状态。一定数量的食肉兽——狼、美洲狮（puma）和郊狼（coyote），它们限制鹿的数量不超过自己的食物供给量。后来，人们为了“保存”这些鹿，发起一个运动，猎杀凯巴布鹿的天敌——食肉动物。于是，食肉动物绝种了，凯巴布鹿却惊人地增多起来，这个地区很快就没有足够的草料供凯巴布鹿吃了。凯巴布鹿采食树叶，树木上没有叶子的地方也愈来愈高了，这时有许多凯巴布鹿饿死了，死亡数量超过了以前被食肉动物杀死的数量。另外，由于凯巴布鹿拼命觅食，整个环境都破坏了。

田野和森林中捕食性的昆虫起着与凯巴布地区的狼和郊狼同样的作用。杀死了它们，被捕食的昆虫的种群就会数量大增，势不可挡。

没有人知道地球上究竟有多少种昆虫，因为还有很多昆虫没有被人们所认识。但是，已经记录在案的昆虫已经超过70万种。根据种群的数量来看，这意味着地球上的动物有70%～80%是昆虫。这些昆虫的绝大多数都被自然力量控制着，而非由人来控制。假如情况属实的话，任何数量巨大的化学药物（或任何其他方法）怎么能够压制住昆虫的种群数量，这不能不让人生疑。

问题是，往往在这种天然保护作用丧失之前，我们总是对昆虫天敌的保护作用不甚了了。我们中间的许多人行走在世界上，却对世界熟视无睹，感知不到它的美丽，它的奇妙，以及生存在我们周围的各种生物那奇特的，有时令人震惊的强大能力。因此，人们对它们捕食昆虫和寄生生物的活动能力几乎一无所知。也许我们曾经在花园灌木上看到过的一种外貌凶恶的奇特昆虫，朦胧地意识到去祈求这种螳螂来消除其他昆虫。然而，只有当我们夜间去花园漫步，用手电筒瞥见到处都有螳螂向着自己的捕获物悄悄爬行的时候，我们才会理解我们所看到一切。直到那一刻，我们才会理解由这种猎手和猎物演出的这出戏剧的意义所在。直到那一刻，我们才会开始感觉到大自然自控的那种残酷的压迫力量的意义所在。

猎食者，也就是那些杀害和削弱其他昆虫的昆虫，其种类繁多。其中有些行动敏捷，像燕子在空中捕捉猎物一样迅捷。还有些猎食者一面在树枝艰难地爬行，一面摘取、吞咽那些不爱动的昆虫，像蚜虫这类昆虫。黄蜂（yellow jacket）捕获蚜虫，用蚜虫的汁液去喂养幼蚁。泥瓦匠黄蜂（wasp）在屋檐下建造柱状泥窝，用昆虫填充蜂窝，黄蜂幼虫将来就吃这些昆虫。这些房屋的守护者黄蜂在正在吃草料的牛群的上空盘旋，消灭了让牛群受罪的吸血蝇。大声嗡嗡叫的食蚜虻蝇（syrphid fly），常常被人错认为蜜蜂，它们把卵产在蚜虫滋蔓的植物叶子上，而后孵出的幼虫能消灭大量的蚜虫。瓢虫（ladybug），又叫“花大姐”，也是蚜虫、介壳虫和其他吃植物的昆虫的强力终结者。可以毫不夸张地说，一个瓢虫可消灭几百个蚜虫，从而点燃自己小小的能量之火，瓢虫需要这些能量来产卵繁衍。

习性更加奇特的是寄生性昆虫。寄生昆虫倒不会立即杀死宿主，它们用各种适当的办法利用受害者作为自己孩子的营养物。它们把卵产在俘虏的幼虫或其卵内，这样，它们自己将来孵出的幼虫就可以靠消耗宿主而得到食物。一些寄生昆虫把卵用黏液粘贴在毛虫身上。在孵化过程中，新生的寄生幼虫就钻入到宿主的皮肤里。其他一些寄生昆虫则借助天生伪装的本能把卵产在树叶上，这样吃嫩叶的毛虫就会漫不经心地把它们吃掉。

在田野上，在树篱笆中，在花园里，在森林中，到处都有捕食性昆虫和寄生性昆虫的身影。在一个池塘上空，蜻蜓飞掠而过，阳光照在它们的翅膀上，发出了火焰般的光彩。它们的祖先曾经在巨大爬行类生活的沼泽里过活。今天，蜻蜓像古时候一样，用锐利的目光在空中搜索蚊子，用它那篮子状的几条腿捕捉蚊子。在水下，蜻蜓的幼蛹（又叫“小妖精”）捕捉水生阶段的蚊子幼虫和其他昆虫。

在那里，在一片树叶前面，有一只不易察觉的草蜻蛉（lacewing），它长着绿纱般的翅膀和金色的眼睛，羞答答地躲躲闪闪。它的祖先曾经在二叠纪生活。草蜻蛉的成虫以吃植物花蜜和蚜虫分泌的蜜汁为主，适时把卵都产在一个长茎的柄根上，它把卵和一片叶子连在一起。从这些卵中生出了它的孩子——一种长相奇怪、直立着的幼虫，被称为“蚜狮”（aphis lions）。它们靠捕食蚜虫、介壳虫或小动物为生，它们捕捉小虫子，吸干小虫子的体液。在草蜻蛉生生不息的生命之环到了一定时间，它吐出白色的丝茧以度过蛹期，此前，一个草蜻蛉能消灭几百个蚜虫。

许多蜂和蝇也有这样的能力，它们完全依靠寄生作用来消灭其他昆虫的卵及幼虫才生存下来。一些蜂类虽然寄生卵极小，却凭借巨大数量和它们强大的活动能力，制止了许多庄稼害虫的大量繁殖。

这些小小的生命全都在工作着——不分晴雨，没日没夜，甚至当隆冬严寒把生命之火扑灭得只留下灰烬的时候，这些小生命还在锲而不舍，不眠不休地工作着。只不过在冬季，这股生气勃勃的力量只是在冒烟，它在等待，等待当春天唤醒昆虫世界，届时，它再重新迸出巨大的能量。在此期间，在雪花的白色绒毯下面，在被严寒冻得硬梆梆的土壤下面，在树皮的缝隙中间，在隐蔽的洞穴里，寄生昆虫和捕食性昆虫都找到了藏身之处，来度过寒冷的严冬季节。

螳螂的卵安全地贮放在一个薄羊皮纸似的小小匣子里，小匣子被妈妈粘在灌木枝条上，它的妈妈在去年夏天走完了人生的最后阶段。

一个雌性的马蜂（polistes wasp）在某个小屋被人遗忘的角落里找到了栖身之地，雌马蜂的体内带有大量的卵，这些卵长大以后就是未来的一个蜂群。这个单独生活的雌蜂在春天时开始着手做一个小小的窝，在每个巢孔中都产了卵，还小心翼翼地养育起一支小小的工蜂队伍。在工蜂的帮助下，她扩大了蜂巢，发展蜂群。在整个炎夏，工蜂都在不停地寻觅食物，会猎杀不计其数的毛虫。

就这样，借助昆虫的生活习性和我们所需要的天然特性，所有这一切都一直都是我们的同盟军，在保持自然平衡的斗争中偏向我们。可是，我们现在却把炮口转向了我们的朋友。一个可怕的危险是，由于我们的粗心大意，所以低估了它们的价值。而没有它们的保护，我们就会受到黑色潮水般的敌人的威胁。没有它们的帮助，这些敌人就会泛滥猖獗，危害我们。杀虫剂的数量逐年递增，种类繁多，毁坏力增强。随之而来的是，环境防御能力的全面持续降低正在变成日益显赫的、无情的现实。随着时间的流逝，我们可以预料，昆虫的骚扰会日趋渐严重，有的种类会传染疾病，还有的种类会毁坏农作物。种类之多，会超出我们已知的范围。

“不错，可这些只是纯理论性的结论吧？”你也许会问，“这种情况肯定不会真地发生吧？无论如何，在我的有生之年不会发生。”

但是，它正在发生，就在这里，就是现在。科学期刊已经记录下了1958年发生的自然平衡严重错乱的约50个例子。每年都会发现更多的例子。对这一问题进行的一次近期回顾中，就参考了215篇报告和讨论，内容都是谈杀虫剂所引起的昆虫种群平衡的灾害性失常的。

有时，喷洒化学药物以后会适得其反，化学药物的喷洒反而导致要加以控制的昆虫的数量急剧增多。例如，安大略（Ontario）的蚋（black fly），其数量是喷药前的16倍。又如，英格兰在一种有机磷化学杀虫剂喷洒以后，爆发了大规模的白菜蚜虫灾害——这是一场史无前例的灾难。

在另外几次喷药实例中，尽管化学药物的施用相当有效地消灭了目标昆虫，可是同时也像打开了潘多拉的盒子似的，释放出成千上万极具破坏力的其他害虫，给人类带来了灾难，而在喷药以前，这些害虫的数量从来没有这么多，更不会引起这么大的麻烦。例如，当滴滴涕和其他杀虫剂消灭了红蜘蛛（spider mite）的天敌以后，红蜘蛛实际上已经成为遍布全世界的害虫。红蜘蛛本不是昆虫，它是一种几乎看不出来有着8条腿的生物，与蜘蛛、蝎子和蜱属于同一类。红蜘蛛的嘴可以用来刺入和吮吸，以大量摄食叶绿素为生。它把细小、尖锐的嘴刺入叶子或者常绿树木针叶的表皮细胞，抽取叶绿素。在这种害虫的缓慢侵蚀下，树木和灌木林染上了椒盐般黑白相间的杂色点。由于叶体承载着沉重的红蜘蛛群体，树叶变黄，落叶飘零。

几年前，也就是1956年，在美国西部一些国家森林区曾经发生过这样的事件，当时，美国林业署（United States Forest Service）对大约88.5万英亩森林喷洒了滴滴涕。这次行动的预定目的是想控制针枞树的蚜虫的数量，可是，在接下来的那年夏天，却引发了一个比蚜虫灾害更严重的问题。从高空对这个森林进行观察，可以看到大面积的森林枯萎了，那里雄伟高大的道格拉斯枞树（Douglas fir）变成褐色，针叶也掉落了。在海伦国家森林区（Helena National Forest）和大带山（Big Belt Mountain）的西坡上，还有在蒙大拿（Montana）和沿爱达荷（Idaho）的其他区域，森林看起来就好像被烧焦一样。显而易见，1957年的这个夏天带来了史上规模最大、最为壮观的红蜘蛛灾害。几乎所有喷过药的地区都受到了虫害的影响。这里受灾最明显，其他地方都不可同日而语了。护林人回忆起了另外几次红蜘蛛造成的天灾，都不像这次这样给人印象深刻。1929年前在黄石公园（Yellowstone Park）中的麦迪逊河（Madison River）沿岸，20年后的1949年在科罗拉多州，还有1956年在新墨西哥，都曾发生过类似的麻烦。每一次害虫的爆发，都有用杀虫剂喷洒森林在前。（1929年的那次喷药，使用的是砷酸铅[lead arsenate]，当时滴滴涕还没生产。）

为什么红蜘蛛会因使用杀虫剂而变得更加繁盛呢？除了红蜘蛛对杀虫剂相对来说不敏感这一明显的事实外，似乎还有另外两个原因。第一，在自然界，红蜘蛛的繁殖受到了多种捕食性昆虫的制约，如瓢虫、一种瘿蚊（gall midge）、食肉螨类（predaceous mite）和一些掠食性臭虫（pirate bug），所有这些红蜘蛛的天敌都对杀虫剂极为敏感。第二，红蜘蛛群体内部面临着数量过剩的压力。一个密集、安定，不构成灾害的螨群体，它们密密麻麻地藏匿在可以躲避天敌的保护带中。在喷药之后，这个群体就被冲散了，此时它们虽然还没有被化学药物毒死，却已经受了刺激，它们四散奔逃，去寻觅新的安身之地。这样一来，它们却发现了更广阔的空间和更充裕的食物。它们的天敌已死，它们省去了维持神秘保护带的精力，反而可以把全部精力用在大量繁殖后代上。得益于杀虫剂的施用，它们的产卵量提升三倍，也很稀松平常。

在一个位于弗吉尼亚州的谢南多厄山谷（Shenandoah Valley）这里是闻名遐迩的苹果种植区，当滴滴涕开始代替砷酸铅的时候，大群被称为“红纹卷叶蛾”（red-banded leaf roller）的小昆虫却泛滥成灾，成了种植者们的一种灾难。它的危害过去从来没有这样严重过。红纹卷叶蛾对农作物的致死率在短期内飙升到50%，随着滴滴涕使用量的增加，一跃成为这一地区，乃至美国东部和中西部的大部分地区，对苹果树最有破坏力的害虫。

这一情况颇具讽刺意味。20世纪40年代末期，被反复喷药的新斯科舍（Nova Scotia）苹果园，遭受了最为严重的苹果蠹蛾（codling moth）（造成“多虫苹果”）的灾害。而在未曾喷药的果园里，苹果蠹蛾的数量并不足以造成真正的麻烦。

位于苏丹（Sudan）东部的棉花种植区在施用了滴滴涕以后，也经历了同样的苦痛。辛勤喷洒农药并没有给那里的棉花种植者带来令人满意的效果。在加什三角洲（Gash Delta）栽种的大约60万英亩棉花过去一直是靠灌溉生长的。滴滴涕的早期试验效果明显，结果良好，于是，此后便加大了使用量，可是麻烦也就接踵而至。棉铃虫（bollworm）是棉花的最有破坏性的敌人之一。但是，滴滴涕的使用量越是增加，棉铃虫出现的就越多。与喷过药的棉田相比，未喷药的棉田的棉桃和成熟的棉朵所遭受的危害更小，喷过两次药的田地里棉籽的产量明显地下降了。虽然消灭了一些以叶子为食的昆虫，但任何可能由此而得到的利益也全部被棉铃虫的危害抵消了。最后，面对不愉快的事实，棉田种植者终于恍然大悟，意识到如果他们不自找麻烦，不去花钱喷药的话，他们的棉田产量本来可以更高的。

在比属刚果（Belgian Congo）和乌干达（Uganda），大量使用滴滴涕对付咖啡灌木害虫的后果几乎是一场毁灭性的“大灾难”。害虫本身几乎完全没有受到滴滴涕的影响，而它的猎食者都对滴滴涕异常敏感。在美国，农民们一再反复喷药消灭一种昆虫的天敌，结果开启了另一种害虫大规模爆发的模式。这样一来，扰乱了昆虫世界的动态平衡。最近所执行的两个大规模喷药计划造成了不折不扣的同样后果，其中一项是美国南部捕灭红蚁计划，另一项是为了中西部的日本金龟子防治计划（见第10章和第7章）。

1957年，位于路易斯安那州的农田被大规模施用了七氯，结果导致甘蔗的最凶恶的天敌之一——小蔗螟（sugarcane borer）得到解放。在七氯处理过后不久，小蔗螟的危害就急骤增长。用来消灭螟虫的七氯却把小蔗螟的天敌们毒杀了。甘蔗受损严重，农民们甚至要去控告路易斯安那州没有对这种可能发生的后果提前预警。

伊利诺伊州的农民也得到了同样惨痛的教训。为了控制日本金龟子的数量，在伊利诺伊州东部的农田施用了具有破坏性的狄氏剂喷液。此后，农民们发现，在处理过的地区玉米螟的数量大增。事实上，在施药地区的玉米地里，这种破坏性昆虫的幼虫的数量是其他地区的2倍以上。那些农民们可能还不知道所发生的事情的生物学原理，不过他们并不需要科学家来告诉他们说这是一笔亏本的买卖。他们企图摆脱一种昆虫，却给自己带来了另一种更具危害的虫灾。根据农业部预计，日本金龟子在美国所造成的全部损失总计约为每年1000万美元，而由甘蔗螟虫所造成的损失可达8500万美元。

值得注意的是，过去，人们在很大程度上一直是依靠自然力量来控制甘蔗螟虫的。1917年，这种昆虫于被意外地从欧洲引入美国，在之后的两年中，美国政府就开始着手一个收集和进口这种害虫的寄生生物的强有力的计划。从那时起，24种以甘蔗螟虫为宿主的寄生生物由欧洲和东方引入美国，代价高昂。其中，有5种被认为具有独立控制甘蔗螟虫的价值。不用说，因为这些进口的甘蔗螟虫的天敌都已经被喷药毒死，所有这些工作所取得的成果现在已经打了折扣。

如果有人质疑这一点的话，请参照一下加利福尼亚州橘桔林的情况。在加利福尼亚，19世纪80年代有一个关于生物控制的世界最著名和最成功的实例。1872年，一种以橘树树汁为食的介壳虫出现在加利福尼亚，并且在接下来的15年里发展成为一种具有巨大危害的害虫，导致许多果园颗粒无收。新兴的柑橘业受到了这一灾害的威胁。当时许多农民拔掉了他们的果树，放弃了柑橘种植。后来，从澳大利亚进口了一种以介壳虫为宿主的寄生昆虫，这是一种被称为“澳洲瓢虫”（vedalia）的小瓢虫。在首批瓢虫货物到达后的两年间，在加利福尼亚所有长柑橘树的地方，介壳虫已完全处于控制之下。从那时起，人在柑橘树林中找上几天，也不会找到一个介壳虫了。

然而，到了20世纪40年代，这些柑桔种植者开始试用具有魔力的新式化学物质来对付其他昆虫。由于使用了滴滴涕和其他随后而来的毒性更大的化学药物，在加利福尼亚许多地方，澳洲瓢虫群体被消灭了，虽然政府过去为进口这些瓢虫花费了近5000美元。这些瓢虫的活动每年为果农挽回几百万美元的损失，但是就因为一次缺乏深思熟虑的行动，就把这一收益一笔勾销了。介壳虫死灰复燃，带来的灾害超过了50年来人们所见过的任何一次。

在里弗赛德（Riverside）柑橘实验站工作的保罗·德巴赫博士（Dr. Paul Debach）说过：“这可能标志着一个时代的结束。”现在，控制介壳虫的工作已变得极为复杂。只有反复放养澳洲瓢虫，小心谨慎地安排喷药计划，才能够尽量减少它们与杀虫剂的接触而存活下来。不管柑橘种植者们怎么做，他们总要或多或少地对附近土地的主人们发发善心，因为四处飘散的杀虫剂会给邻居带来严重的灾害。

所有这些例子关注的都是侵害农作物的昆虫，而带来疾病的那些昆虫又怎么样呢？这方面已经有了不少预警。一个例子发生在位于南太平洋的尼桑岛（Nissan Island）上，在第二次世界大战期间，大量杀虫剂被喷洒在那块土地上，不过在战争快结束的时候喷药就停止了。很快，大群携带疟疾病菌的蚊子重新入侵该岛，当时所有捕猎食蚊子的昆虫都已经被毒死了，而新的群体还没来得及发展起来，因此显而易见，会出现蚊子的大量爆发。马歇尔·莱尔德（Marshall Laird）描述了这一情景，他把化学控制比做一个跑步机，我们一旦踏上去，就会因为惧怕后果，所以不敢停下来。

世界上有一部分疾病可能以一种非常独特的方式与喷药联系在一起。我们有理由认为，诸如螺类这样的软体动物似乎差不多对杀虫剂是免疫的，该现象已经被多次观察到。在佛罗里达州东部，对盐化沼泽喷药造成了大量生物集体死亡，其中唯一幸免的是螺类。这种景象如同人们所描述的那样，是一幅令人毛骨悚然的图画，很像是超现实主义画家创作出来的那种东西。在死鱼和奄奄一息的螃蟹中间，螺类一面爬行，一面吞食着那些死于致命毒雨的遇难者。

然而，这一切有什么重要意义呢？它之所以重要，是因为许多螺可以作为许多危险的寄生虫的宿主，这些寄生虫在它们的生活循环中，一段时间要在软体动物体内度过，一段时间要在人体内度过。血吸虫病就是一个例子，当人们在喝水或者在被感染的水里洗澡时，它可以透过皮肤进入人体，引发严重疾病。血吸虫是通过蜗螺宿主而进入水域的。这种疾病尤其广泛地分布在亚洲和非洲地区。在有血吸虫的地方，助长蜗螺大量繁殖的昆虫控制办法似乎总是会导致严重的后果。

当然，人类并不是蜗螺所引起的疾病的唯一受害者，牛、绵羊、山羊、鹿、驼鹿、兔子和其他各种温血动物所患的肝病都可以由血吸虫引起，这些血吸虫有一段时间的生活是在淡水蜗螺中度过的。蠕虫感染的动物肝脏不适宜再作为人类的食物，而且照例要被没收。人们拒绝食用这些肝脏，从而每年给美国牧牛人带来大约350万美元的损失。显而易见，任何有助于蜗螺数量增长的活动都会使这一问题变得更加严重。

在过去的10年中，这些问题已经留下了一个长长的阴影，然而我们对它们的认识却一直十分滞后。大多数有能力研究生物控制方法并协助付诸实践的人，却一直在更激动人心的化学控制的小天地中操劳。据报道，在1960年，在美国仅有2%的昆虫学家在从事生物控制的现场工作，其余98%的主要人员都致力于研究化学杀虫剂。

为什么会出现这样的状况呢？一些主要的化学公司给大学斥巨资支持杀虫剂的研究工作，由此产生了吸引研究生的奖学金，还有非常吸引人的工作岗位。相反，却从来没有人捐助过生物控制研究。原因很简单，生物控制不可能给任何人许诺会像化学工厂那样致富。生物控制的研究工作都留给了州政府和联邦政府，在这些地方的工资可是少得多了。

这种状况也解密了这样一个不难解释的事实，即某些优秀的昆虫学家正在带头倡导化学控制。对这些人中某些人的背景进行调查后发现，他们的全部研究计划都是由化学工厂资助的。他们的专业威望,有时甚至他们的工作本身都要依靠着化学控制方法的长期存在才能存在。那么，我们怎么会期待他们去咬衣食父母那只喂食的手呢?

在为化学物质成为控制昆虫的基本方法的普遍欢呼声中，偶尔有少量来自少数昆虫学家的报告，这些昆虫学家没有无视这一事实，即他们既不是化学家，也不是工程师，他们是生物学家。

英国的雅各布（F. H. Jacob）曾经宣称：“许多所谓的经济昆虫学家的活动可能会使人们认为，他们这样做是因为他们相信拯救世界就是要靠喷雾器的喷头……他们相信，当他们制造出了害虫死灰复燃、昆虫抗药性或哺乳动物中毒的问题之后，化学家会再发明出一种药物来处理。现在人们还没有认识到，最终只有生物学家才能为根治害虫问题找到答案。”

加拿大的新斯科舍省的皮克特（A. D. Pickett）写道：“经济昆虫学家一定要意识到，他们的研究对象是鲜活的生命……他们的工作应该要比对杀虫剂进行简单实验或研究破坏性很强的化学物质更为复杂一些。”皮克特博士本人是创立控制昆虫合理方法的研究领域中的一位先驱者，这种方法充分利用了各种捕食性和寄生性昆虫，他的研究内容是今天的一个光辉榜样。然而，今天效仿他的方法的人却太少了，在美国，我们能够发现的是加利福尼亚的一些昆虫学家研究的一套完整的控制计划，其中有与皮克特相提并论的内容。

大约在35年前，皮克特博士在新斯科舍省的安纳波利斯山谷（Annapolis Valley）的苹果园中开始了他的研究工作，这个地方一度是加拿大苹果树最集中的地区。在只有无机化学药物的当时，人们相信杀虫剂可以解决昆虫控制问题，而唯一要做的事就是说服水果种植者们按照所推荐的办法使用。然而，这一美好的图画却没有变成现实。不知道是什么原因，昆虫仍然存在。于是，又增加了新的化学物质，设计了更先进的喷药设备，对喷药的热情也更加高涨，但是昆虫问题却没有任何进展。后来，又许诺滴滴涕一定能“驱散”苹果蠹蛾爆发的“噩梦”。实际上，正是由于使用滴滴涕，才却引起了一场前所未有的螨虫灾害。皮克特博士说：“我们从狼窝跳到了虎坑，只不过用一个问题换来了另一问题。”

然而，在这一节点上，皮克特博士和他的同事们却另辟蹊径，他们没有跟其他昆虫学家一起继续走那条老路，跟在鬼火的后面跑，一心追求毒性更大的化学物质。他们认识到在自然界有一个强大的同盟军，于是设计了一个计划，最大限度地利用了自然的控制作用，把杀虫剂的使用降到了最低限度。必须使用杀虫剂时，把其剂量减低到最小，既可以控制害虫，又不会给有益的生物种类造成不可避免的伤害。计划的内容还包括选择适当的洒药时机。例如，如果在苹果树的花朵转为粉红色之前而不是之后去喷洒尼古丁硫酸盐（nicotine sulphate）的话，那么一种重要的捕食性昆虫就会幸免于难，或许这是因为在苹果花转为粉红色之前它还只处于卵的状态吧。

皮克特博士精心挑选对寄生昆虫和捕食性昆虫危害极小的化学药物。他说："如果我们把滴滴涕、对硫磷、氯丹和其他新杀虫剂作为少量控制措施使用，就像我们过去使用无机化学药物那样，对生物控制感兴趣的昆虫学家们也就不会有那么大意见了。"他主要依靠"鱼尼丁"（ryania）（由一种热带植物的地下茎演化而来的一个名字）、尼古丁硫酸盐和砷酸铅，而不用那些毒性很强的广谱杀虫剂，在某些情况下，使用非常低浓度的滴滴涕和马拉硫磷（每100加仑中1盎司或者2盎司，而过去常用的浓度是100加仑中1磅或者2磅）。尽管这两种杀虫剂是当今杀虫剂中毒性最低的，皮克特博士还是希望进一步研究出更安全、针对性更高的物质取而代之。

他们的计划进展如何呢？在新斯科舍省，遵循皮克特博士修订的喷药计划的果园种植者们与使用强毒性化学药物的种植者一样，正在生产出大量的质量上乘的水果，产量也很高，而实际花费却很少。在新斯科舍省的苹果园中，用于杀虫剂的经费只相当于其他大多数苹果种植区经费总数的10%～20%。

有一个事实，比获得这些辉煌成果更为重要，那就是，新斯科舍省的昆虫学家们所执行的这个喷药修订计划不会破坏大自然的平衡。情况正在朝着加拿大昆虫学家尤列特（G. C. Ullyett）10年前提出的那个哲学观点所指引的方向顺利前进，"我们必须改变我们的哲学，放弃我们人类的优越感。我们应当承认，在许多情况下，能够在大自然发现一些限制生物种群的方法和措施，这比我们人工研发更加经济适用。"

16. 隆隆的崩溃声

今天，假如达尔文还活着的话，昆虫世界一定会让他喜出望外，惊喜交加，因为他适者生存的理论在昆虫世界体现得淋漓尽致，令人印象深刻。在密集化学喷洒的重压之下，昆虫种群中的弱者正在被淘汰。现在，在许多地区和许多种类中，只有身强体健和适应能力强的昆虫才能在反控制中存活了下来。

近半个世纪以前，华盛顿州立学院（Washington State College）的昆虫学教授梅兰德（A.L.Melander）问了一个现在看来纯粹属于修辞学的问题："昆虫是否能够渐渐产生抗药性？"如果说给梅兰德的答案好像是太含糊或者太晚的话，原因只有一个，那就是他的问题提得太早了——他是在1914年提出的，而不是在40年之后。在滴滴涕时代之前，当时使用无机化学药物的规模在今天看起来是小心谨慎、数量极小的，喷药雾和药末以后，存活下来的昆虫依然四处可见。梅兰德本人也被梨圆蚧（San Jose scale）困扰过，他曾经花费了几年的时间喷洒硫化石灰，把梨圆蚧控制住了，感觉心满意足。可是，后来，在华盛顿州的克拉克斯顿地区（Clarkston），梨圆蚧变得很顽强，比在韦纳奇（Wentchee）和亚基马（Yakima）山谷果园的更难杀死。

突然之间，在美国其他地区的这种梨圆蚧好像是不约而同地有了同一个主意：果园种植者们这么辛勤、慷慨地喷洒硫化石灰，它们没有必要去死了。现在，美国中西部地区的几千英亩优良果园已经被这种对喷药无动于衷的昆虫给毁了。

然而，在加利福尼亚采用了一个人们长期推崇的传统方法——用帆布帐篷把树罩起来，再用氢氰酸蒸气熏。可是，现在在某些区域的结果令人失望。为此，加利福尼亚柑橘实验站专门开展了相关研究，该研究大约从1915年开始，持续进行了25年。虽然砷酸铅成功地控制了苹果蠹蛾，时间已经长达40年，但在20世纪二十年代，苹果蠹蛾还是产生了抗药性。

不过，只有滴滴涕和各种同类杀虫剂的问世，才把世界带入了真正的抗药性时代。任何一个人只要具备最简单的昆虫知识或动物种动态平衡的知识，就不会为下述事实感到惊奇。在短短的的几年中，一个令人厌恶的危险问题已经渐渐清晰。虽然人们都已经渐渐地认识到了昆虫对咄咄逼人的化学药物的进攻已经产生了有效的抗体，但看来目前只有那些关注携带疾病昆虫的人，才意识到了这一问题的严重性，虽然现实的困难产生于貌似有理的逻辑，但大部分农业工作者还在漫不经心寄希望于发展毒性最强的新型化学药物。

人们对昆虫产生抗药性现象的认识严重滞后，可是昆虫抗药性的发展却非常迅速。1945年以前，人们只知道大约有十几种昆虫对滴滴涕出现以前的某些杀虫剂逐渐产生了抗药性。随着新的有机化学物质和推广所需要的新方法的出现，抗药性发展迅猛，截止到1960年，具有抗药性的昆虫已经达到了137种，水平之高，令人咋舌。没有一个人相信事态会就此平息。以此为课题，现在已经发表了1000多篇科技论文。世界卫生组织在世界各地约300位科学家的赞助下，宣布“抗药性现在是对抗定向控制计划最重要的问题”。一位著名的英国动物种群研究者查尔斯·埃尔顿博士（Charles Elton）曾经说过：“我们正在听到的是雪崩到来前的隆隆声。”

抗药性发展得那么迅速，有时一篇庆贺某个特定化学药物对某种昆虫控制成功的报告的墨迹还没有干，就要再发一个修正报告了。例如，在南非（South Africa），牧牛人长期为蜱所困扰，仅一个大牧场，每年就有600头牛因此死亡。多年以来，蜱已经对砷喷剂产生了抗药性。然后，又试用了六六六，短期内，一切看来都很有效。早在1949年，就有报告声称，抗砷的蜱能够很容易地被这种新化学物质控制住。可是在同一年的晚些时候，又发布了令人沮丧的通告，宣布蜱的抗药性又向前发展了。该情况促使一个作家在1950年的《皮革贸易评论》（*Leather Trades Review*）中说道："只有当人充分认识到这一事件的重要意义时，这种在科学界秘密交流，悄悄泄露的消息，只在海外期刊上占一个小版面的新闻，才完全有资格像新型原子弹一样成为头版头条。"

虽然昆虫抗药性是农业和林业关注的问题，但是感到严重的忐忑不安的却是公共健康领域。各种各样的昆虫与人类的许多疾病之间的关系自古以来就存在。按蚊（Anopheles）可以把疟原虫注入人类的血液里，还有一种蚊子可以传播黄热病（yellow fever），还有另外一些蚊子可以传染脑炎（encephalitis）。家蝇虽然并不叮咬人类，却可以通过接触痢疾杆菌污染人类的食物；在世界许多地方，还在眼科疾病的传播中起着重要的作用。疾病及其昆虫携带者（即带菌者）的名单包括：有传染斑疹伤寒（typhus）的虱子（lice），传播鼠疫的鼠蚤（rat flea），传染非洲嗜睡病的采采蝇，传染各种发烧的蜱，等等，不计其数。

这些都是我们必须面对的重要问题。任何一个负责任的人都不会认为可以对这些虫媒疾病不闻不问。现在我们正面临一个紧急情况：用恶化的方法来解决这一问题究竟是否明智，算不算是负责任呢？世界已经听过太多通过控制昆虫传染者来战胜疾病的胜利消息，然而，世界却绝少听到这个消息的另一面——失败的一面，短暂的胜利马上反过来促成了一个事实：实际上，我们的昆虫敌人已经由于我们的努力变得更加强大了。甚至更糟糕的是，我们可能已经自毁了自己的作战工具。

一位杰出的加拿大昆虫学家布朗博士（A. W. A. Brown）受聘于世

界卫生组织，进行一个关于昆虫抗药性问题的综合性调查。在1958年出版的结题论文中，布朗博士这样写道："在向公共健康计划引入高毒性人造杀虫剂以后的10年里，主要的技术问题就是昆虫对曾经用来控制它们的杀虫剂的抗药性的发展。"在他发表结题论文以后，世界卫生组织警告说："如果不能迅速解决这个新问题的话，现正对由节肢动物引起的类似霍乱、斑疹伤寒、鼠疫等疾病的猛烈进攻非常危险，是一个严重退步。"

这一步退了有多远？现在，具有抗药性的昆虫的名单，实际上就是具有医学意义的各种昆虫名单。显而易见，黑蚋、沙蚋和采采蝇还没有对化学物质产生抗药性。另一方面，家蝇和库蚊的抗药性现在已经发展到了全球的范围。征服疟疾的计划由于蚊子的抗药性受到了威胁。东方鼠蚤，这个鼠疫的主要传播者，最近已表现出对滴滴涕的抗药性，这是一个最严重的退步。从每块大陆和大多数岛屿都有报告，报告当地有多种昆虫产生了抗药性。

也许首次在医学上应用现代杀虫剂的时间是1943年，地点是在的意大利，当时的盟军政府把滴滴涕粉剂撒在很多人身上，成功地消灭了斑疹伤寒。接着，在两年以后，为了控制疟蚊，大量使用了滞留喷洒。仅仅在一年以后，就出现了一个麻烦的前兆了，家蝇和蚊子开始对喷洒的药物有了抗药性。1948年，一种新型化学物质——氯丹，作为滴滴涕的增补剂开始试用。这一次，有效的控制保持了2年。可是，到了1950年8月，出现了对氯丹具有抗药性的苍蝇。到了当年年底，看来所有的家蝇与蚊子一样，都对氯丹产生了抗药性。新的化学药物一经投入使用，抗药性随即发展起来。截止到1951年底时，滴滴涕、甲氧滴滴涕、氯丹、七氯和六六六都已列入了失效的化学药物的名单。与此同时，苍蝇却"多得出奇"。

在20世纪40年代后期，同样的循环事件在撒丁岛（Sardinia）重演了。在丹麦，含有滴滴涕的药物于1944年首次使用。到了1947年，对苍蝇的控制在许多地方均以失败告终。在埃及的一些地区，截止到1948年，苍蝇已经对滴滴涕产生了抗药性。用BHC来替代，有效期还不到一年。一个埃及村庄特别突出地反映出这一问题：1950年，杀虫剂有效地控制住苍蝇，而在同一年中，幼蝇的死亡率却下降了将近50%；次年，苍蝇对滴滴涕和氯丹已经产生了抗药性，苍蝇的数量又恢复到原来的水平，幼蝇的死亡率也随之下降到了原先的水平。

在美国，截止到1948年，田纳西河谷（Tennessee Valley）的苍蝇已经对滴滴涕产生了抗药性。其他地区也随之出现这样的情况。用狄氏剂来恢复控制的努力也没有出现多大成效，因为在一些地方，仅仅两个月的时间，苍蝇就发展出了对滴滴涕顽强的抗药性！在把有效的氯化烃类一一用了遍之后，控制机构又转而使用有机磷酸盐类，不过就是在这时，抗药性的故事又再次重演。专家们现在得出的结论是："杀虫剂技术已不能解决家蝇控制问题，必须重新依靠普通的卫生措施。"

那不勒斯（Naples）对衣虱的控制是滴滴涕最早的、最为人们津津乐道的成果之一。在接下来的几年中，与滴滴涕在意大利的大获全胜相对应的是1945—1946年间的冬天在日本和朝鲜的成功，这次控制行动影响了约200万人口。接下来，出现了麻烦的先兆：1948年西班牙防治斑疹伤寒流行病的失败。虽然这次实践失败了，但室内实验的成功让昆虫学家们相信虱子可能不会产生抗药性。但1950—1951年间的冬天在朝鲜发生的事件，使他们大吃一惊。当滴滴涕粉剂在一组朝鲜士兵身上使用后，结果出乎意料，虱子的数量反而增加了。把虱子收集来进行检测，发现5%的滴滴涕粉剂无法增加虱子的死亡率。由东京游民、收容所，叙利亚、约旦和埃及东部的难民营中收集来的虱子，也得出了同样的检测结果，这些结果证实了滴滴涕对控制虱子和斑疹伤寒都是没有效果了。截止到1957年，对滴滴涕有抗药性的虱子的国家的名单已扩展到伊朗、土耳其、埃塞俄比亚、西非、南非、秘鲁、智利、法国、南斯拉夫、阿富汗、乌干达、墨西哥和坦噶尼喀。至此，在意大利最初出现的胜利看来已经暗淡无光了。

对滴滴涕产生抗药性的第一种传播病疾的蚊子是希腊的萨氏按蚊（Anopheles sacharovi）。大范围的喷洒开始于1946年，并初见成效。可是，到了1949年，观察者们注意到，大量成体蚊子在道路桥梁的下面而不是已经处理过的房间和马厩里停歇。蚊子在外面停歇的地方很快地扩展到了洞穴、外屋、阴沟和桔树的叶丛和树干上。显而易见，成年蚊子已经对滴滴涕产生了足够的耐药性，所以能够从喷过药的建筑物里死里逃生，到露天休养生息和恢复健康。几个月之后，它们已经能够呆在房子里了，人们发现它们停歇在喷过药的墙壁上。

这是一个前兆，现在形势已经发展得极其恶化。疟蚊对杀虫剂的抗药性以惊人的速度增长，抗药性的发展完全是由要彻底消灭疟疾的房屋喷药计划一手造成的。在1956年，表现出抗药性的蚊子只有5种；而到了1960年初，数量已经由5种猛增到了28种啦！其中包括非洲西部、中东、中美洲、印度尼西亚和东欧地区等。

在其他蚊子，传播其他疾病的蚊子中间，这一情况也在重演。有一种携带寄生虫的热带蚊子，会传播象皮病（elephantiasis）之类的疾病。这种蚊子在世界许多地方都发展出顽强的抗药性。在美国一些地区，传播西方马型脑炎的蚊子已经产生了抗药性。一个更为严重的问题与黄热病的传播者有关，多少个世纪以来，黄热病都是世界上的大灾难之一。在东南亚，这种蚊子的抗药性已经出现，而现在在加勒比海地区已经司空见惯。

来自世界许多地方的报告，都体现出昆虫产生抗药性对疟疾和其他疾病的影响。在特利尼达（Trinidad），1954年的黄热病大爆发，就是在对病源蚊子进行控制导致蚊子产生抗药性而发生的。在印度尼西亚和伊朗，疟疾爆发。在希腊、尼日利亚和利比亚，蚊子继续潜伏生存，继续传播疟原虫。在乔治亚州（Georgia），通过控制苍蝇，腹泻病的发病率减少，这一成果一年后就付诸东流了。在埃及，通过暂时地控制苍蝇，急性结膜炎的发病率降低，这一成果在1950年以后也不复存在了。

有一个事件，它对人类健康来说并不严重，但以经济价值来衡量却让人烦恼，那就是佛罗里达的盐化沼泽地蚊子也表现出有了抗药性。虽然这些蚊子并不传播疾病，可是它们成群结队地出来吸人血，佛罗里达海岸边的广大区域因此成了无人居住的地区。后来实施了控制，那种勉勉强强、暂时有效的控制，情况才有所改变。然而很快就又失效了。

四处可见的普通家蚊都在发展着抗药性，这一事实应该把现在定期进行大规模喷药的许多村庄叫停了。在意大利、以色列、日本、法国和美国的部分地区，包括加利福尼亚州、俄亥俄州、新泽西州和马萨诸塞州，等等，这种蚊子现在已经对几种杀虫剂产生了抗药性，其中包括应用最为广泛的滴滴涕。

还有一个问题是蜱。美国森林蜱（woodtick）是斑疹伤寒（spotted fever）的传播者，最近已产生了抗药性。褐色犬蜱（brown dog tick）在化学药物的眼皮底下死里逃生的能力已经臻于成熟。这一情况对人类和狗都是一个问题。褐色犬蜱是一个亚热带品种，当它出现在诸如新泽西州这样的大北方时，它一定在会在温暖如春的建筑物里而非室外过冬。美国自然历史博物馆的帕里斯特（John C.Pallister）在1959年夏天的报告中说：他所在的部门曾经接到许多来自西部中心公园邻居打来的电话，帕里斯特先生说有如下内容："整幢房屋常常传染上幼蜱，并且很难消灭。狗会在中心公园偶然染上蜱，然后这些蜱产卵，在屋里孵化出来。看来它们对滴滴涕、氯丹或其他我们现在使用的大部分药物都有抗药性。过去在纽约市蜱相当罕见，而现在它们到处都是，在这里和长岛，在韦斯特切斯特（Westchester），还蔓延到了康涅狄格州。我们注意到在最近五六年中尤其如此。"

遍布于北美许多地区的德国小蠊（German cockroach，蟑螂的一种）已经对氯丹（chlordane）产生了抗药性，氯丹一度是灭虫者们最得心应手的武器，可他们现在不得不改用有机磷了。可是，目前昆虫对这些杀虫剂逐渐产生了抗药性，这给灭虫者们提出了一个问题：下一步，敢问路在何方?

由于昆虫抗药性不断增强，防治虫媒疾病的机构现在用一种杀虫剂代替另一种杀虫剂来解决面临的问题。不过，如果没有足智多谋的化学家们供应新化学药物的话，这种办法是无法无限地继续下去的。布朗博士曾经指出：我们正行驶在一条单行道上，没有人知道这条路有多长。如果在我们到达死亡的终点之前还没有控制住带病昆虫的话，我们的处境的确实是太危险了。

对早期无机化学药物具有抗药性的农业昆虫大概有十几种，现在还得再加上一大群，这些昆虫都对滴滴涕、六六六、林丹、毒杀芬、狄氏剂、艾氏剂，甚至包括人们曾经寄予重望的磷具有抗药性。1960年，毁坏庄稼的昆虫中具有抗药性的已经高达65种。

农业昆虫对滴滴涕产生抗药性的第一批例子出现的地点是美国，时间是在1951年，大约是在首次使用滴滴涕的6年之后。可能最麻烦的情况与苹果蠹蛾有关，实际上，在全世界苹果种植地区的苹果蠹蛾现在都对滴滴涕产生了抗药性。白菜害虫中的抗药性正在成为另一个严重的问题。马铃薯害虫正在逃脱美国许多地区的化学控制。6种棉花害虫、形形色色的蓟马（thrip）、蛀果蛾（fruit moth）、叶蝉（leaf hopper）、毛虫（caterpillar）、螨虫（mite）、蚜虫、叩头甲幼虫（wireworm）等许多虫子现在都对农民喷洒化学药物有恃无恐了。

可能化学工业部门不愿面对抗药性这一不愉快的事实，倒也可以理解。甚至到了1959年，已经有100种主要昆虫对化学药物表现出明显的抗药性。至此，一家农业化学的主要刊物还在追问昆虫的抗药性“是现实存在，还是想象之物”。然而，当化学工业部门满怀希望地扭过头去的时候，昆虫抗药性问题根本没有瞬间蒸发，反而给化学工业呈现出一些不愉快的经济事实。其中一个事实是，用化学物质进行昆虫控制的费用正在不断增长。今天看来可能前程似锦的杀虫化学药物明天可能就会黯然失色，这样一来，事先囤积大量杀虫药剂已经没有用处了。当这些昆虫以抗药性再次证明了人类用暴力手段对待自然无效的时候，用于支持和推广杀虫剂的大量财政投资可能就会撤销了。当然，迅猛发展的技术会为杀虫剂发明出新的用途和新的使用方法，但结果很可能是人们还会发现昆虫继续逍遥法外。

达尔文本人可能会发现，抗药性产生的是自然选择的最佳例证。虽然出生于同一个原始种群，许多昆虫在身体结构、行为方式和生理学上会有很大的差异，而只有“顽强的”昆虫才能抵抗住化学药物的攻击存活下来。喷药毒死的是弱者，只有那些具有趋利避害天性的昆虫才能死里逃生。它们就是新生代的父母，新一代只需简单地借助遗传，就具备了祖先所有的“顽强的”品质。这样一来，就必然会产生一种结果：用烈性化学药物进行强力喷洒，只能使预计要解决的问题更加棘手。几代之后，一个完全由具有顽强抗药性的种类所组成的昆虫群体就代替了一个原先由强者和弱者共同组成的混合种群。

昆虫抵抗化学物质的方法可能是在不断变化的，现在还人们还没有彻底了解。有人认为，一些昆虫不受化学药物的影响是由于身体构造的优越性，然而，看来在这方面的实际证据明显不足。不过，一些昆虫种类所具备的免疫性却从诸如布利吉博士（Briejer）所做的观察结果中清楚地表现出来了，他报告说，在丹麦的佛毕泉害虫控制研究所（Pest Control Institute at Springforbi）观察到大量苍蝇“在屋子里的滴滴涕里嬉戏，就像从前的男巫在烧红的炭块上欢舞一样”。

从世界其他地方都传来了类似的报告。在马来西亚的吉隆坡（Kuala Lumpur），蚊子开始远离喷药中心区，表现出对滴滴涕的抗药性。当抗药性产生以后，可以在贮存的滴滴涕表面发现停歇的蚊子。另外，在中国台湾南部的一个兵营里所发现的具有抗药性的臭虫样品当时身上就带有滴滴涕的粉末残留。在实验室，将这些臭虫包到一块盛满了滴滴涕的布里去，它们活了一个月之久，还产了卵，生出来的小臭虫反而更大、更壮了。

尽管如此，昆虫的抗药性并不一定要依赖于身体的特别构造。对滴滴涕有抗药性的苍蝇具有一种酶，这种酶可以使苍蝇把滴滴涕降解为毒性更小的化学物质滴滴伊（DDE）。这种酶只能产生在那些具有滴滴涕抗药性遗传基因的苍蝇身上。当然，这种抗药性会代代相传。至于苍蝇和其他昆虫如何把有机磷类化学物质进行解毒，这一过程还不大清楚。

一些活动习性也可以使昆虫避免受到化学药物的毒害。许多工作人员注意到，具有抗药性的苍蝇更喜欢停歇在没喷过药的地面上，而不是停在喷过药的墙壁上。具有抗药性的家蝇可能有稳定飞行的习性，总是停歇在一个地点静止不动，从而就大大减少了与毒药残留接触的次数。有一些蚊子具有一种习性，可以减少接触滴滴涕，实际上，这样可以避免中毒。它们只要一闻到喷药的刺激味道，就会逃出房舍，到外面生活。

一般情况下，昆虫产生抗药性需要2～3年时间，虽然偶然有时只要一个季度或甚至更少的时间就够了。在一种更为极端情况下，也可能需要6年。一种昆虫在一年中繁殖的代数非常重要，会因种类和气候的不同而不同。例如，加拿大苍蝇比美国南部的苍蝇抗药性发展得慢一些，因为美国南部有漫长而炎热的夏天，更适宜昆虫高速繁殖。

有时，人们会充满希冀地问这个问题："既然昆虫都能对化学毒物产生抗药性，人类也能吧？"从理论上讲，有可能。不过，这个过程需要几百年，甚至几千年，所以，现在活着的人们就不必抱什么希望了。抗药性无法在个体生物体内产生。如果一个人生下时就具有一些特性使他能比其他人强，更不容易中毒，那么他就更容易存活并且生儿育女。因此，一个群体经过几代或者多代时间才能产生抗药性。人类群体的繁殖速度大约来说为1个世纪三代，而昆虫产生新一代却只需几天或者几星期。

“我们是忍耐昆虫给我们造成一点点的损害，还是以损失武器为长期代价暂时把敌人消灭光呢？我看，在某些情况下，前者要比后者明智得多。”这是布里吉博士在荷兰时任植物保护服务处的导师提出的忠告：“比较实际的忠告是‘尽可能少喷药’，而不是‘尽量多喷药’……应当尽可能地减轻给害虫种群施加的压力。”

不幸的是，这样的意见并未在美国相应的农业服务处占上风。农业部专门论述昆虫问题的1952年的年鉴，承认了昆虫产生抗药性这一事实，不过它却说：“为了充分控制昆虫，仍然需要更频繁、更大量地使用杀虫剂。”农业部并没有说如果那些尚未试用过的化学药物不仅能消灭世界上的昆虫，还能够消灭世界上的一切生命，那会是一种什么状况。不过到了1959年，也就是这一忠告再次提出的7年之后，一个康涅狄格州的昆虫学家在《农业和食物化学杂志》（*Journal of Agricultural and Food Chemistry*）中谈到，最后一种可用的新药物至少已经施用到一二种害虫身上了。

布里吉博士说：“再清楚不过的是，我们正行走在一条危险之路上。……我们不得不准备在其他控制方面下大力气进行研究，新方法必须是生物学的、而不是化学的。我们的目标是尽可能小心地把自然变化过程引导到对我们有利的方向上，而不是使用暴力啊……”

“我们需要一个更加高瞻远瞩、更加理性的方向和更深刻的洞察力，而这正是许多研究者身上所欠缺的。生命是一个超出我们理解能力的奇迹，甚至在我们不得不与它进行斗争的时候，我们仍应该尊重它……借助杀虫剂这样的武器来控制昆虫，充分证明我们知识贫乏，能力不足，无力控制自然变化过程，因此使用暴力也无济于事。在这里，自然界的法则是谦卑，没有任何理由由于科学而狂妄自大。”

17. 另外一条路

现在，我们正站在两条道路的分岔口上。但是，不同于人们所熟悉的罗伯特·弗罗斯特（Robert Frost）诗歌中的道路，这两条道路却截然不同。我们长期来一直行驶的这条道路容易被错认为是一条平坦舒适的高速公路，我们能在上面快速前进。实际上，在这条路的终点却有灾难在等待着。这条路的另一条叉路——一条"人迹罕至的"岔路，却为我们提供了最后的，也是唯一的，保住我们的地球的机会。

毕竟，自己的道路要自己选。在经历了长期忍耐之后，我们终于认定我们有"知情权"，如果我们提高了认识，推论出有人要求我们去进行的冒险是愚蠢而又吓人的，是要我们用有毒的化学物质填满世界的话，那么，我们应该坚决拒绝听取这些人的劝告。应当环顾四周，看看还有什么其他的道路可走。

确实，用多种多样的变通办法来代替化学物质对昆虫的控制是切实可行的。在这些办法中，一些已经付诸应用，并且取得了辉煌的战果，另外一些尚处于实验室阶段，此外，还有一些作为设想还在富于想象力的科学家的头脑中酝酿，等待时机成熟就投入实验。所有这些办法都有一个共同点：它们都是生物学的解决办法！这些办法对昆虫进行控制是建立在对所要控制的有机体及其所属的整个生命世界结构的理解上的。在生物学广泛的领域内，有各种具有代表性的专家——昆虫学家、病理学家、遗传学家、生理学家、生物化学家、生态学家，他们都在把毕生所学和创造性的灵感倾注到生物控制这门新兴科学上。

约翰·霍普金斯大学生物学家斯旺森教授说："任何一门科学都好似一条河流。它的发源总是朦朦胧胧、朴实无华的。时而静静地流淌，时而激流勇进。时而勺水一脔，时而滔滔不绝。它汇集了众多研究者的辛勤劳动，被其他思想的溪流充实着，通过不断发展的概念和归纳深化，拓宽。"

因此，从现代意义上讲，它是一门生物控制科学，它的发展与约翰·霍普金斯的说法正好符合。在美国，生物控制学于一个世纪之前在朦胧中发轫，当时，首次尝试引进天敌来控制害虫，因为已经证实这些害虫是农民的麻烦。努力时缓时停，却因为不时地在突出成就的推动下呈现出加速向前的势头。当从事应用昆虫学研究的人们被20世纪40年代新型杀虫剂的盛况搞得晕头转向的时候，他们把一切生物学方法统统舍弃，把自己的双脚放在了"化学控制的脚踏车"上。这时候，生物控制科学的河流就进入干涸期，于是，世界无昆虫之害的目标就渐行渐远。现在，当由于肆无忌惮和毫无节制地使用化学药物，给我们自身造成的威胁比昆虫还甚时，生物控制科学的河流由于新思想溪流的补充，再次出现了潺潺流水。

这些新方法最迷人的地方，在于它们力求以夷制夷，用一种昆虫的力量对付另一种昆虫，利用昆虫生命力的趋向使麻烦自生自灭。在这些成就中，最令人赞叹的是那种"雄性绝育"技术，这种技术是由美国农业部昆虫研究所的负责人爱德华·尼普林博士（Dr. Edward Knipling）及其助手们研发出来的。

大约是在25年以前，尼普林博士提出了一种控制昆虫的独特方法，令他的同事们目瞪口呆。他提出一个理论：如果有可能使大量的昆虫不育，再把它们放出去，在特定的情况下，这些不育的雄性昆虫就会在与正常的野生雄性昆虫的竞争中胜出，那么，通过反复地释放不育雄虫，就可能只产生无法孵出的卵，这个种群便会灭绝。

官僚们对于这个建议并不感兴趣，科学家们也持怀疑态度，但尼普林博士却坚持自己的观点。在设想付诸实验之前，一个有待解决的主要问题是，需要找到一个使昆虫绝育的实际可行的办法。从学术角度而言，早在1916年，使用X射线照射昆虫可能导致不育的事实已经公布于世，当时昆虫学家朗纳（G. A. Runner）曾经报告过烟草甲虫因此不育的现象。20世纪20年代后期，赫尔曼·穆勒（Hermann Muller）在X射线引起昆虫突变方面的开创性工作，打开了一个全新的思想领域。到了20世纪中叶，许多研究人员都报告过，在X射线或伽玛射线作用下会出现不育的昆虫至少有十几种。

但是，这些都是实验室内的实验，距离实际应用还有很长的一段路要走。大约在1950年，尼普林博士下大功夫，花大力气，努力将昆虫的不育性变成一种武器，来消灭美国南部家畜的主要害虫——旋丽蝇（screw-worm fly）。雌性旋丽蝇总是把卵产在热血动物的外露伤口上，它孵出的幼虫是一种寄生虫，寄生在宿主身上，以宿主的肉为食。一头成年公牛可以因严重感染，在10天内死去，在美国因此损失的牲畜估计每年达到4000万美元。野生动物的损失很难估计，不过肯定也不会小。德克萨斯州某些区域鹿群稀少，旋丽蝇就是罪魁祸首。旋丽蝇是一种热带或者亚热带昆虫，居住在南美、中美洲和墨西哥，在美国它们通常局限于西南部。然而，大约在1933年，它们偶然进入了佛罗里达州，那里的气候可以使它们度过寒冬，建立种群。它们甚至向阿拉巴马州南部和乔治亚州推进，不久，东南部各州的家畜业遭受了每年高达2000万美元的损失。

那些年，德克萨斯州农业部的科学家们收集了大量关于旋丽蝇的生活规律和现象的信息。1954年，在佛罗里达上进行了一些预备性的实地实验之后，尼普林博士准备去进行更大范围的实验来验证他的理论。为此，与荷兰政府达成协议，尼普林到了加勒比海的库拉索岛（Curacao），该岛与大陆相隔至少50海里。

实验从1954年8月开始，在佛罗里达州的一个农业部实验室中进行培养和经过不育处理的旋丽蝇被空运到库拉索岛，飞机以每星期400平方英里的速度投放出去。结果立竿见影，产在实验公羊身上的卵数量随即开始减少，那速度跟繁殖时一样快。投放行动开始之后的7个星期，产下的卵都变成无法受孕的了。很快，就连一个卵群都找不到了，不管是不育的还是正常的，旋丽蝇确实已从库拉索岛上被根除了。

库拉索岛实验的巨大成功激发了佛罗里达州牲畜养殖者们的愿望，他们也想利用这项技术来摆脱旋丽蝇的危害。虽然在佛罗里达州所遇到的困难相对比较大，因为这里的面积是小小的库拉索岛的300倍。1957年，美国农业部和佛罗里达州为扑灭旋丽蝇的行动提供了联合基金。该项目包括在每周在一个特制的“苍蝇工厂”生产大约5000万只旋丽蝇，还有启用20架轻型飞机按预定的航线每天飞行5～6个小时，每架飞机装有1000个纸箱，每个纸箱里装200～400只X射线照射过的旋丽蝇。

1957年与1958年间的冬天特别冷，严寒笼罩着佛罗里达州北部，为启动该计划提供一个意想不到的良机，因为此时的旋丽蝇的种群在减少，并且局限在一个小的区域里。当时预估需要用17个月的时间来完成这项计划，要人工养育出35亿只旋丽蝇，再把这些无法受孕的旋丽蝇投放到佛罗里达州及乔治亚州和阿拉巴马州的部分地区。已知的最后一次由旋丽蝇引起的动物伤口感染大约发生在1959年的1月份。在此后的几个星期里，一些成年旋丽蝇中了圈套。此后，就再没有发现旋丽蝇的踪迹。灭绝旋丽蝇的任务在美国东南部完成了——这一举措是科学创造价值的有力证明，它是建立在严谨的基础研究，以及毅力和决心的基础上的。

现在，在密西西比设立的一个隔离屏障，力图阻止旋丽蝇从西南部卷土重来。在西南部，旋丽蝇已被死死地圈禁起来了。在那里，扑灭旋丽蝇的计划会困难重重，因为那里土地辽阔，还有从墨西哥卷土重来的可能性。尽管如此，但事关重大，看来农业部的想法是这种项目至少要把旋丽蝇的数量保持在一个非常低的水平上，可以很快在德克萨斯州和西南部其他旋丽蝇猖獗的地区试行。

在旋丽蝇之战中的巨大成功引发了人们把这种方法应用于其他昆虫的巨大热情。当然，这项技术倒不是对所有的昆虫都适用，这种技术在很大程度上要依赖昆虫生活史的细节记录、种群密度，以及昆虫对放射性的反应。

英国人已经做了实验，希望用这种方法能来消灭罗得西亚（Rhodesia，即南非地区）的采采蝇。这种昆虫占据了非洲大约1/3的土地，威胁人类的健康，导致人们在450万平方英里林木茂密的草地上无法放牧牲畜。采采蝇的习性与旋丽蝇大相径庭，虽然采采蝇能在放射性作用下变得无法受孕，但是在使用这种方法之前，还有一些技术性问题需要解决。

英国人还测试了大量其他昆虫对放射性的敏感性。美国科学家已在夏威夷的室内实验和在遥远的罗塔岛（Rota）的野外实验中对瓜实蝇（melon fly）和东方及地中海果蝇（Mediterranean fruit fly）进行了研究，取得了一些令人鼓舞的初步成果。他们对玉米螟（corn borer）和小蔗螟（sugarcane borer）也都进行了实验。存在着一种可能性，即具有医学重要性的昆虫也可能通过不育作用而得到控制。一位智利科学家曾经指出，虽然喷洒了杀虫剂，但传播疟疾的蚊子死里逃生，在他的祖国依然存在着，投放不育的雄性蚊子是灭绝蚊子的最后一击。

显而易见，使用放射性实现不育仍有一些困难，迫使人们去寻求一种效果相同，却更为简便的方法，现在已出现了一个对化学不育剂研究的新高潮。

佛罗里达州奥兰多（Orlando）的农业部实验室的科学家，现在正采用将化学药物混入食物的方法，在实验室和一些野外实验中使家蝇不育。1961年在佛罗里达的吉斯群岛（Florida Keys）的实验中，仅仅用了5周时间，家蝇这一种群就几乎全被消灭了。虽然后来从邻近岛屿飞来的家蝇又在当地繁殖起来，但作为一个试点项目，实验还是很成功的。农业部为这种方法的前景感到兴奋，这是很容易理解的。正如我们所看到的那样，在第一个地方，实际上家蝇现在已经变了，不受杀虫剂控制了。毫无疑问，需要一种控制昆虫的全新方法。用放射性来制造不育昆虫的问题之一，是不仅需要人工培养苍蝇，投放的不孕雄性苍蝇的数量还要大大超过野外现有的数量才行。旋丽蝇可以做到这一点，因为实际上它的数量本来就不大。可是，对家蝇来说，如果投放的数量是现有家蝇的两倍多，即使只是数量暂时的增加，也可能会受到激烈反对。恰恰相反，化学不育剂可以混到昆虫的饵料里，再带到家蝇生活的自然环境中去。吃了这种不孕剂的昆虫就会变得不孕，最后,不孕的家蝇就会大行其道，这种昆虫将不复存在。

做不育效果的化学实验要比做化学毒性的实验困难得多。评价一种化学物质需要30天，当然，许多实验可以同时进行。在1958年4月至1961年12月期间，奥兰多实验室对几百种化学物质可能引发的不育效果进行了遴选。看来农业部很高兴地在这中间发现了少量有希望的化学物质。

现在，农业部的其他实验室也在继续研究这一问题，测试用化学物质消灭厩螯蝇、蚊子、棉子象鼻虫和各种果蝇。所有这些目前都还处在实验阶段，不过，自从研究化学不育剂项目开始以来的短短几年中，这一工作已取得了很大进展。在理论上，它具有许多吸引人的特质。尼普林博士指出，有效的化学昆虫不育剂“可能会很轻易让现有最好的杀虫剂相形见绌”。请想象这个情形，100万只昆虫的群体每过一代数量就增加5倍。假如一种杀虫剂可以杀死一代昆虫的90%，到第三代就会恢复到12.5万只昆虫。与之相比，一种可以使90%的昆虫不育的化学物质在第三代以后只剩下125只昆虫。

硬币的另一面就是化学不育剂里包含一些剧毒的化学物质。幸好，至少在初期阶段，研究化学不育剂的大部分人似乎都很注意去寻找安全的药物和安全的使用方法。尽管如此，还是到处都能听到有人提出这样的建议，建议从空中喷洒化学不育剂。例如，建议给舞毒蛾幼虫蚕食的叶子喷洒不孕剂。如果事先对可能产生的危险缺乏全面的调查研究就贸然行事，那是极不负责任的。如果我们不时时刻刻牢记化学不育剂潜在危害的话，我们很快就会发现，我们遇到的麻烦要比现在杀虫剂所造成的麻烦还要大。

目前正进行测试的不育剂一般可分为两类，这两类不育剂在作用模式方面都非常有意思。第一类与细胞的生活过程或者新陈代谢密切相关，即它们的性质与细胞或者组织所需要的物质极其相似，有机体竟会“错认”，以为它们是真的代谢物，在自己的正常生长过程中努力与它们结合。不过，这种相似在一些细节上并不匹配，于是这一过程就停顿了下来。这种化学物质被称为“抗代谢物”。

第二类是作用于染色体的化学物质，它们可能会影响基因物质，引起染色体的分裂。这一类化学不育剂是烃化剂，它是极为活跃的化学物质，能够强力摧毁细胞，危害染色体，造成突变。伦敦切斯特·贝蒂研究所（Chester Beatty Research Institute）的彼得·亚历山大博士（Peter Alexander）的观点是，“任何可以导致昆虫不育的烃化剂也都是一种强力致突变物或者致癌物。”亚历山大博士感到，类似化学物质在昆虫控制方面的一切可以想象的应用，都将“面对最危险的目标”。因此，人们希望现在所做的这些实验目的，不是为了把这些特殊的化学药物直接拿到现实生活中去用，而是由此发现一些安全的化学药物，同时对目标昆虫是具有高度的专一性。

近期研究中还有一些很有意思的方法，即利用昆虫本身的生命变化过程制造消灭昆虫的武器。昆虫自身能产生各种各样的毒液、引诱剂和驱虫剂。这些分泌物的化学本质是什么呢？我们能否可以把它们本身当作有选择性的杀虫剂用呢？康奈尔大学（Cornell University）和其他地方的科学家们正在试图找到这些问题的答案，他们正在研究许多昆虫防范猎食动物袭击所依赖的防范机制，分析昆虫分泌物的化学结构。其他科学家正在从事所谓“保幼激素”的研究，这是一种非常强力的物质，可以防止昆虫幼虫在生长到一定阶段之前发生形变。

也许，对昆虫分泌物的探索中最直接、最有效的结果，就是引诱剂或者叫吸引剂的研发了。在这里，大自然又一次指出了前进的道路。舞毒蛾是一个特别引人入胜的例子。舞毒雌娥由于身体太笨重，飞不起来，因此，它生活在地上或者接近地面的地方，只能在低矮的植物之间扑动翅膀或者在树桩上爬行。相反，雄蛾非常强健，可以飞很远。它在很远的地方就能闻到雌蛾的一种特殊腺体释放出的气味，被吸引过来。多年来，昆虫学家们一直在利用这一现象，他们费时费力地从雌蛾体内提取这种性引诱剂，以此诱捕雄蛾，用于当时昆虫分布地区边沿地带的数量调查。不过，这种办法成本太高。姑且不论在东北各州大量公布的虫害蔓延情况，实际上，舞毒蛾数量都不够做引诱剂，于是还不得不从欧洲进口人工收集的雌蛹，有时每只蛹要花半美元。不过，经过多年的努力，农业部的化学家们最近成功地分离出了这种性引诱剂，这是一个巨大的突破。伴随着这一发现，又成功地从海狐油组分中制备出了一种十分相似的合成物质，这种物质不仅骗过了雄蛾，而且引诱能力与天然的性引诱剂相差无几。在捕虫器中放置1毫克（10^{-3}克）这么一点，就足以成为一个有效的诱饵。

这一切远远超出了科学研究的意义，因为这种新的、经济适用的“舞毒蛾诱饵”不仅可能用于昆虫调查工作，还可以用于昆虫控制工作。一些可能具有更强引诱力的物质现在正在实验之中。在这种可能被称为“心理战”的实验的中，引诱剂是被制成微粒状物质，用飞机投放的。这么做的目的是为了迷惑雄蛾，从而改变它的正常行为模式，在这种具有引诱力的气味干扰之下，雄蛾无法找到雌蛾真正气味的踪迹。正在开展进一步的实验，对昆虫袭击的设计思路的目的是欺骗雄蛾，让它努力与假雌蛾结成配偶。在实验室里，雄性舞毒蛾已经企图与木片、虫形物的和其他无生命的、小的物体交配，只要这些物体可以灌入舞毒蛾引诱剂就行。利用昆虫的求偶本能使其不能繁殖的办法，实际上可用来减少实验种群数量的残留，这是一个很有意思的可能性。

舞毒蛾饵药是一种人工合成的昆虫性引诱剂，不过可能很快会有其他药物出现。现在正在对一定数量的农业昆虫进行研究，观察它们受人工仿制的引诱剂的影响。对黑森瘿蚊（Hessian fly）和烟草天蛾幼虫（Tobacco hornworm）的研究，已经取得了令人鼓舞的结果。

现在人们正在尝试用引诱剂和毒药的混合物去治理几种昆虫。政府科学家研发出一种被称为“甲基丁香酚”（methyl-eugenol）的引诱剂，发现它对东方果蝇和瓜实蝇战无不胜。在距离日本南部450英里的博宁岛（Bonin Island）上的实验中，把这种引诱剂与一种毒物结合起来，把许多小片纤维板用这两种化学物质浸透，然后，空投到整个岛群，去引诱和毒杀那些雄性的飞蝇。这一“扑灭雄性”的计划开始于1960年。一年之后，农业部估计99%以上的飞蝇已经被消灭了。这一方法，看来已经胜过了杀虫剂的陈词滥调，凸显了自己的优越性。这种方法中所用的有机磷毒物只能用在纤维板块上，这种纤维板块是不可能被其他野生动植物吞吃的。此外，纤维板块上的残留物会很快消散，不会对土壤和水造成潜在的污染。

不过，并不是昆虫世界所有的通讯联系都靠具有吸引或者排斥效果的气味来实现的，声音也可以成为报警或者吸引的手段。飞行过程中的蝙蝠发出的绵绵不断的超声波（就如同雷达系统一样地引导它穿过黑暗）可以被某些蛾虫听到，它们就可以闻风而动，避免被捉的命运。寄生蝇飞临的振翅声对锯齿蝇的幼虫是一个警告，它们闻风而动，集合起来进行自卫。另一方面，在生长在树木上的昆虫所发出的声音能会帮助它们的寄生生物发现宿主。同理，对于雄蚊子来说，雌蚊子的振翅声就像海妖的歌声一样美妙。

如果真是这样，那么，是什么使得昆虫具有这种对声音分辨和做出反应的能力的呢？假设这种能力有用的话，到底又有什么用呢？这一研究虽然还处于实验阶段，但已经很有意思了，播放雌蚊飞行声音的录音在引诱雄蚊方面取得了初步成功，雄蚊被诱到一个带电的电网上电死了。在加拿大做的实验，是用突然爆发的超声波来驱赶玉米螟和地老虎（cutworm moth），效果明显。研究动物声音的两位权威——夏威夷大学的休伯特·弗林斯教授（Hubert Frings）和梅布尔·弗林斯教授（Mable Frings）相信，只要能找到一把合适的钥匙，打开现有关于昆虫声音产生与接收的丰富知识宝库，就可以发明用声音来影响昆虫行为的野外方法。排斥性的声音带来的可能性可能比引诱剂还要大。他们发现椋鸟在听到一个同类的惊叫声的录音以后，惊慌失措，四散奔逃。两位弗林斯教授因这一发现而出名。也许在这一事实包含一些可能应用于昆虫的重要原理，对于熟悉工业的行家来说，这种可能性看起来是完全可以实现的，因为至少有一家主要的电子公司正准备设立一个实验室进行昆虫测试。

作为一个有毁灭力的直接因素，声音也成了实验对象。在一个实验池塘中，超声波可以杀死所有蚊子的幼虫，可是也杀死了其他水生有机体。在另一个实验中，空气中的超声波可以在几秒钟内把丽蝇（blowfly）、大黄粉虫幼体（mealworm）和埃及斑蚊杀死。所有这些实验都只是向一个控制昆虫的新概念迈出的第一步。终有一天，电子学的奇迹会把这些方法变成现实。

昆虫的新生物控制方法并不只是与电子学、伽玛射线和其他人类发明智慧的产物有关。其中一些方法来源已久，是依据这样的认识而来的：昆虫与人一样，也是要生病的。正像古时候的鼠疫与人的关系一样，细菌的传染也能毁灭昆虫的种群。在病毒发作的时候，昆虫的群落就患病，死亡。在亚里士多德时代以前，人们就知道昆虫也会生病。在中世纪的诗文中曾经有过蚕病的记载。巴斯德就是通过对蚕虫疾病的研究首次发现传染性疾病的原理的。

昆虫不仅受到病毒和细菌的侵害，也受到真菌、原生动物、极微的蠕虫和其他肉眼不可见的微小生命世界中的小生物的侵害。这些微小生命全方位地助力着人类，微生物中不仅包括着致病的有机体，还能清除垃圾、肥沃土壤、参与诸如发酵和消化这样不计其数的生物学过程。那么，它们为什么不能在控制昆虫方面也向我们伸出援手呢？

这样使用微生物的第一个人，似乎应该是19世纪的动物学家伊利·梅奇尼科夫（Elie Metchnikoff）。在19世纪的后几十年和20世纪前50年之间，使用微生物控制昆虫的想法渐次成型。向一种昆虫的环境中引入某种疾病，使这种昆虫得到控制的第一个例证出现在20世纪30年代后期，当时在日本金龟子中间发现并利用了乳白病。乳白病是一种属于杆菌类的孢子引发的，正如我在第7章中指出的那样，这是美国东部长期利用细菌控制的经典例子。

现在，人们对一种细菌寄予了厚望——图林根杆菌（Bacillus thuringiensis）的实验上。图林根杆菌最初于1911年在德国的图林根省（Thuringia）被发现，人们发现它引发了粉蛾幼虫的致命败血症。实际上，图林根杆菌的杀伤力是毒杀，而不是发病。在细萨林吉亚杆菌繁茂的枝芽中，同孢子一起形成的还有一种奇特的蛋白质晶体，这种蛋白质晶体对某些昆虫，特别是对诸如蛾这样的蝶类的幼虫具有很强的毒性。幼虫吃了带有这种毒膜的草叶以后，不久就会出现麻痹，停止进食，并很快死亡。从实用的目的来看，立即制止进食当然是非常有利的，因为只要一施用病菌体，庄稼就立刻止损了。现在，美国一些公司正在生产含有图林根杆菌孢子的混合物，冠以各种各样的商标名称。一些国家正在进行野外实验：在法国和德国用于对付蚊白蝶幼虫，在南斯拉夫用于对付秋天的美国白蛾（webworm），在苏联用于对付天幕蛾毛虫（tent caterpillar）。在巴拿马，实验开始于1961年，图林根杆细菌杀虫剂可能会解决香蕉种植者所面临的一些严重问题。在那里，甘蔗螟虫是香蕉树的一大害虫，因为它破坏了香蕉树的根部，使香蕉树很容易被风吹倒。狄氏剂一直是对付甘蔗螟虫唯一有效的化学药物，不过现在它已引起了灾难性的连锁反应。甘蔗螟虫现在正在顽强抵抗。狄氏剂也消灭了一些重要的捕食性昆虫，因此引起了卷叶蛾（tortricide）的数量增多。卷叶蛾是一种体形小巧，身体坚硬的蛾，它的幼虫会给香蕉皮留下创伤。人们有理由希望这种新的细菌杀虫剂把卷叶蛾和甘蔗螟虫一网打尽，与此同时，又不会扰乱自然控制的作用。

在加拿大和美国东部森林，细菌杀虫剂可能是对诸如蚜虫和舞毒蛾等这类森林昆虫问题的一个重要解决办法。1960年，这两个国家都开始用商品化了的图林根杆菌制品进行野外实验，取得一些初步结果令人欢欣鼓舞，例如，在佛蒙特州，细菌控制的最终结果与用滴滴涕不相上下。现在，主要的技术问题是需要研发一种溶液，以便把细菌的孢子黏到常绿树的针叶上。对农作物来说这倒不是什么问题，因为给农作物施用药粉也可以。尤其在加利福尼亚，已经尝试把细菌杀虫剂应用于各种各样的蔬菜上了。

同时，另外一个也许不那么引人注意的工作，是围绕病毒开展的。在加利福尼亚长着幼小紫花苜蓿（alfalfa）的原野上，到处都在喷洒一种药物，这种药物在消灭紫花苜蓿毛虫方面与任何杀虫剂一样致命。这种物质是一种病毒溶液，取自毛虫体内，这些毛虫由于感染这种致命的疾病而死。5条患病的毛虫的病毒，就足可以处理1英亩的紫花苜蓿。在加拿大一些森林，一种对松树叶蜂有效的病毒，在昆虫控制方面已取得了显著的效果，现在已经取代了杀虫剂。

捷克斯洛伐克的科学家们正在实验用原生动物来对付美国白蛾和其他虫灾。在美国，发现一种寄生性的原生动物可以用来降低甘蔗螟虫的产卵能力。

有一些说法认为，微生物杀虫剂可能带来危险的细菌战争，给其他生命形式带来危险。但实际情况并非如此。与化学药物相比，昆虫病菌除了对其目标对象外，对其他所有生物都是无害的。杰出的昆虫病理学权威爱德华·斯坦豪斯博士（Edward Steinhaus）强调指出："无论是在实验室中，还是在野外实验中，从来没有记录证实昆虫病菌真地可以引起脊椎动物传染病。"昆虫病菌具有专一性，所以它们只对一小部分昆虫，有时只对一种昆虫才有传染能力。正如斯坦豪斯博士所指出的那样：自然界爆发的昆虫疾病，总是局限在昆虫自身，既不影响宿主植物，也不影响以昆虫为食的动物。

昆虫有许多天敌，不仅有多种微生物，还有其他昆虫。一种昆虫可以借助于刺激其敌人的发展来控制它本身，这第一个从生物学角度控制昆虫的办法，一般说来应该归功于伊拉斯谟·达尔文（Erasmus Darwin）。他在1880年用一种昆虫对付另一种昆虫，这是第一个在实践中应用过的生物控制法，因此被大多数人常以为是替代化学药物的唯一办法。

在美国，生物控制作为常规方法开始于1888年，当时，日益增多的昆虫学家先驱队伍中的第一人是阿尔伯特·克贝拉（Albert Koebele），去澳大利亚寻找绒毛状叶枕介壳虫的天敌，就是使加利福尼亚的柑橘业面临着毁灭的威胁那种介壳虫。正如我们在第15章中所看到的那样，这项任务获得了赫赫战功。在20世纪，全世界都在搜寻天敌来控制闯到美国海岸边的不速之客——昆虫。总计确认了大约100种进口的捕食性昆虫和寄生性昆虫。除了克贝拉带来的维多利亚甲虫外，其他昆虫的进口也都大获成功。一种由日本进口的黄蜂地控制住了一种侵害东部苹果园的昆虫。带斑点的紫花苜蓿蚜虫的一些天敌是由中东意外进口的，却挽救了加利福尼亚紫花苜蓿业，劳苦功高。正如细腰黑蜂（Tiphia wasp）对日本金龟子的控制一样，舞毒蛾的捕食者和寄生者们也起到了很好的控制作用。对介壳虫和粉蚧（mealy bug）的生物学控制预计将为加利福尼亚州每年挽回几百万美元，事实的确如此，该州昆虫学的带头人之一保罗·德柏仕博士（Paul Debach）曾经估算过，加利福尼亚州在生物学控制工作上投资400万美元，现在已经得到了1亿美元的回报。

通过引进昆虫的天敌，成功实现了对严重虫灾的生物学控制，这样的例子已经在全世界大约40个国家出现。这种控制方法比起化学方法具有明显的优越性：它价格便宜，是永久性的，无残毒。但生物学控制还一直缺乏各方面的支持。在建立正规的生物学控制计划方面，加利福尼亚在各州中间实际上是孤军奋战的，许多州甚至连一位致力于生物控制研究的昆虫学家都没有。也许，虽然渴望得到支持，但用昆虫敌人来实行生物控制的工作一直缺乏科学所需要的全面彻底的研究，很少有人对被捕食性昆虫种类受影响的情况进行细化研究，并且一直没有把投放天敌的工作精确化，而这种精确性可能事关成败。

捕食性昆虫和被捕食昆虫都不会单独存在，它们只能作为巨大的生命之网的一部分存在，把这一切都要悉数考虑进去。也许，在森林里找到更便捷的生物控制方法的机会最多。现代农田都已经高度人工化了，与想象中的自然状态已经迥然不同。然而，森林的世界不一样，它更接近于自然环境。在那里，人类的介入最少，干扰最小，大自然可以做回自己，建立起美妙而又错综复杂的抑制和平衡系统，这种系统可以保护森林免遭昆虫过多的危害。

在美国，我们的森林种植者看来已经考虑过，主要通过引进捕食性昆虫和寄生性昆虫来进行生物控制。加拿大人视野更开阔，而一些欧洲人已经遥遥领先，他们研发的“森林卫生学”已达到了令人惊异的程度。鸟、蚂蚁、森林蜘蛛和土壤细菌跟树木一样，都是森林的一部分，持这种观点的欧洲育林人在栽种新的树木时，同时也引入这些保护性的因素。第一步是先把鸟引来。在加强森林管理的现代中，老空心树已经不复存在了，啄木鸟和其他在树上营巢的鸟就此失去了栖身之所。这一缺陷会用巢箱来弥补，巢箱吸引鸟儿们回到了森林。此外，还有专门为猫头鹰、蝙蝠设计的巢箱，这些巢箱使鸟儿得以度过黑夜，这样在白天的时候，这些小鸟儿们就能进行捕虫的工作。

然而，这仅仅是一个开始。欧洲森林里最迷人的一些控制工作，是利用一种森林红蚁作为进攻性的捕食昆虫。很可惜，北美还没有出现这个种类。大约在25年前，维尔茨堡大学（University of Wurzburg）的卡尔·格斯瓦尔德教授（Karl Gosswald）研发出一种培养这种红蚁的方法，还建立了红蚁群体。在他的指导下，1万多个红蚁群体被放置在德意志联邦共和国的90个实验地区。格斯瓦尔德教授的方法已经被意大利和其他国家所采用，他们建立了蚂蚁农场，为林区提供投放的蚁群。而在亚平宁山区（Apennines）已安放了几百个鸟窝来保护再生林区。

德国莫尔恩（Molln）的林业官海因茨·鲁波绍芬博士（Heinz Ruppershofen）说："在你的森林里，你可以看到存在鸟类保护、蚂蚁保护，还有一些蝙蝠和猫头鹰组成的共同体的那些地方，生物学的平衡已经得到了明显的改善了。"他相信，只引进一种捕食昆虫或寄生昆虫，其作用的效果要比引入树林的一整套"天然伙伴"逊色许多。

莫尔恩森林里的新蚁群被用铁丝网保护起来了，防止啄木鸟打劫。啄木鸟在实验地区10年时间数量增加了400%。使用了铁丝网这种办法，啄木鸟就不能大量削减那些蚁群的数量了。啄木鸟只好从树木上啄食有害的毛虫来弥补这种损失。照料这些蚁群，还有安置鸟巢箱的大量工作，是由当地学校10～14岁孩子组成的少年组织来承担的。费用是极低廉的，而好处却是永久性地保护了这些森林。

在鲁波绍芬博士工作中，另一个极为有趣的方面是他对蜘蛛的利用，在这一方面，他是一个先行者。虽然现在关于蜘蛛分类学和自然史方面的文献已经是汗牛充栋，但它们都是片断的、零散的，完全没有涉及它们作为生物学控制因素所具有的价值。在已知的22万种蜘蛛中，有760种是在德国土生土长的，大约2000种是在美国土生土长的。

有29种蜘蛛居住在德国森林里。对于育林人来说，关于蜘蛛的最重要的事实，是它们编织的蜘蛛网的种类。编织车轮状蜘蛛网的蜘蛛最为重要，因为其中有一些网的网眼那么细密，什么飞虫都能一网打尽。一个直径长达16英寸的十字蛛的大网，网丝上大约有12万个黏性网结。仅一只蜘蛛，在它的有生之年的18个月中，平均每月可以消灭2000个昆虫。一个从生物学意义上看健全的森林，每平方米土地上应该有50～150只蜘蛛。在那些蜘蛛稀少的地方，可以通过收集和投放装有蜘蛛卵的袋状子囊来弥补。鲁波绍芬博士说："3个蜂蛛（这种蜘蛛美国也有）子囊可产生出1000只蜘蛛，它们一共可以捕捉20万个飞虫。"他说，在春天出现的小巧玲珑、纤细苗条的幼轮网蛛特别重要，"它们同时吐丝时，丝就在树木的枝头上形成一个网盖，这个网盖保护着枝头的嫩芽不受飞虫的危害。"当这些蜘蛛蜕皮和长大时，这个网也会随之变大。

加拿大生物学家们也曾采取了十分相似的研究路线，虽然两地实际情况有些差异，如北美的森林不是人工种植的，而更多的是原生林。另外，在对森林保护方面能起作用的昆虫种类所在的土壤也多少有些不同。在加拿大（Canada），人们比较重视小型哺乳动物，它们在控制某些昆虫方面具有惊人的能力，尤其对那些生活在森林底部松软土壤中的昆虫更是这样。在这些昆虫中有一种叫做"叶蜂"（sawfly），人们这样叫它，是由于雌蜂长着一个锯齿状的产卵器，它用这个产卵器剖开常绿树的针叶，把它的卵产在那里。幼虫孵出以后，就会落到地面上，在落叶松沼泽的泥炭层中或者在针枞树、松树下面的枯枝败叶中成茧。在森林地面以下的土地到处可见小型哺乳动物开掘的隧道和通路，形成了一个蜂巢状的世界，这些小动物中有堤岸田鼠、鼷鼠

saw，锯的意思。

（vole）和各种鼩鼱（shrew）。在这些小小的打洞者中，吃货鼩鼱能发现并吃掉大量的叶蜂蛹。它们吃蛹时，把一只前脚放在茧上，先咬破一端，它们显示出一种特殊的技能，识别茧是空的还是实的，它们是行家里手。说起贪婪的胃口，野鼠无人能敌。一只田鼠一天能吃掉200个蛹，而一只野鼠每天能吃掉800多个呢！品种不同，食量也不一样。从室内实验结果看，这样可以消灭75%～98%的叶蜂蛹。

纽芬兰岛的情况不足为奇：当地没有鼩鼱，所以深受叶蜂的危害。他们热切盼望能得到一些高效的小型哺乳动物，于是，他们于1958年引进了一种最有效的叶蜂捕食者——中鼩鼱（masked shrew）进行实验。加拿大官方于与1962年报告，这一实验已经成功了。中鼩鼱正在当地繁殖起来，并已遍布全岛，在距离释放点10英里远的地方，也发现了一些带有标记的中鼩鼱。

育林人愿意寻求永久的解决方案，保存并加强森林中的天然关系，而现在已有一整套装备可供使用。在森林里，用化学药物来控制害虫的方法充其量也只能算是权宜之计，不能真正解决问题，它们甚至会毒死森林溪流中的鱼，给昆虫带来灾难，破坏天然控制作用，并且把我们尝试引进的那些自然控制因素毁掉。鲁波绍芬博士说：由于使用了这种粗暴手段，“森林中生命的伙伴关系就完全失衡了，寄生虫灾害反复出现的间隔时间也愈来愈短……因此，我们不得不叫停这些违背自然规律的粗暴操控，这种粗暴操控现在已经被强加到留给我们的自然生存空间了，而这一空间也是我们最重要的，差不多也是我们最后的自然生存空间了。”

我们必须与其他生物共同分享我们的地球，为了解决这个问题，我们发明了许多新的、富于想象力和创造性的方法，其中贯穿着一个不变的主题：应该意识到，我们是在与生命——活生生的群体打交道，还有它们经受的所有压力和反压力，它们的兴盛与衰落。只有认真地对待这样的生命力量，小心翼翼地设法将这种力量引导到对人类有益的轨道上来，我们才能希望在昆虫群落和我们之间形成一种合理的和谐关系。

当前使用毒剂这一通行作法已然失败，迫使人们思考一些最基本的问题。正如远古穴居人所使用的棍棒一样，化学药物的烟幕弹作为一种低级的武器已经投掷出来荼毒生命组织了。生命组织一方面看来是纤薄柔弱、不堪一击的，但另一方面却具有惊人的坚韧和恢复能力，它还具有一种以出其不意的方式反击的天性。生命这些异乎寻常的能力一直被使用化学药物进行控制的人们所忽略，他们面对自己用误入歧徒的方式干预过的这种巨大的生命力量时，并没有把“高度理智的方针”和“人道精神”纳入到他们的任务中去。

“控制自然”这个词，是一个妄自尊大的、臆想的产物，是当生物学和哲学还处于原始阶段的产物，当时，人们设想中的“控制自然”，就是大自然理应为人类的利益而存在。眼下使用昆虫学上的这些概念和做法在很大程度上可谓是属于石器时代的科学。这样原始的科学观念却用最现代化、最可怕的化学武器武装起来了，这些武器在被用来对付昆虫之余，已转而威胁我们的地球了，这真是我们的不幸，更使我们感到沉重急迫的忧虑。

看见

中国污染

卢 · 广

中国著名摄影师。2004以《艾滋病村》获得荷赛当代热点类组照金奖；2009年以《中国的污染》获得尤金 · 史密斯人道主义纪实基金摄影奖；2015年以《发展与污染》获得荷赛长期拍摄题材三等奖。他长期以来关注中国的污染状况，用自己的镜头记录下来高速发展中的中国大地上一个个震撼人心的场景。

“其实就是因为爱自己的祖国才去做这些事。”——卢广

2010年7月16日，大连湾新港油品码头输油管道发生爆炸，大量石油污染大海，回收含水污油约12830吨，图为刚上岸的清理油污的民众的手。

2010年辽宁大连市

长沙某化工厂偷排废渣、废水、粉尘，严重污染当地生物和水，这是中毒柚子。
2010 年湖南浏阳市

乌海化工厂生产 PVC 产品，大量有毒废料、污水排放在黄河边上。
2010 年内蒙古乌海市

株洲化工集团的工业园区内工业废料、污水横流。
2010 年湖南株洲市

包头钢铁厂选矿污水排放尾矿坝。
2010 年内蒙古包头市

马鞍山长江岸边有很多小规模的选铁厂、塑料加工厂，排放大量污水进入长江。
2009 年安徽马鞍山

世界闻名的呼伦贝尔草原的宝日希勒镇，众多小煤窑在草原上开采煤矿，经过十几年后，一个个的塌陷大坑出现，使这片草原面目全非。

2012 年内蒙古呼伦贝尔市

安阳钢铁厂排出来的污水流入安阳河。
2008 年河南安阳

霍林郭勒市因大量开采煤矿，发展高耗能、高污染企业使退化的草场不再有牛羊光顾。
于是政府在科尔沁草原放置了 120 多座动物雕塑。
2012 年内蒙古霍林郭勒市

迁安市往西钢铁企业密集，高大的烟囱林立，每天排放滚滚浓烟，成为中国污染最严重的城市之一。
2014 年年河北唐山

在黄河边放羊的老汉受不了宁夏第三排水沟的污水散发的臭气。
2006 年宁夏石嘴山

15 岁的甘肃天水人杨新闻，上完小学二年级就辍学了，跟着父母来到黑龙贵工业区，每天能赚 16 元。
2005 年内蒙古乌海

贵屿镇河流、水塘都已被污染，村民们只好在被严重污染的水塘里洗涤。
2005 年广东贵屿

在临汾市污染严重地区，农民在棉花地里干了两小时之后全身都是煤灰。
2007 年山西临汾

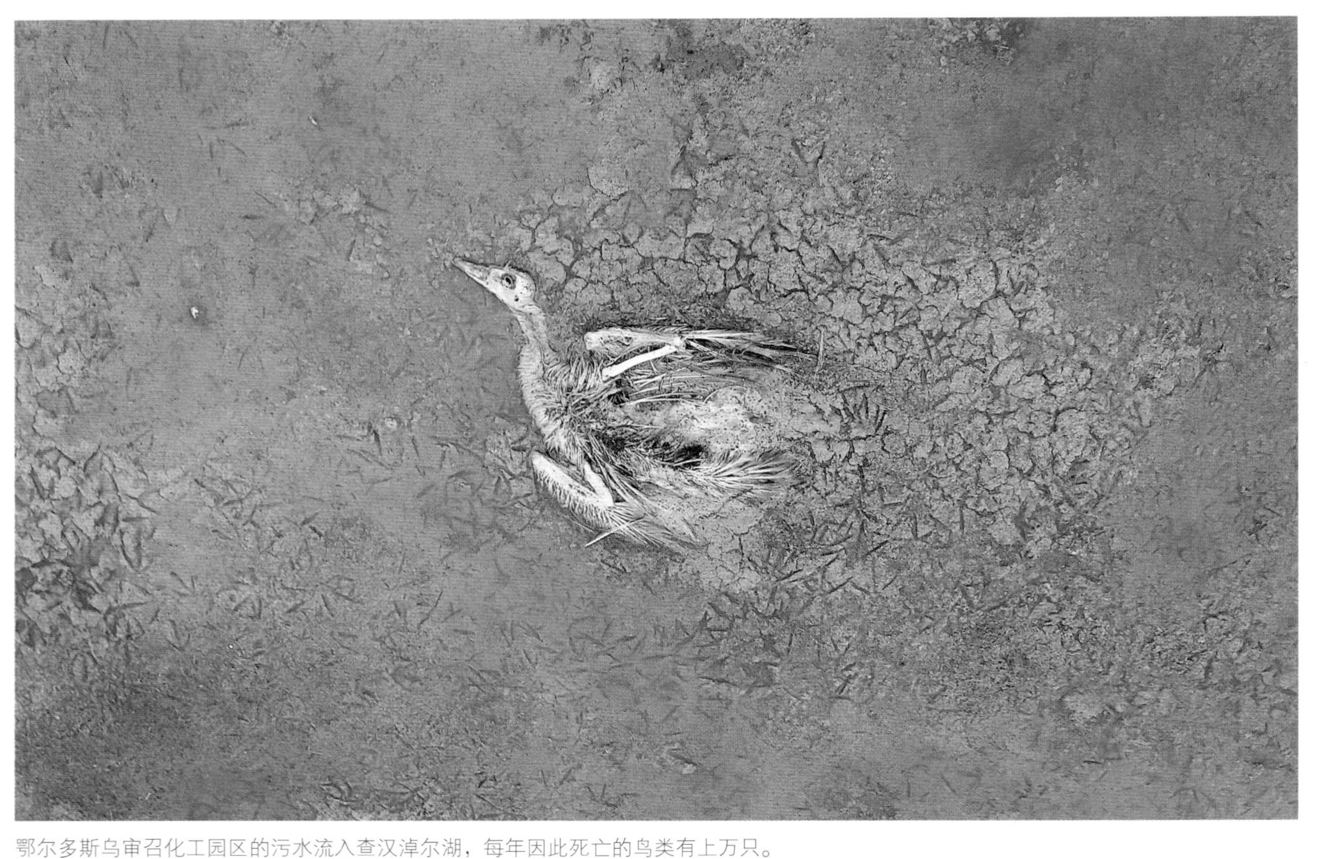

鄂尔多斯乌审召化工园区的污水流入查汉淖尔湖，每年因此死亡的鸟类有上万只。
2014 年内蒙古鄂尔多斯